AI 赋能软件开发技术丛书

AIGC高效编程

Java Web 程序设计

慕课版 | 第 3 版

——基于 SSM（Spring+Spring MVC+MyBatis）框架

明日科技◎策划

张劳模 罗启强 刘洪◎主编

人民邮电出版社

北京

图书在版编目（CIP）数据

Java Web 程序设计 ：慕课版 ：基于 SSM（Spring+Spring MVC+MyBatis）框架 ：AIGC 高效编程 / 张劳模，罗启强，刘洪主编. -- 3 版. -- 北京 ：人民邮电出版社，2025. -- (AI 赋能软件开发技术丛书). -- ISBN 978-7-115-66772-4

Ⅰ. TP312.8

中国国家版本馆 CIP 数据核字第 2025CL8447 号

内 容 提 要

近年来，AIGC 技术高速发展，成为各行各业高质量发展和生产效率提升的重要推动力。本书将 AIGC 技术融入理论学习、实例编写、复杂系统开发等环节，帮助读者提升编程效率。

本书系统全面地介绍有关 Java Web 程序设计的各类知识。全书共 13 章，内容包括 Web 应用开发简介、网页前端开发基础、JavaScript 脚本语言、Java EE 开发环境、走进 JSP、Servlet 技术、数据库技术、程序日志组件、Spring MVC 框架、MyBatis 技术、Spring 框架、SSM 框架整合应用、综合案例—程序源论坛。本书配有丰富的实例，以便读者理解知识、应用知识，学以致用。

本书可作为高校计算机专业、软件工程专业及其他相关专业“Java Web 程序设计”课程的教材，以及 Java Web 爱好者、Java Web 程序开发人员的参考书。

◆ 策　　划　明日科技
主　　编　张劳模　罗启强　刘　洪
责任编辑　田紫微
责任印制　胡　南

◆ 人民邮电出版社出版发行　北京市丰台区成寿寺路 11 号
邮编　100164　电子邮件　315@ptpress.com.cn
网址　https://www.ptpress.com.cn
大厂回族自治县聚鑫印刷有限责任公司印刷

◆ 开本：787×1092　1/16
印张：20　2025 年 7 月第 3 版
字数：511 千字　2025 年 7 月河北第 1 次印刷

定价：79.80 元

读者服务热线：(010)81055256　印装质量热线：(010)81055316
反盗版热线：(010)81055315

前言

在人工智能技术高速发展的今天，人工智能生成内容（Artificial Intelligence Generated Content，AIGC）技术在内容生成、软件开发等领域的作用已经非常突出，正在逐渐成为一种重要的生产工具，推动内容产业深度变革。

党的二十大报告强调："高质量发展是全面建设社会主义现代化国家的首要任务。"发展新质生产力是推动高质量发展的内在要求和重要着力点，AIGC 技术已经成为新质生产力的重要组成部分，在 AIGC 工具的加持下，软件开发行业的生产效率和生产模式将产生质的变化。本书结合 AIGC 辅助编程工具，帮助读者掌握软件开发从业人员应具备的职业技能，提高核心竞争力，满足软件开发行业新技术人才需求。

Java 是 Sun 公司（现在属于 Oracle 公司）推出的能够跨越多平台、可移植性较强的一种面向对象的编程语言，可用于编写桌面应用程序、分布式应用程序、嵌入式系统应用程序等，特别适用于 Web 程序的开发。目前，许多计算机相关专业都开设"Java Web 程序设计"课程。

本书是明日科技与院校一线教师合力打造的 Java Web 程序设计基础教材，旨在通过基础理论讲解和系统编程实践让读者快速且牢固地掌握 Java Web 程序开发技术。本书的主要特色如下。

1．基础理论结合丰富实践

（1）本书通过通俗易懂的语言和丰富的实例演示，系统介绍 Java Web 程序设计的基础知识，并且提供了习题，以方便读者及时检验学习效果。

（2）本书采用案例教学形式，全书知识点的讲解始终围绕"综合案例——程序源论坛"展开，知识点与实例有机结合、相辅相成，生动形象地展现了如何运用 Java Web 程序设计来解决实际系统开发中的问题，使得理论知识讲解更加贴近实际应用需求。

（3）本书设计 10 个上机指导，实验内容由浅入深，包括验证型实验和设计型实验，供读者实践练习，真正提高程序设计实际应用能力。

2．融入 AIGC 技术

本书在理论学习、实例编写、复杂系统开发等环节融入了 AIGC 技术，具体做法如下。

（1）本书在第 1 章介绍 AIGC 工具的基本应用情况和主流的 AIGC 工具，并在部分章节讲解如何使用 AIGC 工具自主学习进阶理论内容。

（2）本书详细呈现使用 AIGC 工具编写实例的完整过程和结果，在巩固读者理论知识的同时，启发读者主动使用 AIGC 工具辅助编程。

（3）本书在书末单独设置一章，详细介绍了使用 AIGC 工具开发综合案例的全过程，充分展示 AIGC 工具的使用思路、交互过程和结果处理，进而提高读者综合性、批判性使用 AIGC 工具的能力。

3．支持线上线下混合式学习

（1）本书是慕课版教材，依托人邮学院（www.rymooc.com）为读者提供完整慕课，课程结构严谨，读者可以根据自身的学习情况自主安排学习进度。读者购买本书后，刮开粘贴在书封底的刮刮卡，获得激活码，使用手机号码完成网站注册，即可搜索本书配套慕课并学习。

（2）本书在重要知识点旁放置了二维码链接，读者扫描二维码即可在手机上观看相应内容的视频讲解。

4．配套丰富教辅资源

本书配套 PPT、教学大纲、教案、源代码、拓展案例、自测习题及答案等丰富教学资源，用书教师可登录人邮教育社区（www.ryjiaoyu.com）免费获取。

本书的课堂教学建议安排 34 学时，上机指导建议 14 学时。各章主要内容和学时建议分配见下表，教师可以根据实际教学情况进行调整。

章	章名	课堂教学/学时	上机指导/学时
第 1 章	Web 应用开发简介	1	1
第 2 章	网页前端开发基础	2	1
第 3 章	JavaScript 脚本语言	4	1
第 4 章	Java EE 开发环境	1	1
第 5 章	走进 JSP	4	1
第 6 章	Servlet 技术	4	1
第 7 章	数据库技术	2	1
第 8 章	程序日志组件	1	1
第 9 章	Spring MVC 框架	5	1
第 10 章	MyBatis 技术	2	1
第 11 章	Spring 框架	4	1
第 12 章	SSM 框架整合应用	2	1
第 13 章	综合案例——程序源论坛	2	2

由于编者水平有限，书中难免存在疏漏和不足之处，敬请广大读者批评指正，使本书得以改进和完善。

编　者

2025 年 1 月

目录

第 1 章 Web 应用开发简介

本章要点

- 了解 C/S 体系结构和 B/S 体系结构
- 理解 Web 应用程序的工作原理
- 了解 Web 客户端应用的技术
- 了解 Web 服务器端应用的技术
- 了解常用的 AIGC 平台

随着网络技术的迅猛发展，国内外的信息化建设已经进入以 Web 应用为核心的阶段。与此同时，Java 也在不断完善与优化，十分适用于开发 Web 应用。为此，越来越多的程序员和编程爱好者走上学习 Java Web 应用开发之路。

1.1 网络应用程序开发体系结构

随着网络技术的不断发展，单机的应用程序难以满足网络计算的需要。为此，各种各样的网络应用程序开发体系结构应运而生。其中，运用较多的网络应用程序开发体系结构可以分为两种，一种是基于客户端/服务器的 C/S 体系结构，另一种是基于浏览器/服务器的 B/S 体系结构。下面详细介绍。

网络应用程序开发体系结构

1.1.1 C/S 体系结构介绍

C/S（Client/Server）体系结构即客户端/服务器结构。在这种结构中，服务器通常采用高性能的个人计算机（Personal Computer，PC）或工作站，并采用大型数据库系统（如 Oracle、SQL Server），客户端则需要安装专用的客户端软件，如图 1-1 所示。这种结构可以充分利用网络两端硬件环境的优势，将任务合理分配到客户端和服务器，从而降低系统的通信开销。在 2000 年以前，C/S 体系结构是网络应用程序开发领域的主流。

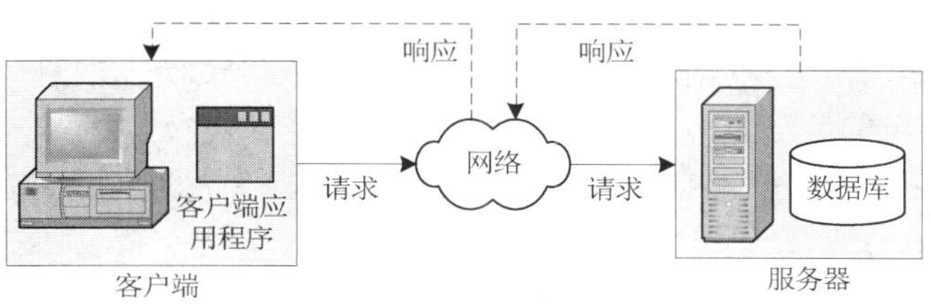

图 1-1 C/S 体系结构

1.1.2 B/S 体系结构介绍

B/S（Browser/Server）体系结构即浏览器/服务器结构。在这种结构中，客户端不需要开发任何用户界面，统一采用 Edge、Firefox 等 Web 浏览器向 Web 服务器发送请求，Web 服务器处理后，将处理结果逐级传回客户端，如图 1-2 所示。这种结构利用不断成熟和普及的浏览器技术实现原来需要复杂专用软件才能实现的强大功能，从而节约了开发成本，是一种全新的软件体系结构，已经成为当今应用程序的首选体系结构。

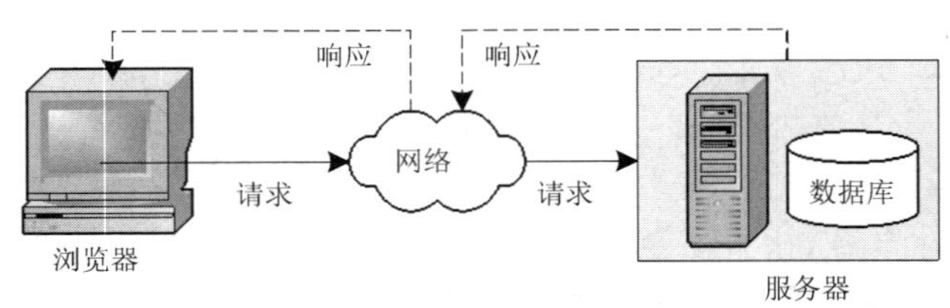

图 1-2 B/S 体系结构

说明： B/S 体系结构由美国微软公司研发，C/S 体系结构最早由美国 Borland 公司研发。

1.1.3 两种体系结构的比较

C/S 体系结构和 B/S 体系结构是当今世界网络程序开发体系结构的两大主流。目前，这两种结构都有自己的客户群。但是，这两种结构又各有各的优点和缺点，下面从以下 3 个方面进行比较说明。

1．开发和维护成本

C/S 体系结构的开发和维护成本都比 B/S 体系结构高。采用 C/S 体系结构时，对于不同客户端需要开发不同的程序，而且软件的安装、调试和升级均需要在所有的客户端上进行。例如，某企业有 10 个客户站点共用一套 C/S 体系结构的软件，则这 10 个客户站点都需要安装客户端程序。即使对这套软件进行了很微小的改动，系统维护员都必须将客户端原有的软件卸载，再安装新的版本并进行配置，最可怕的是客户端的维护工作必须不折不扣地进行 10 次。若某个客户端忘记进行这样的更新，则该客户端会因软件版本不一致而无法工作。而基于 B/S 体系结构的软件，不必在客户端进行安装与维护。如果将前面企业的 C/S 体系结构的软件换成 B/S 体系结构，在软件升级后，系统维护员只需要将服务器的软件升级到最新版本，对于其他客户端，只要重新登录系统就可以使用最新版本的软件了。

2．客户端的负载

C/S 体系结构的客户端不仅负责与用户的交互、收集用户的信息，还需要完成通过网络向服务器请求对数据库、电子表格或文档等信息处理的工作。由此可见，应用程序的功能越复杂，客户端程序也就越庞大，这给软件的维护带来了很大的困难。而 B/S 体系结构的客户端把事务处理逻辑部分交给了服务器，由服务器进行处理，客户端只需要进行显示。但是，这将使应用程序服务器的运行负荷变重，一旦发生服务器“崩溃”等问题，后果将不堪设想。因此，许多单位都备有数据库存储服务器，以防万一。

3．安全性

C/S 体系结构适用于专人使用的系统，可以通过严格的管理派发软件，达到保证系统安全的目的，这样的软件相对来说安全性比较高。而 B/S 体系结构的软件，由于使用的人数较多，且不固定，相对来说安全性就会低些。

由此可见，B/S 体系结构相对 C/S 体系结构具有更多的优势，现今大量的应用程序开始应用 B/S 体系结构，许多软件公司也争相开发 B/S 体系结构的软件，也就是 Web 应用程序。随着 Internet 的发展，基于 HTTP 和 HTML 标准的 Web 应用程序呈几何级数增长，而这些 Web 应用程序又是由开发人员使用各种 Web 技术所开发的。

1.2 Web 概述

Web 概述

Web 在计算机网页开发设计中就是网页的意思。网页是网站中的一个页面，通常是 HTML 格式的。网页可以展示文字、图片、媒体信息等。

Web 应用程序大体上可以分为两种，即静态网站和动态网站。早期的 Web 应用程序主要由静态页面构成，即静态网站。这些网站使用超文本标记语言（Hypertext Markup Language，HTML）编写，放在 Web 服务器上，用户使用浏览器通过 HTTP 请求访问服务器上的 Web 页面，Web 服务器对接收到的用户请求进行处理后，再将结果发送给客户端浏览器，显示给用户。整个过程如图 1-3 所示。

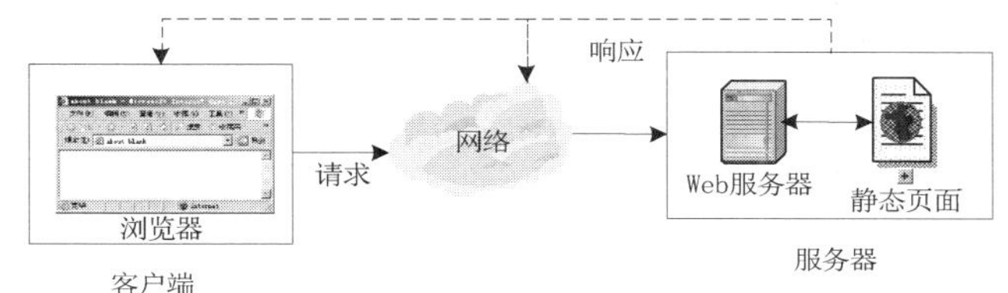

图 1-3　静态网站的访问过程

随着网络的发展，很多线下业务开始向线上发展，基于 Internet 的 Web 应用程序也变得越来越复杂，用户所访问的资源已不能只是局限于服务器上保存的静态页面，更多的内容需要根据用户的请求动态生成，即动态网站。这些网站通常使用 HTML 和动态脚本语言（如 JSP、ASP、PHP 等）编写，并部署到 Web 服务器上，由 Web 服务器对动态程序进行处理，转换为浏览器可以解析的 HTML 代码，并返回给客户端浏览器，显示给用户。整个过程如图 1-4 所示。

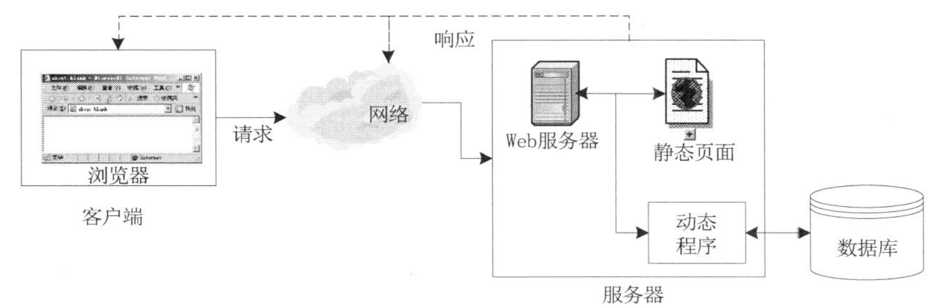

图 1-4　动态网站的访问过程

说明：初学者经常会错误地认为带有动画效果的网站就是动态网站，其实不然，动态网站是指具有交互性、内容可以自动更新，并且内容会根据访问的时间和访问者而改变的网站。这里所说的交互性是指网页可以根据用户的要求动态地改变或响应。

由此可见，静态网站类似于以前的手机，这种手机只能使用出厂时设置的功能和铃声，用户自己并不能添加和删除铃声等；而动态网站则类似于现在的智能手机，用户不仅可以使用手机中默认的铃声，还可以根据自己的喜好任意设置。

1.3 Web 开发技术

在开发 Web 应用程序时，通常需要应用客户端和服务器端两方面的技术。其中，客户端应用的技术主要用于展现信息内容，而服务器端应用的技术则主要用于进行业务逻辑的处理和与数据库的交互等。下面详细介绍。

1.3.1 客户端应用的技术

客户端应用的技术

要进行 Web 应用程序的开发，离不开客户端技术的支持。目前，比较常用的客户端技术包括 HTML、CSS 和客户端脚本等。下面详细介绍。

1. HTML

HTML 是客户端技术的基础，主要用于显示网页信息。它不需要编译，由浏览器解释执行。HTML 简单易用，通过在文件中加入标签可以显示各种各样的字体、图像等效果。例如，在一个 HTML 页面中，应用图像标签插入一张图片，可以使用图 1-5 所示的代码，该代码的运行结果如图 1-6 所示。

图 1-5　HTML 代码

图 1-6　运行结果

说明：HTML 代码不区分大小写，这一点与 Java 不同，例如，图 1-5 中的<body></body>标签也可以写为<BODY></BODY>。

2. CSS

CSS 是一种样式表（Style Sheet）的技术，也被称为串联样式表（Cascading Style Sheet）。在制作网页时，采用 CSS 样式可以有效地对页面的布局、字体、颜色、背景和其他效果实现更加精确的控制；只要对相应的代码做一些简单的修改，就可以改变整个页面的风格。CSS 大大提高了开发者对信息展示的控制能力，特别是在目前比较流行的采用 CSS+DIV 布局的网站中，CSS 的作用更是举足轻重。例如，在“心之语许愿墙”网站的源代码中，将 CSS 代码删除，页面效果如图 1-7 所示；而添加 CSS 代码后，页面效果如图 1-8 所示。

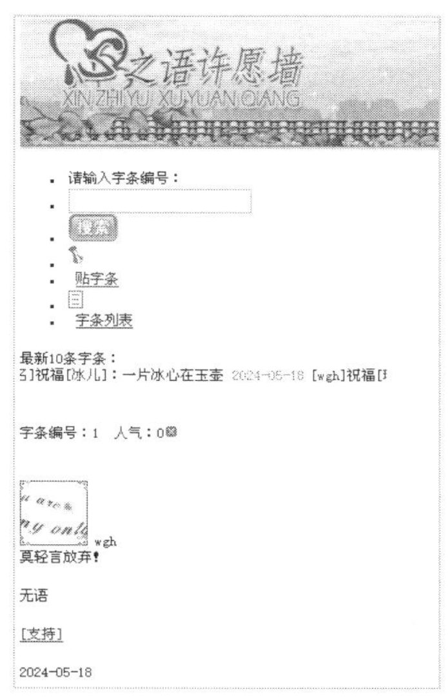

图 1-7 没有添加 CSS 代码的页面效果

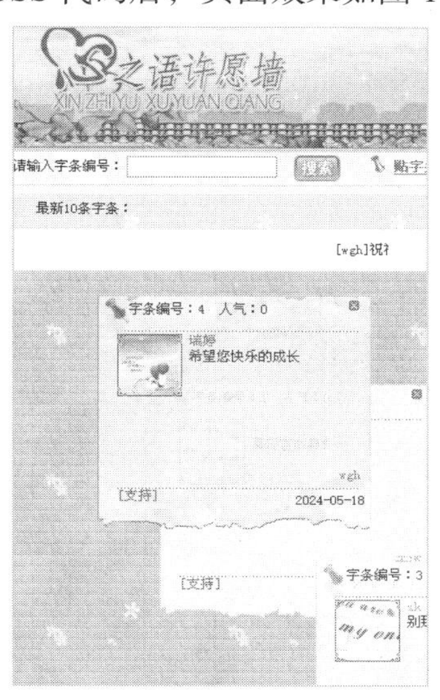

图 1-8 添加 CSS 代码的页面效果

使用 CSS 不仅可以美化页面，而且可以优化网页运行速度，因为 CSS 文件只是简单的文本格式，不需要安装额外的第三方插件。另外，CSS 提供了很多滤镜效果，从而避免使用大量的图片，大大减小了文件，提高了网页的运行速度。

3．客户端脚本

客户端脚本是指嵌入 Web 页面的程序代码，这些程序代码是用解释型语言写的，可以被浏览器解释。客户端脚本语言可以编程的方式对页面元素进行控制，从而增强页面的灵活性。常用的客户端脚本语言有 JavaScript 和 VBScript。目前，应用最为广泛的客户端脚本语言是 JavaScript。

1.3.2 服务器端应用的技术

服务器端应用的技术

开发动态网页离不开服务器端技术，从技术发展的先后来看，服务器端技术主要有 CGI、ASP、PHP、ASP.NET 和 JSP。下面详细介绍。

1．CGI

CGI（Common Gateway Interface，公共网关接口）是最早用来创建动态网页的一种技术，可以使浏览器与服务器之间产生互动关系。CGI 程序可以使用不同的语言来编写，该程序被放在 Web 服务器上运行。当客户端向服务器发出请求时，服务器会根据请求建立一个新的进程来执行指定的 CGI 程序，并将执行结果以网页的形式传输到客户端的浏览器上进行显示。CGI 可以说是当前应用程序的基础技术，但其效率低下，因为每次页面被请求时，都要求服务器重新将 CGI 程序编译成可执行的代码。编写 CGI 程序常用的语言为 C/C++、Java 和 Perl。

2．ASP

ASP（Active Server Pages，活动服务器页面）是一种使用很广泛的、用于开发动态网页的技术。它通过在页面代码中嵌入 VBScript 或 JavaScript 脚本来生成动态的内容，服务器端必须安装合适的解释器，才可以执行相应的脚本程序，然后将执行结果与静态网页内容结合并传送到客户端的浏览器上。对于一些复杂的操作，ASP 可以调用存在于后台的 COM 组件来完成，COM 组件无限扩充了 ASP 的能力。正因如此依赖本地的 COM 组件，ASP 主要用于 Windows NT 平台中，所以 Windows 本身存在的问题都会映射到 ASP 上。当然该技术也存在很多优点，比如简单易学，且与微软的 IIS 捆绑在一起，在安装 Windows 操作系统的同时安装上 IIS 就可以运行 ASP 应用程序了。

3．PHP

PHP（Page Hypertext Preprocessor，页面超文本预处理器）语法类似于 C 语言，并且混合了 Perl、C++和 Java 的一些特性。它是一种开源的 Web 服务器脚本语言，与 ASP 一样可以在页面代码中嵌入脚本代码来生成动态内容，并可将一些复杂的操作封装到函数或类中。PHP 提供了许多已经定义好的函数，例如，提供的标准的数据库接口，使得数据库连接方便、扩展性强。PHP 可用于多个平台，其中应用较为广泛的是 UNIX/Linux 平台。由于 PHP 本身的代码对外开放，又经过许多软件工程师的检测，因此到目前为止，该技术具有公认的安全性。

4．ASP. NET

ASP.NET 是一种建立动态 Web 应用程序的技术。它是.NET 框架的一部分，程序员可以使用任何与.NET 兼容的语言来编写 ASP.NET 应用程序。在 Visual Basic、.NET、C#、J# 中编写 ASP.NET 页面（Web Form）并进行编译，可以提供比使用脚本语言更出色的性能。Web Form 允许在网页基础上建立强大的窗体。创建页面时，可以使用 ASP.NET 服务器控件来创建常用的 UI 元素，这些控件允许开发者使用内置的、可重用的组件和自定义组件来快速建立 Web Form，使代码简单化。

5．JSP

JSP（Java Server Pages，Java 服务器页面）是以 Java 为基础开发的，所以它具有 Java 强大的 API 功能。JSP 中的 HTML 代码用来显示静态内容部分，嵌入页面的 Java 代码与 JSP 标签用来生成动态内容部分。JSP 允许程序员编写自己的标签库来满足应用程序的特定要求。JSP 可以被预编译，提高了程序的运行速度。另外，使用 JSP 开发的应用程序经过一次编译后，无须修改代码就可以在支持 JSP 的任何服务器中运行。

1.4 常用的 AIGC 平台

常用的 AIGC 平台

目前 AI（Artificial Intelligence，人工智能）大多依赖于大语言模型，能够理解和生成人类语言。AIGC 平台是一种用于开发、训练和部署人工智能模型的综合性软件平台，具备多种功能，可以辅助开发人员和数据科学家进行数据处理、模型训练、模型评估和部署等任务。当下比较流行的 AIGC 平台有 DeepSeek R1 推理大模型讯飞星火认知大模型、通义大模型、腾讯混元大模型和文心大模型等。这些 AIGC 平台都能够辅助编程，让编程变得更简单。下面将分别对它们予以介绍。

1.4.1 DeepSeek R1 推理大模型

DeepSeek R1 是杭州深度求索人工智能基础技术研究有限公司（DeepSeek）研发的开源免费推理模型。DeepSeek R1 拥有卓越的性能，在数学、代码和推理任务上可与 OpenAI o1 媲美，其采用的大规模强化学习技术，仅需少量标注数据即可显著提升模型性能。该模型完全开源，采用 MIT 许可协议，并开源了多个小模型，进一步降低了 AIGC 应用门槛，赋能开源社区发展。当前，很多 AIGC 代码编写工具已经接入 DeepSeek R1 大模型，如腾讯的腾讯云 AI 代码助手、豆包的 MarsCode 等。

用户直接在开发工具的插件对话框中安装“腾讯云 AI 代码助手”或“MarsCode”，即可在编写代码时使用 DeepSeek R1 大模型辅助编程。

1.4.2 讯飞星火认知大模型

讯飞星火认知大模型是科大讯飞发布的大模型。该模型具有七大核心能力，即文本生成、语言理解、知识问答、逻辑推理、数学能力、代码能力和多模交互。

1.4.3 通义大模型

通义大模型，由通义千问更名而来，是阿里云推出的大语言模型。该模型提供了八大行业模型，即通义灵码（编码助手）、通义智文（阅读助手）、通义听悟（工作学习助手）、通义星尘（个性化角色创作平台）、通义点金（投研助手）、通义晓蜜（智能客服）、通义仁心（健康助手）和通义法睿（法律顾问）。

1.4.4 腾讯混元大模型

腾讯混元大模型是由腾讯公司研发的大语言模型。该模型提供了五大核心能力，即多轮对话（具备上下文理解和长文记忆能力）、内容创作（具备强大的中文创作能力）、逻辑推理（基于输入数据或信息进行推理、分析）、知识增强（有效解决事实性、时效性问题，提升内容生成效果）和多模态理解与生成（支持文字生成图像）。

1.4.5 文心大模型

文心大模型是百度自主研发的产业级知识增强大模型。该大模型具有两大特色：一是知识增强，文心大模型从大规模知识图谱和海量无结构数据中学习，学习效率更高、效果更好，具有良好的可解释性；二是产业级应用，文心大模型致力于推动产业智能化升级，建设更适配场景需求的大模型体系，提供全流程支持应用落地的工具和方法，营造激发创新的开放生态。

本章小结

本章首先介绍了网络程序开发的体系结构，并对两种体系结构进行了比较，说明了两者之间的不同，以及它们各自的优缺点；然后详细介绍了静态网站和动态网站的访问过程，并对 Web 应用技术进行了简要介绍，使读者对 Web 应用开发所需的技术有所了解；最后介绍了目前能够辅助编程的一些 AIGC 平台。

习题

1. 什么是 C/S 体系结构？什么是 B/S 体系结构？它们各有哪些优缺点？
2. 举一些常见的基于 C/S 体系结构和 B/S 体系结构的例子。
3. Web 客户端技术有哪些？Web 服务器端技术有哪些？

第2章 网页前端开发基础

本章要点

- 掌握 HTML 文档的基本结构
- 运用 HTML 的各种标签
- 使用 CSS 设置页面

HTML 是 Internet 上常用的制作网页的标记语言，并不能算作程序设计语言。HTML 通过浏览器的翻译，将网页的内容呈现给用户。对一个完善的网站来说，仅使用 HTML 是不够的，还需要在页面中引入 CSS 样式。HTML 与 CSS 是“内容”与“形式”的关系，由 HTML 确定网页的内容，CSS 则用来设置页面的表现形式。HTML 与 CSS 的完美搭配使页面更加美观、大方、易于维护。

2.1 HTML

在浏览器中访问某个网址，浏览器会展示出相应的网页内容。网页可包含各式各样的内容，如文字、图片、动画，以及声音和视频等。网页的最终目的是为访问者提供有价值的信息。提到网页设计就不得不提到 HTML。HTML 用于描述超文本中内容的显示方式。使用 HTML 可以实现在网页中定义标题、文本或表格等。本节将详细介绍 HTML。

2.1.1 创建第一个 HTML 文件

创建 HTML 文件和 HTML 文件结构介绍

创建 HTML 文件可以通过两种方式实现，一种是手动编写 HTML 代码，另一种是借助开发软件，比如 Adobe 公司的 Dreamweaver、微软公司的 Expression Web。在 Windows 操作系统自带的文本编辑软件是记事本。

下面为大家介绍如何使用记事本编写 HTML 文件。HTML 文件的创建方法非常简单，具体步骤如下。

（1）打开“开始”菜单，依次选择“Windows 附件→记事本”命令。

（2）在打开的记事本窗口中编写 HTML 代码，如图 2-1 所示。

（3）将其保存为 HTML 格式的文件。具体步骤为，选择记事本菜单栏中的“文件→另存为”命令，在弹出的“另存为”对话框的“保存类型”下拉列表中选择“所有文件（*.*）”选项，然后在“文件名”文本框中输入文件名，需要注意的是，文件的扩展名应该是“.htm”

或“.html”，如图 2-2 所示，单击“保存”按钮。

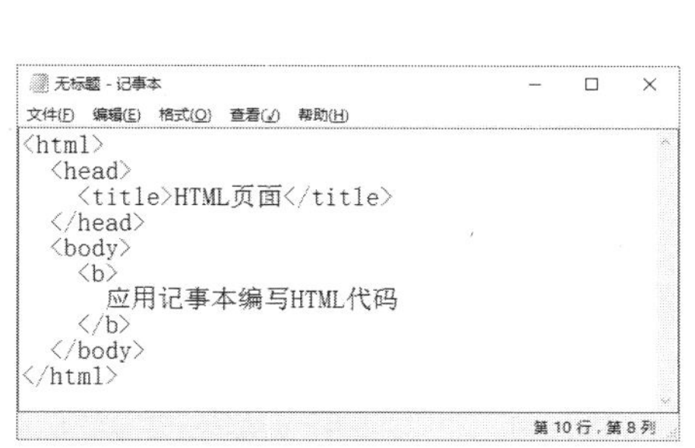

图 2-1 在记事本窗口中编写 HTML 代码

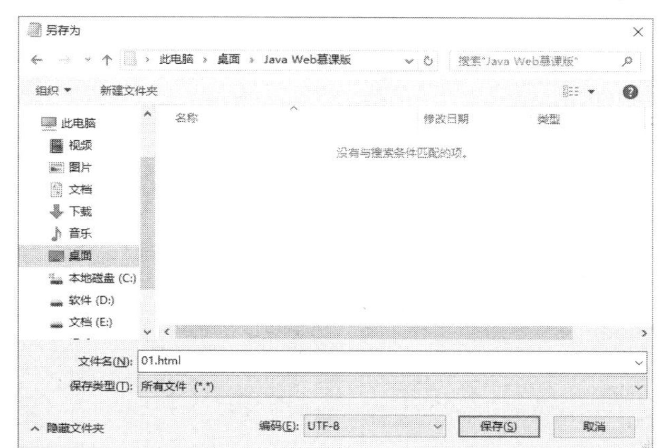

图 2-2 保存为 HTML 格式的文件

说明：如果没有修改保存类型，那么记事本会自动将文件保存为 TXT 文件，即普通的文本文件，而不是网页类型的文件。

（4）双击保存的 HTML 文件，就会在浏览器中显示对应的页面内容，效果如图 2-3 所示。

这样就完成了第一个 HTML 文件的创建。尽管该文件的内容非常简单，但是其具有 HTML 文件的特征。

图 2-3 运行 HTML 文件

说明：在浏览器的显示页面中，单击鼠标右键，在弹出的快捷菜单中选择“查看源代码”命令，会自动打开记事本窗口，里面显示的就是 HTML 文件的源代码。

2.1.2 HTML 文件结构

HTML 文件由 4 个主要标签组成，分别是<html>、<head>、<title>和<body>。上一小节介绍的实例中就包含这 4 个标签，这 4 个标签是 HTML 页面最基本的组成元素。

1．<html>标签

所有 HTML 文件都以<html>标签开头，以</html>标签结尾。HTML 页面的所有标签都要放置在<html>与</html>标签中，<html>标签并没有实质性的功能，却是 HTML 文件不可缺少的内容。

说明：HTML 标签是不区分大小写的。

2．<head>标签

<head>标签是 HTML 文件的头标签，作用是放置 HTML 文件的信息，如定义 CSS 样式的代码可放置在<head>与</head>标签中。

3．<title>标签

<title>标签用于定义 HTML 文件的标题。可将网页的标题定义在<title>与</title>标签

中。例如，2.1.1 小节定义的网页标题为“HTML 页面”，如图 2-4 所示。<title>标签被定义在<head>标签中。

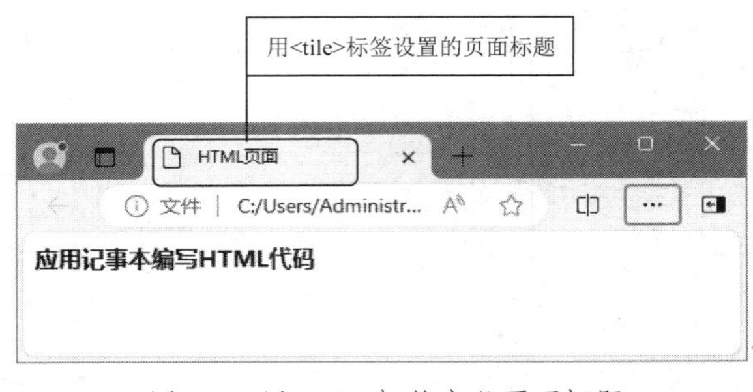

图 2-4　用<title>标签定义页面标题

4．<body>标签

<body>是 HTML 页面的主体标签。网页中的所有内容都定义在<body>标签中。<body>标签也是成对使用的，以<body>标签开头，以</body>标签结尾。<body>标签也能控制页面的一些特性如页面的背景图片和颜色等。

本小节介绍的是 HTML 页面最基本的结构，要想深入学习 HTML，创建效果更好的网页，必须学习 HTML 的其他标签。

2.1.3　HTML 常用标签

HTML 常用标签

HTML 提供了很多标签，可以用来设计页面中的文字、图片，定义超链接等。使用这些标签可以使页面更加生动。下面为大家介绍 HTML 中的常用标签。

1．换行标签

要让网页中的文字换行，在 HTML 文件中输入换行符（按 Enter 键）是没有用的，必须用一个标签告诉浏览器要在什么位置换行。在 HTML 中，换行标签为
。

与前面为大家介绍的 HTML 标签不同，换行标签是一个单独的标签，不是成对出现的。下面通过实例介绍换行标签的使用方法。

【例 2-1】 创建 HTML 页面，并在页面中输出一首古诗。

```
<html>
  <head>
     <title>应用换行标签实现页面文字换行</title>
  </head>
  <body>
     <b>
       黄鹤楼送孟浩然之广陵
     </b><br>
       故人西辞黄鹤楼，烟花三月下扬州。<br>
       孤帆远影碧空尽，唯见长江天际流。
  </body>
</html>
```

2．段落标签

HTML 中的段落标签也是一个很重要的标签，段落标签以<p>标签开头，以</p>标签结尾。段落标签将在段前和段后各添加一个空行，而定义在段落标签中的内容不受影响。

3．标题标签

在 Word 文档中，可以很轻松地实现不同级别的标题。如果要在 HTML 页面中创建不同级别的标题，则可以使用标题标签。在 HTML 中，共有 6 个标题标签，即<h1>至<h6>，其中<h1>代表 1 级标题，<h2>代表 2 级标题，以此类推。数字越小，级别越高，文字的字号也就越大。

【例 2-2】 在 HTML 页面中定义文字，并通过标题标签和段落标签设置页面布局。

```
<html>
    <head>
     <title>设置标题标签</title>
    </head>
    <body>
     <h1>Java 开发的 3 个方向</h1>
     <h2>Java SE</h2>
     <p>主要用于桌面程序的开发。它是学习 Java EE 和 Java ME 的基础，也是本书的重点内容。</p>
     <h2>Java EE</h2>
     <p>主要用于网页程序的开发。随着互联网的发展，越来越多的企业使用 Java 来开发自己的官方网站，其中不乏世界 500 强企业。</p>
     <h2>Java ME</h2>
     <p>主要用于嵌入式系统程序的开发。</p>
   </body>
</html>
```

运行本实例，结果如图 2-5 所示。

图 2-5 使用标题标签和段落标签设计页面

4．居中标签

HTML 页面中的内容有一定的布局方式，默认的布局方式是从左到右依次排序。如果想让页面中的内容居中显示，可以使用 HTML 中的<center>标签。居中标签以<center>标签开头，以</center>标签结尾。标签中的内容居中显示。

对【例 2-2】中的代码进行修改，使用居中标签让页面文字内容居中显示。

【例 2-3】 使用居中标签对页面中的文字内容进行居中处理。

```
<html>
    <head>
     <title>设置标题标签</title>
    </head>
    <body>
     <center>
     <h1>Java 开发的 3 个方向</h1>
     <h2>Java SE</h2>
     <p>主要用于桌面程序的开发。它是学习 Java EE 和 Java ME 的基础，也是本书的重点内容。</p>
     </center>
     <h2>Java EE</h2>
     <center>
     <p>主要用于网页程序的开发。随着互联网的发展，越来越多的企业使用 Java 来开发自己的官方网站，其中不乏世界 500 强企业。</p>
     </center>
     <h2>Java ME</h2>
     <center>
     <p>主要用于嵌入式系统程序的开发。</p>
     </center>
   </body>
</html>
```

5．文字列表标签

HTML 提供了文字列表标签，可以将文字以列表的形式依次排列。这样网页的访问者浏览内容会更加方便。列表标签主要有无序列表标签和有序列表标签两种。

（1）无序列表标签

无序列表标签是在每个列表项前面添加一个圆点符号。使用<ul>标签可以创建无序列表，其中每个列表项前使用<li>。下面的实例为大家演示了无序列表标签的应用。

【例 2-4】 使用无序列表标签对页面中的文字进行排列。

```
<html>
    <head>
     <title>无序列表标签</title>
    </head>
    <body>
     编程词典有以下几个品种
     <p>
     <ul>
       <li>Java 编程词典
       <li>VB 编程词典
       <li>VC 编程词典
       <li>.NET 编程词典
       <li>C#编程词典
     </ul>
   </body>
</html>
```

（2）有序列表标签

有序列表标签和无序列表标签的区别是，有序列表标签会对列表项进行排序。有序列表标签为<ol>，每个列表项前同样使用<li>。有序列表的列表项是有一定顺序的。下面对【例 2-4】的代码进行修改，使用有序列表标签进行排序。

【例 2-5】 使用有序列表标签对页面中的文字进行排序。

```
<html>
    <head>
     <title>有序列表标签</title>
    </head>
    <body>
     编程词典有以下几个品种
     <p>
     <ol>
       <li>Java 编程词典
       <li>VB 编程词典
       <li>VC 编程词典
       <li>.NET 编程词典
       <li>C#编程词典
     </ol>
   </body>
</html>
```

2.1.4 HTML 表格标签

HTML 表格标签

表格是网页中十分重要的组成元素。表格包含标题、表头、行和单元格等。在 HTML 中，表格标签为<table>。定义表格只使用<table>标签是不够的，还需要定义表格中的行、列、标题等内容。要想在 HTML 页面中定义表格，需要会用以下 5 个标签。

（1）表格标签<table>

<table>…</table>标签表示整个表格。<table>标签有很多属性，如 width 属性用来设置表格的宽度、border 属性用来设置表格的边框、align 属性用来设置表格内容的对齐方式、bgcolor 属性用来设置表格的背景色等。

（2）标题标签<caption>

标题标签以<caption>标签开头，以</caption>标签结尾。标题标签也有一些属性，如 align、valign 等。

（3）表头标签<th>

表头标签以<th>标签开头，以</th>标签结尾，可以通过 align、background、colspan、valign 等属性来设置表头。

（4）表格行标签<tr>

表格行标签以<tr>标签开头，以</tr>标签结尾，一组<tr>标签表示表格中的一行。<tr>标签要嵌套在<table>标签中使用，该标签也具有 align、background 等属性。

（5）单元格标签<td>

单元格标签又称列标签，一个<tr>标签中可以嵌套若干个<td>标签。该标签也具有 align、background、valign 等属性。

【例 2-6】 在页面中定义学生考试成绩单。

```
<body>
<table width="318" height="167" border="1" align="center">
  <caption>学生考试成绩单</caption>
  <tr>
    <td align="center" valign="middle">姓名</td>
    <td align="center" valign="middle">语文</td>
    <td align="center" valign="middle">数学</td>
    <td align="center" valign="middle">英语</td>
  </tr>
  <tr>
    <td align="center" valign="middle">张三</td>
    <td align="center" valign="middle">89</td>
    <td align="center" valign="middle">92</td>
    <td align="center" valign="middle">87</td>
  </tr>
  <tr>
    <td align="center" valign="middle">李四</td>
    <td align="center" valign="middle">93</td>
    <td align="center" valign="middle">86</td>
    <td align="center" valign="middle">80</td>
  </tr>
  <tr>
    <td align="center" valign="middle">王五</td>
    <td align="center" valign="middle">85</td>
    <td align="center" valign="middle">86</td>
    <td align="center" valign="middle">90</td>
  </tr>
</table>
</body>
```

运行本实例，结果如图 2-6 所示。

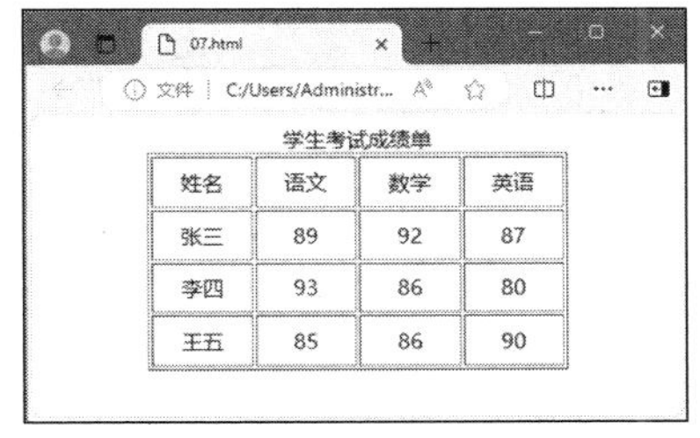

图 2-6 在页面中定义学生考试成绩单

说明：表格不仅可以用于展示数据，在实际开发中，也常用于设计页面。在页面中创建一个表格，并设置为无边框，将页面划分为几个区域，分别对这些区域进行设计。这是一种非常方便的设计页面的方式。

2.1.5 HTML 表单标签

经常上网的读者对网站中的登录等页面肯定不会感到陌生。在登录页面中，网站会提供用户名文本框与密码文本框以供访客输入信息。这里的用户名文本框与密码文本框就属于 HTML 中的表单元素。表单在 HTML 页面中起着非常重要的作用，是用户与网页进行信息交互的重要手段。

表单标签

1. 表单标签

表单标签以<form>标签开头，以</form>标签结尾。在表单标签中，可以定义处理表单数据程序的 URL 地址等信息。<form>标签的基本语法格式如下。

```
<form action = "url" method = "get'|"post" name = "name" onSubmit = "" target ="">
</form>
```

<form>标签的各属性说明如下。

（1）action 属性：用来指定处理表单数据程序的 URL 地址。

（2）method 属性：用来指定数据传送到服务器的方式。该属性有两个属性值，分别为 get 与 post。get 属性值表示将输入的数据追加在 action 指定的地址后面，并传送到服务器。post 属性值表示将输入的数据按照 HTTP 中的 post 传输方式传送到服务器。

（3）name 属性：用来指定表单的名称，属性值可由程序员自定义。

（4）onSubmit 属性：用来指定当用户单击“提交”按钮时触发的事件。

（5）target 属性：用来指定输入数据后结果显示在哪个窗口中，该属性的属性值可以设置为_blank、_self、_parent 或_top。其中_blank 表示在新窗口中打开目标文件；_self 表示在同一个窗口中打开，该值为默认值，一般不用设置；_parent 表示在上一级窗口中打开，一般在框架页中使用；_top 表示在浏览器的整个窗口中打开，忽略任何框架。

表单输入标签

2. 表单输入标签

表单输入标签<input>是使用频繁的表单标签，通过这个标签可以向页面中添加单行文本、多行文本、按钮等。<input>标签的语法格式如下。

```
<input type="image" disabled="disabled" checked="checked" width="digit" height= "digit"
maxlength="digit" readonly="" size="digit" src="uri" usemap="uri" alt="" name="checkbox"
value="checkbox">
```

<input>标签的属性说明如表 2-1 所示。

表 2-1 <input>标签的属性说明

属性	说明
type	用于指定添加的是哪种类型的输入字段，共有 10 个可选值，如表 2-2 所示
disabled	用于指定输入字段不可用，即字段变成灰色。其属性值可以为空值，也可以指定为 disabled
checked	用于指定输入字段是否处于被选中状态，用于 type 属性值为 radio 或 checkbox 的情况。其属性值可以为空值，也可以指定为 checked
width	用于指定输入字段的宽度，用于 type 属性值为 image 的情况

续表

属性	说明
height	用于指定输入字段的高度，用于 type 属性值为 image 的情况
maxlength	用于指定输入字段的个数，用于 type 属性值为 text 或 password 的情况。默认没有字数限制
readonly	用于指定输入字段是否为只读。其属性值可以为空值，也可以指定为 readonly
size	用于指定输入字段的宽度，当 type 属性值为 text 或 password 时，以文字个数为单位；当 type 属性值为其他值时，以像素为单位
src	用于指定图片的来源，只有当 type 属性值为 image 时有效
usemap	为图片设置热点地图，只有当 type 属性值为 image 时有效。属性值为 URI，URI 格式为“#+<map>标签的 name 属性值”。例如，<map>标签的 name 属性值为 Map，该 URI 为#Map
alt	用于指定当图片无法显示时显示的文字，只有当 type 属性值为 image 时才有效
name	用于指定输入字段的名称
value	用于指定输入字段的默认数据值，当 type 属性值为 checkbox 或 radio 时，不可省略此属性；为其他值时，可以省略。当 type 属性值为 button、reset 或 submit 时，指定的是按钮上的显示文字；当 type 属性值为 checkbox 或 radio 时，指定的是数据项被选定时的值

type 是<input>标签中非常重要的属性，决定了输入数据的类型。该属性的属性值如表 2-2 所示。

表 2-2　type 属性的属性值

可选值	描述	可选值	描述
text	文本框	submit	提交按钮
password	密码域	reset	重置按钮
file	文件域	button	普通按钮
radio	单选按钮	hidden	隐藏域
checkbox	复选框	image	图像域

【例 2-7】 下面设计一个登录页面。在文件中先应用<form>标签添加一个表单，将表单的 action 属性设置为 register_deal.jsp、将 method 属性设置为 post，然后应用<input>标签添加获取用户名和 E-mail 地址的文本框、获取密码和确认密码的密码域、选择性别的单选按钮、选择爱好的复选框、提交按钮、重置按钮。关键代码如下。

```
<body><form action="" method="post" name="myform">
<table width="694" border="0" align="center" cellpadding="0" cellspacing="0">
  <tr>
    <td><img src="images/01.gif" width="694" height="168"></td>
  </tr>
</table>
  <table width="694" border="0" align="center" cellpadding="0" cellspacing="0">
    <tr>
      <td width="103" height="231" valign="top"><img src="images/02.gif" width="35"></td>
      <td width="547" valign="top"><table width="100%" border="0" cellspacing="0" cellpadding="0">
        <tr>
          <td width="17%" height="29" align="center">用 户 名：</td>
          <td colspan="2"><input name="username" type="text" id="UserName4" maxlength="20"></td>
        </tr>
        <tr>
          <td height="28" align="center">密    码：</td>
          <td height="28" colspan="2"><input name="pwd1" type="password" id="PWD14" size="20"
maxlength="20"></td>
        </tr>
        <tr>
          <td height="28" align="center">确认密码：</td>
          <td height="28" colspan="2"><input name="pwd2" type="password" id="PWD25" size="20"
```

```
maxlength="20"></td>
            </tr>
            <tr>
              <td height="28" align="center">性    别：</td>
              <td colspan="2"><input name="sex" type="radio" class="noborder" value="男" checked>
                男 
                <input name="sex" type="radio" class="noborder" value="女">
                女</td>
            </tr>
            <tr>
              <td height="28" align="center">爱    好：</td>
              <td colspan="2" class="word_grey"><input name="like" type="checkbox" id="like"
value="体育">
              体育
              <input name="like" type="checkbox" id="like" value="旅游">
              旅游
              <input name="like" type="checkbox" id="like" value="听音乐">
              听音乐
              <input name="like" type="checkbox" id="like" value="看书">
              看书</td>
            </tr>

            <tr>
              <td height="28" align="center" style="padding-left:10px">E-mail：</td>
              <td colspan="2" class="word_grey"><input name="email" type="text" id="PWD224" size=
"50"></td>
            </tr>
            <tr>
              <td height="34"> </td>
              <td width="30%" class="word_grey"><input name="Submit" type="submit" class="btn_grey"
value="确定保存">
              <input name="Reset" type="reset" class="btn_grey" id="Reset" value="重新填写"></td>
              <td width="53%" class="word_grey"><input type="image" name="imageField" src=
"images/btn_bg.jpg"></td>
            </tr>
          </table></td>
          <td width="44" valign="top"><img src="images/04.gif" width="44"></td>
        </tr>
      </table>
    </form>
    </body>
```

页面效果如图 2-7 所示。

图 2-7　页面效果

3．下拉列表标签

<select>标签用于在页面中创建下拉列表，此时的下拉列表是一个空列表，需要使用<option>标签向列表中添加内容。<select>标签的语法格式如下。

下拉列表标签

```
<select name="name" size="digit" multiple="multiple" disabled="disabled">
</select>
```

<select>标签的属性说明如表 2-3 所示。

表 2-3　<select>标签的属性说明

属性	说明
name	用于指定下拉列表的名称
size	用于指定下拉列表中显示的选项数量，超出该数量的选项可以通过拖动滚动条查看
disabled	用于指定当前下拉列表不可使用（变成灰色）
multiple	用于让多行列表框支持多选

【例 2-8】 在页面中应用<select>标签和<option>标签添加下拉列表和多行列表框，关键代码如下。

```
下拉列表：
<select name="select">
  <option>数码相机区</option>
  <option>摄影器材</option>
  <option>MP3/MP4/MP5</option>
  <option>U 盘/移动硬盘</option>
</select>
  多行列表框（不可多选）：
<select name="select2" size="2">
  <option>数码相机区</option>
  <option>摄影器材</option>
  <option>MP3/MP4/MP5</option>
  <option>U 盘/移动硬盘</option>
</select>
  多行列表框（可多选）：
<select name="select3" size="3" multiple>
  <option>数码相机区</option>
  <option>摄影器材</option>
  <option>MP3/MP4/MP5</option>
  <option>U 盘/移动硬盘</option>
</select>
```

运行本实例，结果如图 2-8 所示。

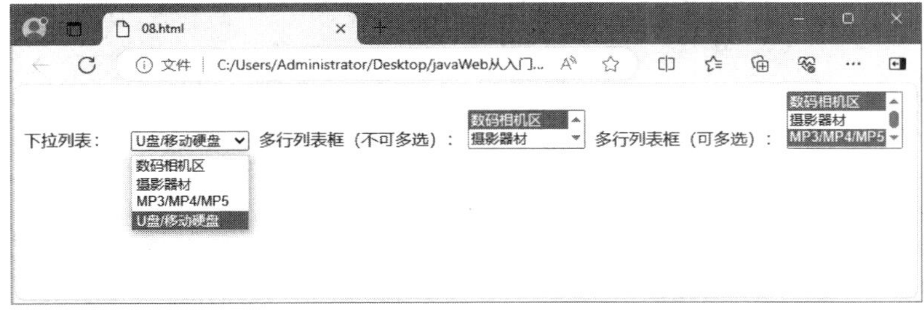

图 2-8　在页面中添加下拉列表和多行列表框

4．多行文本标签

<textarea>为多行文本标签，通常情况下，嵌套在<form>标签中。<textarea>标签的语法格式如下。

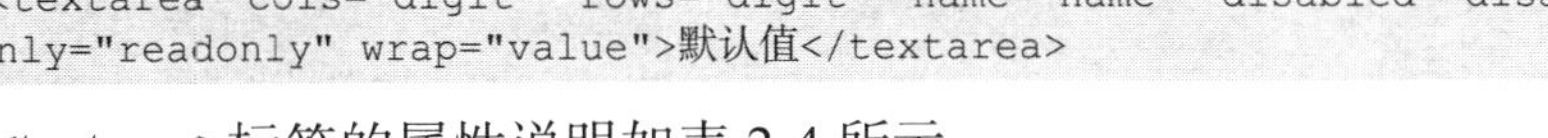

```
  <textarea cols="digit" rows="digit" name="name" disabled="disabled"
readonly="readonly" wrap="value">默认值</textarea>
```

多行文本标签

<textarea>标签的属性说明如表 2-4 所示。

表 2-4　<textarea>标签的属性说明

属性	说明
name	用于指定多行文本框的名称，当提交表单后，在服务器端获取表单数据时应用
cols	用于指定多行文本框显示的列数（宽度）
rows	用于指定多行文本框显示的行数（高度）
disabled	用于指定当前多行文本框不可使用（变成灰色）
readonly	用于指定当前多行文本框为只读
wrap	用于设置多行文本中的文字是否自动换行

【例 2-9】 在页面中创建表单对象，并在表单中添加一个多行文本框，文本框的名称为 content，文字换行方式为 hard，关键代码如下。

```
<form name="form1" method="post" action="">
    <textarea name="content" cols="30" rows="5" wrap="hard"></textarea>
</form>
```

运行本实例，在页面的多行文本框中可输入任意内容，如图 2-9 所示。

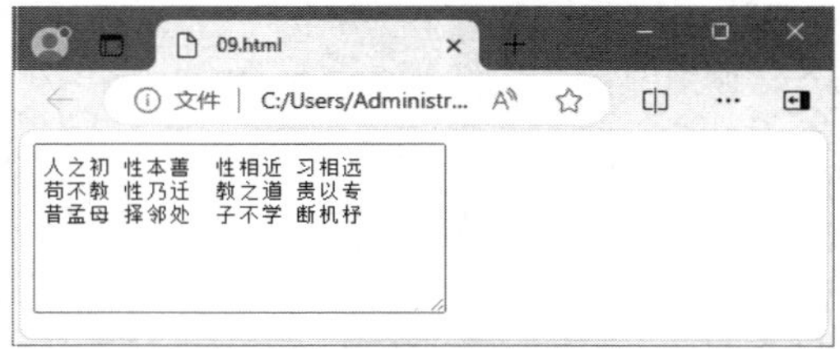

图 2-9　在页面的多行文本框中输入内容

2.1.6　超链接与图片标签

除了前面介绍的常用标签外，还有两个标签必须掌握——超链接标签与图片标签。

超链接与图片标签

1．超链接标签

超链接标签<a>用于实现从一个页面跳转到另一个页面。超链接标签的语法格式如下。

```
<a href = ""></a>
```

属性 href 用来设定链接到哪个页面。

2．图片标签

大家在浏览网站时通常会看到各式各样的图片，在页面中添加图片是通过<img>标签来实现的。<img>标签的语法格式如下。

```
<img src="url" width="value" height="value" border="value" alt="提示文字" >
```

<img>标签的属性说明如表 2-5 所示。

表 2-5　<img>标签的属性说明

属性	说明	属性	说明
src	用于指定图片的来源	border	用于指定图片外边框的宽度，默认值为 0
width	用于指定图片的宽度	alt	用于指定图片无法显示时显示的文字
height	用于指定图片的高度		

下面给出具体实例，为读者演示超链接标签和图片标签的使用方法。

【例 2-10】 在页面中添加表格，在表格中插入图片和超链接。

```
<table width="409" height="523" border="1" align="center">
  <tr>
    <td width="199" height="208">
     <img src="images/ASP.NET.jpg" />
    </td>
    <td width="194">
     <img src="images/C#.jpg"/>
    </td>
  </tr>
  <tr>
    <td height="35" align="center" valign="middle"><a href="message.html">查看详情</a></td>
    <td align="center" valign="middle"><a href="message.html">查看详情</a></td>
  </tr>
  <tr>
    <td height="227"><img src="images/Java.jpg"/></td>
    <td><img src="images/VB.jpg"/></td>
  </tr>
  <tr>
    <td height="35" align="center" valign="middle"><a href="message.html">查看详情</a></td>
    <td align="center" valign="middle"><a href="message.html">查看详情</a></td>
  </tr>
</table>
```

运行本实例，结果如图 2-10 所示。

页面中的“查看详情”为超链接，当用户单击超链接后，将跳转至 message.html 页面，如图 2-11 所示。

图 2-10　在页面中添加图片和超链接

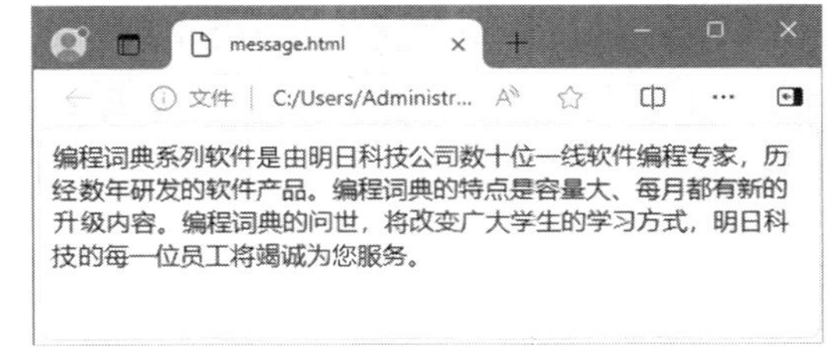

图 2-11　message.html 页面

2.2 CSS

CSS 是万维网联盟（World Wide Web Consortium，W3C）为弥补 HTML 在显示属性设定上的不足而制定的一套扩展样式标准。CSS 重新定义了 HTML 中原来的文字显示样式，增加了一些新概念，如类、层等，可以对文字进行重叠、定位等。在 CSS 还没有引入页面设计之前，传统的 HTML 要实现页面美化是十分麻烦的，例如，要设计页面中的文字样式，如果使用传统的 HTML 语句来实现，就不得不在每个需要设计的文字上都定义样式。CSS 的出现改变了这一传统模式。

2.2.1　CSS 规则

CSS 包括 3 部分内容，即选择器、属性和属性值，语法格式如下。

CSS 规则

```
选择器{属性:属性值;}
```

语法说明如下。

（1）选择器：又称选择符，是 CSS 中很重要的概念，HTML 的所有标签都是通过不同的 CSS 选择器进行控制的。

（2）属性：主要包括字体属性、文本属性、背景属性、布局属性、边界属性、列表项目属性、表格属性等。但其中一些属性只有部分浏览器支持，使得 CSS 属性的使用变得复杂。

（3）属性值：某属性的有效值。属性与属性值之间以 “:” 分隔。当有多个属性时，使用 “;” 分隔。图 2-12 为大家标注了 CSS 语法中的选择器、属性与属性值。

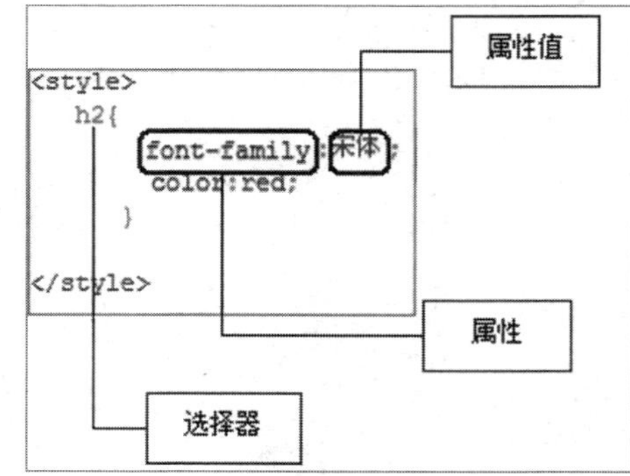

图 2-12　CSS 语法示例

2.2.2　CSS 选择器

常用的 CSS 选择器有标签选择器、类别选择器、ID 选择器等。使用选择器即可对不同的 HTML 标签进行控制，从而实现各种效果。下面对常用的选择器进行详细的介绍。

CSS 选择器

1．标签选择器

HTML 页面由很多标签组成，如图片标签<img>、超链接标签<a>、表格标签<table>等。而 CSS 标签选择器就是用于声明页面中哪些标签采用哪些 CSS 样式的。例如，a 标签选择器用于声明页面中所有<a>标签的样式风格。

【例 2-11】 定义 a 标签选择器，在该标签选择器中定义超链接的字号与颜色。

```
<style>
    a{
        font-size:9px;
        color:#F93;
    }
</style>
```

2．类别选择器

使用标签选择器非常方便，但是有一定的局限性，如果声明标签选择器，那么页面中该标签的所有内容都会发生相应变化。假如页面中有 3 个<h2>标签，如果想要每个<h2>标签的显示效果都不一样，使用标签选择器就无法实现了，这时就需要使用类别选择器。

类别选择器的名称由用户自己定义，以 “.” 开头，并且定义的属性与属性值也要遵循 CSS 规范。要应用类别选择器的 HTML 标签需使用 class 属性来声明。

【例 2-12】 使用类别选择器控制页面中文字的样式。

```
<!--以下为定义的CSS样式-->
<style>
  .one{                                  <!--定义类名为 one 的类别选择器-->
        font-family:宋体;                <!--设置字体-->
        font-size:24px;                  <!--设置字号-->
        color:red;                       <!--设置字体颜色-->
     }
    .two{
        font-family:宋体;
        font-size:16px;
        color:red;
     }
    .three{
        font-family:宋体;
        font-size:12px;
        color:red;
     }
</style>
</head>
<body>
   <h2 class="one">应用了选择器 one</h2><!--定义样式后页面会自动加载样式-->
   <p>正文内容 1</p>
   <h2 class="two">应用了选择器 two</h2>
   <p>正文内容 2 </p>
   <h2 class="three">应用了选择器 three</h2>
   <p>正文内容 3 </p>
</body>
```

在上面的代码中，第 1 个<h2>标签应用了选择器 one，第 2 个<h2>标签应用了选择器 two，第 3 个<h2>标签应用了选择器 three，页面效果如图 2-13 所示。

图 2-13　使用类别选择器控制页面文字样式

说明：在 HTML 标签中，可以应用一种类别选择器，也可以应用多种类别选择器，这样可使 HTML 标签同时加载多个类别选择器的样式，多种类别选择器之间用空格进行分隔，如<h2 class="size color">

3．ID 选择器

ID 选择器通过 id 属性来定义样式，与类别选择器的用法基本相同。但需要注意的是，由于 HTML 页面中不能包含两个相同的 ID 属性，因此定义的 ID 选择器只能被使用一次。

ID 选择器以“#”开头，后加 HTML 标签中的 id 属性值。

【例 2-13】 使用 ID 选择器控制页面中字体的样式。

```
<style>                <!--定义 ID 选择器-->
  #first{
        font-size:18px
     }
  #second{
       font-size:24px
     }
  #three{
       font-size:36px
     }
</style>
<body>
  <p id="first">ID 选择器 1</p>            <!--在页面中定义标签，则自动应用样式-->
  <p id="second">ID 选择器 2</p>
  <p id="three">ID 选择器 3</p>
</body>
```

运行本段代码，结果如图 2-14 所示。

图 2-14 使用 ID 选择器控制页面文字大小

2.2.3 在页面中包含 CSS 样式

下面介绍在页面中包含的几种 CSS 样式，包括行内样式、内嵌式和链接式。

在页面中包含 CSS 样式

1. 行内样式

行内样式是比较直接的一种样式，直接定义在 HTML 标签内，通过 style 属性来实现。这种方式也比较容易令初学者接受，但灵活性不强。

【例 2-14】 通过定义行内样式实现控制页面中文字的颜色和大小。

```
<table width="200" border="1" align="center">       <!--在页面中定义表格-->
<tr>
<td><p style="color:#F00; font-size:36px;">行内样式一</p></td><%--为页面文字定义 CSS 样式--%>
</tr>
<tr>
 <td><p style="color:#F00; font-size:24px;">行内样式二</p></td>
</tr>
<tr>
<td><p style="color:#F00; font-size:18px;">行内样式三</p></td>
</tr>
<tr>
 <td><p style="color:#F00; font-size:14px;">行内样式四</p></td>
</tr>
</table>
```

运行本实例，效果如图 2-15 所示。

2．内嵌式

内嵌式就是使用<style>标签将 CSS 样式包含在页面中。【例 2-11】就使用了内嵌式样式表。内嵌式样式表的形式没有行内样式那么直接，但是能够使页面更加规整。

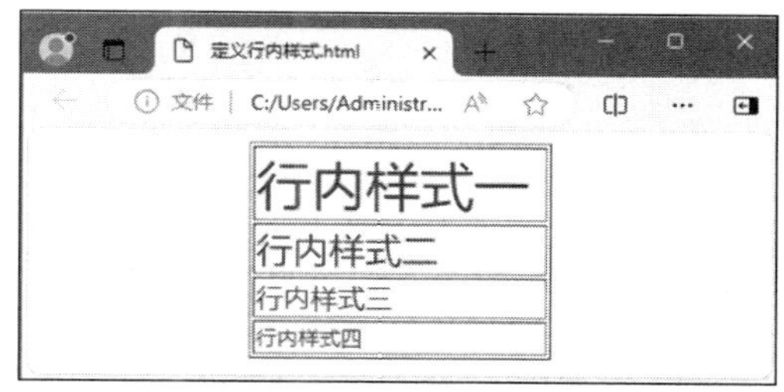

图 2-15　行内样式

与行内样式相比，内嵌式更加便于维护。一般网站都不会只由一个页面构成，而每个页面中相同的 HTML 标签都要求有相同的样式，此时使用内嵌式样式表就显得比较麻烦，用链接式样式表可以解决这一问题。

3．链接式

链接式 CSS 是最常用的一种引用样式表的方式。它将 CSS 样式定义在一个单独的文件中，然后在 HTML 文件中通过<link>标签对其进行引用。

<link>标签的语法格式如下。

```
<link rel='stylesheet' href='path' type='text/css'>
```

属性说明如下。

（1）rel：定义外部文件和调用文件间的关系。

（2）href：CSS 文件的绝对或相对路径。

（3）type：外部文件的 MIME 类型。

【例 2-15】 通过链接式样式表的形式在页面中引入 CSS 样式。

（1）创建名称为 css.css 的样式表，在该样式表中定义页面中<h1>、<h2>、<h3>、<p>标签的样式，代码如下。

```
h1,h2,h3{                              /*定义 CSS 样式 */
    color:#6CFw;
    font-family:"Trebuchet MS", Arial, Helvetica, sans-serif;
}
p{
    color:#F0Cs;                       /*定义颜色*/
    font-weight:200;
    font-size:24px;                    /*设置字号*/
}
```

（2）通过<link>标签将 css.css 样式表引入页面，此时 css.css 样式表中定义的内容将自动加载到页面中，代码如下。

```
<title>通过链接形式引入 CSS 样式</title>
<Head>
<link href="css.css"/>                 <!—在页面中引入 css.css 样式表-->
</head>
<body>
   <h2>页面文字一</h2>                  <!--在页面中添加文字-->
   <p>页面文字二</p>
</body>
```

运行程序，结果如图 2-16 所示。

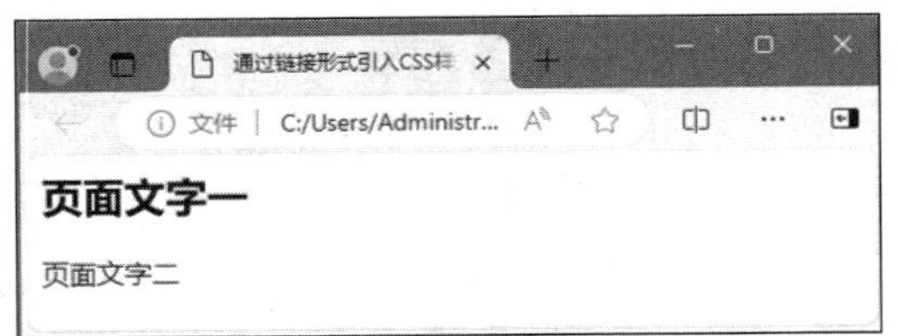

图 2-16　通过链接形式引入样式表

2.3 AIGC 辅助编程——客户端验证表单数据

虽然本章没有介绍客户端如何验证表单数据，但是可以利用 AIGC 来辅助学习相关方法。以下是在 AIGC 平台上的对话示例。

【问题】

客户端如何验证表单数据？

【AIGC 建议】

客户端验证表单数据是确保用户输入符合预期格式和要求的重要步骤。HTML5 提供了多种内置的表单验证功能，开发者可以通过添加特定的属性来实现这些验证。以下是一些常见的客户端验证表单数据的方法。

（1）必填字段验证

使用 required 属性可以指定某个输入字段为必填项。如果用户尝试提交表单而未填写该字段，浏览器会显示一个提示信息，并阻止表单提交。

```
<input type="text" name="username" required>
```

（2）类型验证

通过设置 type 属性，可以限制用户输入的数据类型。例如，type="email"要求用户输入有效的电子邮件地址，type="number"要求用户输入数字等。

```
<input type="email" name="email">
<input type="number" name="age">
```

（3）最小值和最大值验证

使用 min 和 max 属性可以限制数值输入的范围。对于日期输入，可以使用 min 和 max 属性来限制日期范围。

```
<input type="number" name="quantity" min="1" max="10">
<input type="date" name="birthday" min="1900-01-01" max="2023-12-31">
```

（4）正则表达式验证

虽然 HTML5 本身不直接支持复杂的正则表达式验证，但可以通过 JavaScript 实现自定义的验证逻辑。使用 pattern 属性可以指定一个正则表达式，用于验证输入是否符合特定格式。

```
<input type="text" name="postalcode" pattern="\d{5}">
```

（5）自定义验证消息

使用 title 属性可以为验证失败时显示的提示信息提供自定义文本。这有助于向用户提供更具体的错误信息。

```
<input type="text" name="username" required title="Please enter your username">
```

（6）JavaScript 验证

除了 HTML5 内置的验证功能外，还可以使用 JavaScript 进行更复杂或自定义的验证。在表单提交事件中，可以编写 JavaScript 代码来检查每个输入字段的值，并根据需要显示错误消息或阻止表单提交。

```
document.getElementById("myForm").onsubmit = function() {
    var email = document.getElementById("email").value;
    if (!/\S+@\S+\.\S+/.test(email)) {
        alert("Please enter a valid email address");
        return false;
    }
};
```

（7）实时验证

为了提升用户体验，可以在用户输入时实时验证表单字段。这可以通过监听输入字段的 input 事件来实现，并在每次用户输入时立即检查输入值是否有效。

```
document.getElementById("email").addEventListener("input", function() {
    var email = this.value;
    if (!/\S+@\S+\.\S+/.test(email)) {
        this.setCustomValidity("Please enter a valid email address");
    } else {
        this.setCustomValidity("");
    }
});
```

综上所述，客户端验证表单数据是确保用户输入符合预期格式和要求的重要步骤。通过利用 HTML5 的内置验证功能和 JavaScript 的自定义验证逻辑，可以有效地提高表单数据的质量、提升用户体验。

本章小结

本章为大家介绍的是网页设计中不可或缺的内容：HTML 标签与 CSS 样式。HTML 是构成网页的灵魂，对于制作一般的网页，尤其是静态网页，HTML 完全可以胜任。但如果要制作夺人眼球的网页，CSS 样式是必不可少的。本章对 HTML 与 CSS 的基础内容进行了讲解，为读者后续的学习奠定了基础。

上机指导

上机指导

创建 HTML 页面，并在页面中添加表格，实现在浏览网站信息的同时，鼠标指针经过表格的某个单元格便显示相关的提示信息。效果如图 2-17 所示。

单元格1	单元格2	单元格3
单元格4	单元格5	单元格6
单元格7	单元格8	单元格9

单元格9

图 2-17　鼠标指针经过时弹出提示的效果

步骤如下。

（1）在桌面创建一个.txt 文件，在文件中输入如下代码。

```
<html>
<head>
<meta http-equiv="Content-Type" content="text/html; charset=utf-8" />
</head>
<body>
<table width="98%" height="114" border="0" cellpadding="0" cellspacing="1" bgcolor=
"#666666">
  <tr>
    <td bgcolor="#FFFFFF" title="单元格 1">单元格 1</td>
    <td bgcolor="#FFFFFF" title="单元格 2">单元格 2</td>
    <td bgcolor="#FFFFFF" title="单元格 3">单元格 3</td>
  </tr>
  <tr>
    <td bgcolor="#FFFFFF" title="单元格 4">单元格 4</td>
    <td bgcolor="#FFFFFF" title="单元格 5">单元格 5</td>
    <td bgcolor="#FFFFFF" title="单元格 6">单元格 6</td>
  </tr>
  <tr>
    <td bgcolor="#FFFFFF" title="单元格 7">单元格 7</td>
    <td bgcolor="#FFFFFF" title="单元格 8">单元格 8</td>
    <td bgcolor="#FFFFFF" title="单元格 9">单元格 9</td>
  </tr>
</table>
</body>
</html>
```

（2）保存文件，修改文件扩展名，即将.txt 修改为.html，用浏览器查看文件运行效果。

习题

1. HTML 是由哪几部分组成的？
2. HTML 有哪些常用标签？都有什么作用？
3. <input>标签有哪几种输入类型？
4. 什么是 CSS？CSS 有哪些效果？
5. 如何为一个 HTML 页面添加 CSS 效果？

第3章 JavaScript脚本语言

本章要点

- 了解 JavaScript 以及 JavaScript 的主要特点
- 掌握在 Web 页面中使用 JavaScript 的方法
- 了解 Ajax 技术
- 了解 jQuery 技术

JavaScript 是 Web 应用开发中一种比较流行的脚本语言，由客户端浏览器解释执行，可以应用在 JSP、PHP、ASP 等工具中。同时，随着 Ajax 进入 Web 开发的主流市场，JavaScript 被推到了舞台的中心，因此，熟练掌握并应用 JavaScript 对网站开发人员来说非常重要。本章将详细介绍 JavaScript 的基本语法、函数及常用对象等内容。

3.1 JavaScript 概述

3.1.1 什么是 JavaScript

JavaScript 是一种基于对象和事件驱动、具有安全性的解释型脚本语言，在 Web 应用中有非常广泛的应用。它不需要编译，而是直接嵌入 HTTP 页面，把静态页面转变成支持交互并响应应用事件的动态页面。在 Java Web 程序设计中，经常应用 JavaScript 进行数据验证、控制浏览器及生成时钟、日历和时间戳文档等。

JavaScript 概述

3.1.2 JavaScript 的主要特点

JavaScript 适用于创建静态网页或动态网页，是一种被广泛使用的客户端脚本语言。它具有可解释性、基于对象和事件驱动、安全和跨平台等特点，下面进行详细介绍。

1．可解释性

JavaScript 是一种脚本语言，采用小程序段的方式实现编程。和其他脚本语言一样，JavaScript 也是一种解释型语言，为开发者提供了简易的开发过程。

2．基于对象

JavaScript 是一种基于对象的语言。它可以应用已经创建的对象，其许多功能来自脚本环境中对象的方法与脚本的相互作用。

3．基于事件驱动

JavaScript 可以事件驱动的方式直接对客户端的输入做出响应，无须经过服务器端程序。

> **说明：** 事件驱动就是用户进行某种操作（例如，按鼠标按键、选择命令等）后，计算机随之做出相应的响应。这里的某种操作称为事件，而计算机做出的响应称为事件响应。

4．安全

JavaScript 具有安全性。它不允许访问本地硬盘，不允许将数据写入服务器，并且不允许对网络文档进行修改和删除，只能通过浏览器实现信息浏览或动态交互，从而有效地防止数据丢失。

5．跨平台

JavaScript 依赖于浏览器，与操作系统无关，只要浏览器支持 JavaScript，JavaScript 程序就可以正确执行。

3.2 在 Web 页面中使用 JavaScript

在 Web 页面中使用 JavaScript

通常情况下，在 Web 页面中使用 JavaScript 有以下两种方法：一种是在页面中直接嵌入 JavaScript 代码，另一种是链接外部 JavaScript 文件。下面分别介绍。

3.2.1 在页面中直接嵌入 JavaScript 代码

在 Web 页面中，可以使用<script>标签封装脚本代码，当浏览器读取到<script>标签时，将解释执行其中的脚本代码。

使用<script>标签时，还需要通过 language 属性指定使用的脚本语言。例如，在<script>标签中指定使用 JavaScript 脚本语言的代码如下。

```
<script language="javascript">...</script>
```

【例 3-1】 在页面中直接嵌入 JavaScript 代码，实现弹出欢迎访问网站的对话框。在需要弹出欢迎对话框的页面的<head></head>标签中插入以下 JavaScript 代码，实现在用户访问网站时，弹出提示系统时间及欢迎信息的对话框。

```
<script language="javascript">
    var now=new Date();                          //获取 Date 对象的一个实例
    var hour=now.getHours();                     //获取小时数
    var min=now.getMinutes();                    //获取分钟数
    alert("您好！现在是"+hour+"点"+min+"分\r 欢迎访问我公司网站！");    //弹出提示对话框
</script>
```

> **说明：** <script>标签可以放在 Web 页面的<head></head>标签中，也可以放在<body></body>标签中，其中最常用的是放在<head></head>标签中。

运行程序，将显示图 3-1 所示的欢迎对话框。

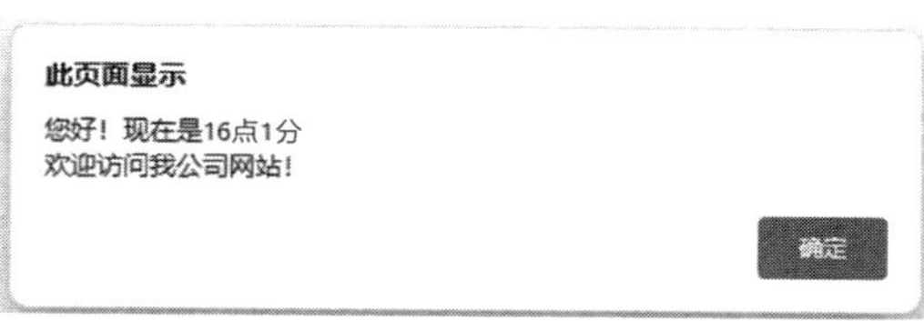

图 3-1　弹出的欢迎对话框

3.2.2　链接外部 JavaScript 文件

在 Web 页面中引入 JavaScript 的另一种方法是链接外部 JavaScript 文件。如果脚本代码比较复杂或是同一段代码可以被多个页面使用，则可以将这些脚本代码单独放置在一个文件中（该文件的扩展名为.js），然后在需要使用该代码的 Web 页面中链接该 JavaScript 文件。

在 Web 页面中链接外部 JavaScript 文件的语法格式如下。

```
<script language="javascript" src="javascript.js"></script>
```

说明： 在外部 JavaScript 文件中，不需要将脚本代码用<script>和</script>标签围起来。

3.3　JavaScript 基础

3.3.1　JavaScript 的语法

JavaScript 与 Java 在语法上有些相似，但也不尽相同。下面将结合 Java 对编写 JavaScript 代码时需要注意的事项进行详细介绍。

JavaScript 的语法

（1）JavaScript 程序代码区分大小写

JavaScript 程序代码区分大小写，这一点与 Java 是相同的。例如，变量 username 与变量 userName 是两个不同的变量。

（2）每行结尾的分号可有可无

与 Java 不同，JavaScript 程序代码并不要求必须以分号作为语句的结束标签。即使语句的结束处没有分号，JavaScript 也会自动将该行代码的结尾作为语句的结束。

例如，下面的两行代码都是正确的。

```
alert("您好！欢迎访问我公司网站！")
alert("您好！欢迎访问我公司网站！");
```

说明： 最好的代码编写习惯是在每行代码的结尾处加上分号，这样可以保证每行代码的准确性。

（3）变量是弱类型的

与 Java 不同，JavaScript 的变量是弱类型的。因此在定义变量时，只使用 var 运算符就可以将变量初始化为任意值。例如，通过以下代码可以将变量 username 的值初始化为 mrsoft、将变量 age 的值初始化为 20。

```
var username="mrsoft";                    //将变量 username 的值初始化为 mrsoft
var age=20;                               //将变量 age 的值初始化为 20
```

（4）使用花括号标记代码块

与 Java 相同，JavaScript 也是使用一对花括号标记代码块，被封装在花括号内的语句将按顺序执行。

（5）提供注释功能

JavaScript 提供了两种注释方式，即单行注释和多行注释，下面详细介绍。

单行注释使用双斜线“//”，“//”后面的文字为注释内容，在代码执行过程中不会被执行。例如，在下面的代码中，“获取日期对象”为注释内容。

```
var now=new Date();                    //获取日期对象
```

多行注释以“/*”开头，以“*/”结尾，“/*”和“*/”之间的内容为注释内容，在代码执行过程中不会被执行。

3.3.2 JavaScript 中的关键字

JavaScript 中的关键字

JavaScript 中的关键字是指在 JavaScript 中具有特定含义的、可以成为 JavaScript 语法一部分的字符。与其他编程语言一样，JavaScript 也有许多关键字，如表 3-1 所示。

表 3-1 JavaScript 中的关键字

序号	关键字	序号	关键字	序号	关键字	序号	关键字	序号	关键字	序号	关键字
1	abstract	9	continue	17	finally	25	instanceof	33	private	41	this
2	boolean	10	default	18	float	26	int	34	public	42	throw
3	break	11	do	19	for	27	interface	35	return	43	typeof
4	byte	12	double	20	function	28	long	36	short	44	true
5	case	13	else	21	goto	29	native	37	static	45	var
6	catch	14	extends	22	implements	30	new	38	super	46	void
7	char	15	false	23	import	31	null	39	switch	47	while
8	class	16	final	24	in	32	package	40	synchronized	48	with

⚠ **注意：** JavaScript 中的关键字不能用作变量名、函数名及循环标签。

3.3.3 了解 JavaScript 的数据类型

了解 JavaScript 的数据类型

JavaScript 的数据类型比较简单，主要有数值型、字符型、布尔型、空值（null）和未定义值 5 种，下面分别介绍。

1．数值型

JavaScript 的数值型数据又可以分为整型和浮点型两种，下面分别进行介绍。

（1）整型

JavaScript 的整型数据分为正整数、负整数和 0，并且可以采用十进制、八进制或十六进制等来表示，示例如下。

```
729                          //十进制的 729
071                          //八进制的 71
0x9405B                      //十六进制的 9405B
```

说明： 以 0 开头的数为八进制数，以 0x 开头的数为十六进制数。

（2）浮点型

浮点型数据由整数部分加小数部分组成，只能采用十进制，但是可以使用标准方法或科学记数法来表示，示例如下。

```
3.1415926           //采用标准方法表示
1.6E5               //采用科学记数法表示，代表1.6×10⁵
```

2．字符型

字符型数据是指使用单引号或双引号引起来的一个或多个字符，示例如下。

```
'a'
'保护环境，从我做起'
"b"
"系统公告："
```

说明：JavaScript 与 Java 不同，它没有专门的 char 数据类型，要表示单个字符，必须使用长度为 1 的字符串。

用单引号定界的字符串中可以含有双引号，代码如下。

```
'<td width="25%" align="center" bgcolor="#F0F0F0">注册时间</td>'
```

用双引号定界的字符串中可以含有单引号，代码如下。

```
"<td bgcolor='#FFFFFF'>"
```

以反斜杠“\”开头的、不可显示的特殊字符通常称为控制字符，也叫转义字符。通过转义字符可以在字符串中添加不可显示的特殊字符，还能防止出现引号匹配混乱的问题。JavaScript 常用的转义字符如表 3-2 所示。

表 3-2　JavaScript 常用的转义字符

转义字符	描述	转义字符	描述
\b	退格	\n	换行
\f	换页	\t	制表符
\r	回车符	\'	单引号
\"	双引号	\\	反斜杠
\xnn	以十六进制代码 nn 表示的字符	\unnnn	以十六进制代码 nnnn 表示的 Unicode 字符
\0nnn	以八进制代码 nnn 表示的字符		

例如，在网页中弹出一个提示对话框，并应用转义字符“\r”将文字分为两行显示的代码如下。

```
var hour=13;
var min=10;
alert("您好！现在是"+hour+"点"+min+"分\r 欢迎访问我公司网站！");
```

说明：在 document.writeln();语句中使用转义字符时，只有将其放在格式化文本块中才会起作用，所以输出的带转义字符的内容必须在<pre>和</pre>标签内。

3．布尔型

布尔型数据只有两个值，即 true 或 false，主要用来说明或代表某种状态或标志。在 JavaScript 中，也可以使用整数 0 表示 false，使用非 0 的整数表示 true。

4．空值

JavaScript 中的空值（null）用于定义空的或不存在的引用。如果试图引用一个没有定义的变量，则会返回 null。

⚠ **注意**：空值不等于空的字符串（""）或 0。

5．未定义值

当使用了一个并未声明的变量，或者使用了一个已经声明但没有赋值的变量时，将返回未定义值（undefined）。

说明：JavaScript 中还有一种特殊类型的数字常量 NaN，即“非数字”。当程序由于某种原因发生计算错误时，将产生一个没有意义的数字，即 NaN。

3.3.4 变量的定义与使用

变量是指程序中已经命名的存储单元，其主要作用就是为数据操作提供存放信息的容器。使用变量前，必须明确变量的命名规则、声明方法及作用域。

变量的定义与使用

1．变量的命名规则

JavaScript 变量的命名规则如下。

① 变量名由字母、数字或下画线组成，但必须以字母或下画线开头。

② 变量名中不能有空格、加号、减号、逗号等符号。

③ 变量名不能使用 JavaScript 中的关键字。

JavaScript 的变量名是严格区分大小写的。例如，arr_week 与 arr_Week 代表两个不同的变量。

说明：虽然 JavaScript 的变量可以任意命名，但在实际编程时，最好使用便于记忆且有意义的变量名，以便增强程序的可读性。

2．变量的声明

在 JavaScript 中，可以使用关键字 var 声明变量，其语法格式如下。

```
var variable;
```

variable：用于指定变量名，该变量名必须遵守变量的命名规则。

声明变量时需要遵守以下规则。

可以使用一个关键字同时声明多个变量，示例如下。

```
var now,year,month,date;
```

可以在声明变量的同时对其进行赋值，即初始化，示例如下。

```
var now="2025-05-12",year="2025", month="5",date="12";
```

如果只是声明了变量，但未对其赋值，则其默认值为 undefined。

当给一个尚未声明的变量赋值时，JavaScript 会自动用该变量名创建一个全局变量。在函数内部，通常创建的是一个仅在函数内部起作用的局部变量，而不是全局变量。若要创建全局变量，则必须使用 var 关键字进行变量声明。

由于 JavaScript 的变量采用弱类型，因此在声明变量时不需要指定变量的类型，示例如下。

```
var number=10                                                    //数值型
var info="欢迎访问我公司网站！\rhttp://www.mingribook.com";     //字符型
var flag=true                                                    //布尔型
```

3．变量的作用域

变量的作用域是指变量在程序中的有效范围。在 JavaScript 中，根据变量的作用域可以将变量分为全局变量和局部变量两种。全局变量是定义在所有函数之外，作用于整个脚本代码的变量；局部变量是定义在函数内，只作用于该函数体的变量。例如，下面的代码将说明变量的有效范围。

```
<script language="javascript">
    var company="明日科技";                //该变量在函数外声明，作用于整个脚本代码
    function send(){
        var url="www.mingribook.com";      //该变量在函数内声明，只作用于该函数体
        alert(company+url);
    }
</script>
```

3.3.5 运算符的应用

运算符的应用

运算符是用来完成计算或比较数据等一系列操作的符号。常用的 JavaScript 运算符按类型可分为赋值运算符、算术运算符、比较运算符、逻辑运算符、条件运算符和字符串运算符 6 种。

1．赋值运算符

JavaScript 中的赋值运算可以分为简单赋值运算和复合赋值运算。简单赋值运算是将赋值运算符（=）右边表达式的值保存到左边的变量中；而复合赋值运算混合了其他操作（算术运算操作、位操作等）和赋值操作，示例如下。

```
sum+=i;                //等同于 sum=sum+i;
```

JavaScript 中的赋值运算符如表 3-3 所示。

表 3-3　JavaScript 中的赋值运算符

运算符	描述	示例
=	将右边表达式的值赋给左边的变量	userName="mr"
+=	运算符左边的变量加上右边表达式的值后，将结果赋给左边的变量	a+=b　//相当于 a=a+b
-=	运算符左边的变量减去右边表达式的值后，将结果赋给左边的变量	a-=b　//相当于 a=a-b
*=	运算符左边的变量乘以右边表达式的值后，将结果赋给左边的变量	a*=b　//相当于 a=a*b
/=	运算符左边的变量除去右边表达式的值后，将结果赋给左边的变量	a/=b　//相当于 a=a/b
%=	运算符左边的变量用右边表达式的值求模后，将结果赋给左边的变量	a%=b　//相当于 a=a%b
&=	运算符左边的变量与右边表达式的值进行逻辑与运算后，将结果赋给左边的变量	a&=b　//相当于 a=a&b
|=	运算符左边的变量与右边表达式的值进行逻辑或运算后，将结果赋给左边的变量	a|=b　//相当于 a=a|b
^=	运算符左边的变量与右边表达式的值进行异或运算后，将结果赋给左边的变量	a^=b　//相当于 a=a^b

2．算术运算符

算术运算符用于在程序中进行加、减、乘、除等运算。JavaScript 中的算术运算符如表 3-4 所示。

⚠ **注意：** 执行除运算时，0 不能作除数。如果 0 作除数，则返回结果为 Infinity。

表 3-4　JavaScript 中的算术运算符

运算符	描述	示例
+	加运算符	4+6　//返回值为 10
−	减运算符	7−2　//返回值为 5
*	乘运算符	7*3　//返回值为 21
/	除运算符	12/3　//返回值为 4
%	求模运算符	7%4　//返回值为 3
++	自增运算符。该运算符有两种情况：i++（在使用 i 之后，使 i 的值加 1）；++i（在使用 i 之前，使 i 的值加 1）	i=1; j=i++　//j 的值为 1，i 的值为 2 i=1; j=++i　//j 的值为 2，i 的值为 2
−−	自减运算符。该运算符有两种情况：i−−（在使用 i 之后，使 i 的值减 1）；−−i（在使用 i 之前，使 i 的值减 1）	i=6; j=i−−　//j 的值为 6，i 的值为 5 i=6; j=−−i　//j 的值为 5，i 的值为 5

【例 3-2】 编写 JavaScript 代码，应用算术运算符计算商品金额。

```
<script language="javascript">
    var price=992;                //初始化商品单价
    var number=10;                //初始化商品数量
    var sum=price*number;         //计算商品金额
    alert(sum);                   //显示商品金额
</script>
```

3．比较运算符

比较运算符首先对操作数进行比较，这个操作数可以是数字也可以是字符串，然后返回一个布尔值 true 或 false。JavaScript 中的比较运算符如表 3-5 所示。

表 3-5　JavaScript 中的比较运算符

运算符	描述	示例
<	小于	1<6　//返回值为 true
>	大于	7>10　//返回值为 false
<=	小于等于	10<=10　//返回值为 true
>=	大于等于	3>=6　//返回值为 false
==	等于。只根据表面值进行判断，不涉及数据类型	"17"==17　//返回值为 true
===	绝对等于。根据表面值和数据类型同时进行判断	"17"===17　//返回值为 false
!=	不等于。只根据表面值进行判断，不涉及数据类型	"17"!=17　//返回值为 false
!==	不绝对等于。根据表面值和数据类型同时进行判断	"17"!==17　//返回值为 true

4．逻辑运算符

逻辑运算符通常和比较运算符一起使用，用来表示复杂的比较运算，常用于 if、while 和 for 语句中，其返回结果为一个布尔值。JavaScript 中的逻辑运算符如表 3-6 所示。

表 3-6　JavaScript 中的逻辑运算符

运算符	描述	示例
!	逻辑非。否定条件，即!假 = 真，!真 = 假	!true　//值为 false
&&	逻辑与。只有当两个操作数的值都为 true 时，值才为 true	true && flase　//值为 false
||	逻辑或。只要两个操作数其中之一为 true，值就为 true	true || false　//值为 true

5．条件运算符

条件运算符是 JavaScript 支持的一种特殊的三目运算符，其语法格式如下。

```
操作数?结果 1:结果 2
```

如果“操作数”的值为 true，则整个表达式的结果为“结果 1”，否则为“结果 2”。

例如，应用条件运算符计算两个数中的较大数，并将其赋给另一个变量，代码如下。

```
var a=26;
var b=30;
var m=a>b?a:b        //m 的值为 30
```

6．字符串运算符

字符串运算符是用于两个字符型数据之间的运算符，除了比较运算符外，还可以是+和+=运算符。其中，+运算符用于连接两个字符串，而+=运算符则用于连接两个字符串，并将结果赋给第一个字符串。

例如，在网页中弹出一个提示对话框，显示进行字符串运算后变量 a 的值，代码如下。

```
var a="One "+"world ";          //将两个字符串连接后的值赋给变量 a
a+="One Dream"                  //连接两个字符串，并将结果赋给第一个字符串
alert(a);
```

3.4 函数

函数

函数实质上就是可以作为一个逻辑单元的一组 JavaScript 代码。使用函数可以使代码更为简洁，并提高代码的重用性。在 JavaScript 中，大部分代码都是包含在函数中的，由此可见，函数在 JavaScript 中非常重要。

3.4.1 函数的定义

函数是由关键字 function、函数名加一组参数，以及置于花括号中需要执行的一段代码组成的。定义函数的基本语法格式如下。

```
function functionName([parameter 1, parameter 2,…]){
    statements;
    [return expression;]
}
```

① functionName：必选，用于指定函数名。在同一个页面中，函数名必须是唯一的，并且区分大小写。

② parameter：可选，用于指定参数列表。当使用多个参数时，参数间用逗号进行分隔。一个函数最多可以有 255 个参数。

③ statements：必选，是函数体，用于实现函数功能。

④ expression：可选，用于设置函数的返回值，可以为任意的表达式、变量或常量。

例如，定义一个用于计算商品金额的函数 account()，该函数有两个参数，用于指定单价和数量，返回值为计算后的金额。具体代码如下。

```
function account(price,number){
    var sum=price*number;         //计算金额
    return sum;                   //返回计算后的金额
}
```

3.4.2 函数的调用

函数的调用比较简单，如果要调用不带参数的函数，直接使用函数名加上括号即可；如果要调用的函数带参数，则需在括号中加上要传递的参数，如果包含多个参数，各参数间用逗号分隔。

如果函数有返回值，则可以使用赋值语句将函数值赋给一个变量。

例如，3.4.1 小节的函数 account()可以通过以下代码进行调用。

```
account(7.6,10);
```

⚠ **注意：** 在 JavaScript 中，由于函数名区分大小写，因此在调用函数时也需要注意函数名的大小写。

【例 3-3】 定义一个 JavaScript 函数 checkRealName()，用于验证输入的字符串是否为汉字。

（1）在页面中添加用于输入真实姓名的表单及表单元素。具体代码如下。

```
<form name="form1" method="post" action="">
请输入真实姓名：<input name="realName" type="text" id="realName" size="40">
<br><br>
<input name="Button" type="button" class="btn_grey" value="检测">
</form>
```

（2）编写自定义的 JavaScript 函数 checkRealName()，用于验证输入的真实姓名是否正确，即判断输入的内容是否为两个或两个以上的汉字。checkRealName()函数的具体代码如下。

```
<script language="javascript">
    function checkRealName(){
        var str=form1.realName.value;                          //获取输入的真实姓名
        if(str==""){                                           //当真实姓名为空时
            alert("请输入真实姓名！");form1.realName.focus();return;
        }else{                                                 //当真实姓名不为空时
            var objExp=/[\u4E00-\u9FA5]{2,}/;                  //创建正则表达式对象
            if(objExp.test(str)==true){                        //判断是否匹配
                alert("您输入的真实姓名正确！");
            }else{
                alert("您输入的真实姓名不正确！");
            }
        }
    }
</script>
```

说明： 正确的真实姓名由两个及两个以上的汉字组成，如果输入的不是汉字，或是只输入一个汉字，都将被认为是不正确的真实姓名。

（3）在“检测”按钮的 onClick 事件中调用 checkRealName()函数，具体代码如下。

```
<input name="Button" type="button" class="btn_grey" onClick="checkRealName()" value="检测">
```

运行程序，输入真实姓名“wgh”，单击“检测”按钮，将弹出图 3-2 所示的对话框；输入真实姓名“王语”，单击“检测”按钮，将弹出图 3-3 所示的对话框。

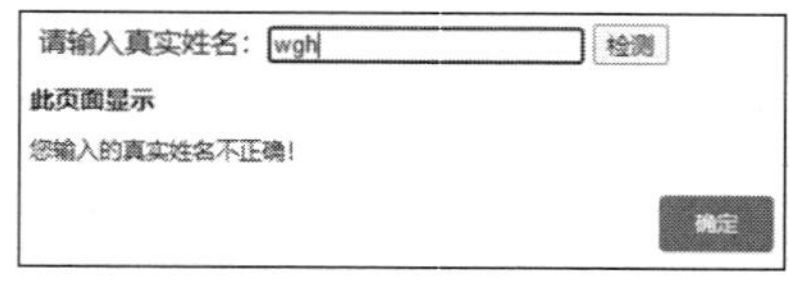

图 3-2　输入的真实姓名不正确

图 3-3　输入的真实姓名正确

3.4.3 匿名函数

匿名函数的语法和 function 语句非常相似，只不过它被用作表达式，而不是语句，而且无须指定函数名。定义匿名函数的语法格式如下。

```
var func=function([parameter 1,parameter 2,…]){ statements;};
```

① parameter：可选，用于指定参数列表。当使用多个参数时，参数间用逗号分隔。

② statements：必选，是函数体，用于实现函数功能。

例如，当页面载入完成后，调用无参数的匿名函数，会弹出一个提示对话框，代码如下。

```
window.onload=function(){
    alert("页面载入完成");
}
```

3.5 事件和事件处理程序

通过前面的学习，我们知道 JavaScript 可以事件驱动的方式直接对客户端的输入做出响应，无须经过服务器端程序。也就是说，JavaScript 是事件驱动的，可以使图形界面中的一切操作变得简单化。下面将对事件及事件处理程序进行详细介绍。

事件和事件处理程序

3.5.1 什么是事件和事件处理程序

JavaScript 与 Web 页面之间的交互是通过用户或系统操作浏览器页面时触发相关事件来实现的。例如，页面载入完毕时将触发 onload（载入）事件、用户单击按钮时将触发按钮的 onclick 事件等。事件处理程序则是用于响应某个事件而执行的处理程序。事件处理程序可以是任意 JavaScript 语句，但通常使用特定的自定义函数来对事件进行处理。

3.5.2 JavaScript 的常用事件

多数浏览器内部对象都拥有很多事件，下面以表格的形式给出常用的事件并说明何时触发这些事件。JavaScript 的常用事件如表 3-7 所示。

表 3-7 JavaScript 的常用事件

事件	何时触发
onabort	对象载入被中断时触发
onblur	元素或窗口本身失去焦点时触发
onchange	改变<select>元素中的选项或其他表单元素失去焦点，并且在其获取焦点后内容发生改变时触发
onclick	单击鼠标左键时触发。当鼠标指针的焦点在按钮上，并按 Enter 键时，也会触发该事件
ondblclick	双击鼠标左键时触发
onerror	出现错误时触发
onfocus	任何元素或窗口本身获得焦点时触发
onkeydown	键盘上的按键（如 Shift、Alt 等）被按下时触发，如果一直按着某键，则会不断触发。当返回 false 时，取消默认动作
onkeypress	键盘上的按键被按下，并产生一个字符时触发。也就是说，只按下 Shift、Alt 等键，没有出现相应字符时不触发。如果一直按着某键，并且有相应字符出现，会不断触发。当返回 false 时，取消默认动作

续表

事件	何时触发
onkeyup	释放键盘上的按键时触发
onload	页面完全载入后，在 Window 对象上触发；所有框架都载入后，在框架集上触发；<img>标签指定的图像完全载入后，在该<img>标签元素触发；<object>标签指定的对象完全载入后，在该<img>标签元素触发
onmousedown	单击任何一个鼠标按键时触发
onmousemove	鼠标指针在某个元素上移动时持续触发
onmouseout	将鼠标指针从指定的元素上移开时触发
onmouseover	鼠标指针移到某个元素上时触发
onmouseup	释放任意一个鼠标按键时触发
onreset	单击“重置”按钮时触发
onresize	窗口或框架的大小发生改变时触发
onscroll	在任何带滚动条的元素或窗口上滚动时触发
onselect	选中文本时触发
onsubmit	单击“提交”按钮时触发
onunload	页面完全卸载后，在 Window 对象上触发；所有框架都卸载后，在框架集上触发

3.5.3 事件处理程序的调用

在使用事件处理程序对页面进行操作时，最重要的是如何通过对象的事件来指定事件处理程序。指定方式主要有以下两种。

1．在 JavaScript 中调用

在 JavaScript 中调用事件处理程序，首先需要获得待处理对象的引用，然后将要执行的处理函数赋给对应的事件。示例代码如下。

```
<input name="bt_save" type="button" value="保存">
 <script language="javascript">
    var b_save=document.getElementById("bt_save");
    b_save.onclick=function(){
        alert("单击了保存按钮");
    }
 </script>
```

在页面中加入上面的代码并运行，当单击“保存”按钮时，将弹出对话框提示“单击了保存按钮”。

上面的实例也可以通过以下代码来实现。

```
<input name="bt_save" type="button" value="保存">
 <script language="javascript">
    form1.bt_save.onclick=function(){
        alert("单击了保存按钮");
    }
 </script>
```

⚠ 注意：在 JavaScript 中指定事件处理程序时，事件名称必须小写，才能正确响应事件。

2．在 HTML 中分配

在 HTML 中分配事件处理程序，只需要在 HTML 标签中添加相应的事件，并在其中指定要执行的代码或函数名即可，如下所示。

```
<input name="bt_save" type="button" value="保存" onclick="alert('单击了保存按钮');">
```

在页面中加入上面的代码并运行，当单击“保存”按钮时，将弹出对话框提示“单击了保存按钮”。

上面的实例也可以通过以下代码来实现。

```
<input name="bt_save" type="button" value="保存" onclick="clickFunction();">
function clickFunction(){
    alert("单击了保存按钮");
}
```

3.6 常用对象

通过前面的学习，我们知道 JavaScript 是一种基于对象的语言，其许多功能来自脚本环境中对象的方法与脚本的相互作用。下面将对 JavaScript 的常用对象进行详细介绍。

3.6.1 String 对象

String 对象是动态对象，需要创建对象实例后才能引用其属性和方法。但是，由于在 JavaScript 中可以将用单引号或双引号引起来的字符串当作字符串对象的一个实例，因此可以通过直接在某个字符串后面加上点“.”来调用 String 对象的属性和方法。下面对 String 对象的常用属性和方法进行详细介绍。

String 对象

1. 属性

String 对象最常用的属性是 length，用于返回 String 对象的长度。length 属性的语法格式如下。

```
string.length
```

返回值：一个只读的整数，代表指定字符串的字符数，每个汉字按一个字符计算，示例如下。

```
"flowre的哭泣".length;                    //值为9
"wgh".length;                             //值为3
```

2. 方法

String 对象提供了很多用于对字符串进行操作的方法。下面对比较常用的方法进行详细介绍。

（1）indexOf()方法

indexOf()方法用于返回 String 对象内第一次出现指定子字符串的字符位置。如果没有找到指定的子字符串，则返回-1。其语法格式如下。

```
string.indexOf(subString[, startIndex])
```

① subString：必选项，要在 String 对象中查找的子字符串。

② startIndex：可选项，该整数值指出从 String 对象内的哪个位置开始查找。如果省略，则从字符串的开头开始查找。

例如，从一个邮箱地址中查找字符@所在的位置，代码如下。

```
var str="wgh717@sohu.com";
var index=str.indexOf('@');               //返回的索引值为6
var index=str.indexOf('@',7);             //返回值为-1
```

⚠ **注意**：在 JavaScript 中，由于 String 对象的索引值是从 0 开始的，所以此处返回的值为 6，而不是 7。String 对象各字符的索引值如图 3-4 所示。

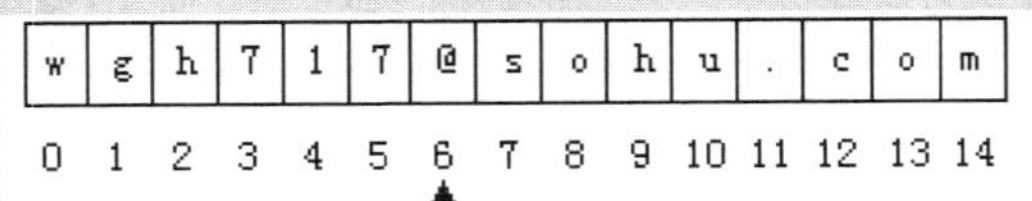

图 3-4　String 对象各字符的索引值

说明：String 对象还有一个 lastIndexOf()方法，该方法的语法格式与 indexOf()方法类似，不同的是 indexOf()方法从字符串的第一个字符开始查找，而 lastIndexOf()方法则从字符串的最后一个字符开始查找。

例如，下面的代码将演示 indexOf()方法与 lastIndexOf()方法的区别。

```
var str="2025-05-15";
var index=str.indexOf('-');                  //返回的索引值为 4
var lastIndex=str.lastIndexOf('-');          //返回的索引值为 7
```

（2）substr()方法

substr()方法用于返回指定字符串的一个子字符串。其语法格式如下。

```
string.substr(start[,length])
```

① start：用于指定获取子字符串的起始下标，如果是负数，表示从字符串的末尾开始算起，即−1 代表字符串的最后一个字符，−2 代表字符串的倒数第二个字符，以此类推。

② length：可选，用于指定子字符串中字符的个数。如果省略该参数，则返回从 start（开始位置）到字符串结尾的子字符串。

例如，使用 substr()方法获取指定字符串的子字符串，代码如下。

```
var word= "One World One Dream!";
var subs=word.substr(10,9);      //subs 的值为 One Dream
```

（3）substring()方法

substring()方法用于返回指定字符串的一个子字符串。其语法格式如下。

```
string.substring(from[,to])
```

① from：用于指定要获取的子字符串的第一个字符在 string 中的位置。

② to：可选，用于指定要获取的子字符串的最后一个字符在 string 中的位置。

⚠ **注意**：由于 substring()方法在获取子字符串时，是从 string 中的 from 处到 to−1 处复制，所以 to 的值应该是要获取的子字符串的最后一个字符在 string 中的位置加 1。如果省略该参数，则返回从 from 开始到字符串结尾处的子字符串。

例如，使用 substring()方法获取指定字符串的子字符串，代码如下。

```
var word= "One World One Dream!";
var subs=word.substring(10,19);      //subs 的值为 One Dream
```

（4）replace()方法

replace()方法用于替换一个与正则表达式匹配的子字符串。其语法格式如下。

```
string.replace(regExp,substring);
```

① regExp：一个正则表达式。如果正则表达式中设置了标志 g，那么该方法将用替换字符串替换检索到的所有匹配的子字符串，否则只替换检索到的第一个匹配的子字符串。

② substring：用于指定替换文本或生成替换文本的函数。如果 substring 是一个字符串，那么每个匹配值都将被该字符串替换，但是 substring 中的“$”字符具有特殊的意义，如表 3-8 所示。

表 3-8　substring 中的“$”字符的意义

字符	替换文本
$1、$2、…、$99	与 regExp 中第 1 ~ 99 个子表达式匹配的文本
$&	与 regExp 匹配的子字符串
$`	位于匹配子字符串左侧的文本
$'	位于匹配子字符串右侧的文本
$$	直接量（字面值）——$符号

【例 3-4】 去掉字符串首尾的空格。

在页面中添加用于输入原字符串和显示转换后的字符串的表单及表单元素，具体代码如下。

```
<form name="form1" method="post" action="">
```

输入原字符串的代码如下。

```
<textarea name="oldString" cols="40" rows="4"></textarea>
```

显示转换后的字符串的代码如下。

```
<textarea name="newString" cols="40" rows="4"></textarea>
<input name="Button" type="button" class="btn_grey" value="去掉字符串的首尾空格">
</form>
```

编写自定义的 JavaScript 函数 trim()，在该函数中应用 String 对象的 replace()方法去掉字符串首尾的空格。trim()函数的具体代码如下。

```
<script language="javascript">
    function trim(){
        var str=form1.oldString.value;          //获取原字符串
        if(str==""){                            //当原字符串为空时
            alert("请输入原字符串");form1.oldString.focus();return;
        }else{                                  //当原字符串不为空时，去掉字符串首尾的空格
            var objExp=/(^\s*)|(\s*$)/g;        //创建正则表达式对象
            str=str.replace(objExp,"");         //替换字符串首尾的空格
        }
        form1.newString.value=str;              //将转换后的字符串写入“转换后的字符串”文本框
    }
</script>
```

在“去掉字符串首尾的空格”按钮的 onClick 事件中调用 trim()函数，具体代码如下。

```
<input name="Button" type="button" class="btn_grey" onClick="trim()" value="去掉字符串首
尾的空格">
```

运行程序，输入原字符串，单击“去掉字符串首尾的空格”按钮，去掉字符串首尾的空格，并将结果显示到“转换后的字符串”文本框中。

（5）split()方法

split()方法用于将字符串分割为字符串数组。其语法格式如下。

```
string.split(delimiter,limit);
```

① delimiter：字符串或正则表达式，用于指定分隔符。

② limit：可选项，用于指定返回数组的最大长度。如果设置了该参数，则返回的子字符串不会多于这个参数指定的数字，否则整个字符串都会被分割，而不考虑其长度。

③ 返回值：一个字符串数组，该数组是通过 delimiter 指定的分隔符将字符串分割成字符串元素组成的数组。

⚠ 注意：使用 split()方法分割字符串时，返回的字符串数组不包括 delimiter 本身。

例如，将字符串“2025-05-15”以“-”为分隔符分割成字符串数组，代码如下。

```
var str="2025-05-15";
var arr=str.split("-");          //分割字符串数组
document.write("字符串“"+str+"”使用分隔符“-”进行分割后得到的字符串数组如下。<br>");
//通过 for 循环输出各个数组元素
for(i=0;i<arr.length;i++){
    document.write("arr["+i+"]: "+arr[i]+"<br>");
}
```

3.6.2　Math 对象

Math 对象提供了大量的数学常量和数学函数。在使用 Math 对象时，不能使用 new 关键字创建对象实例，而应直接使用“对象名.成员”的格式来访问其属性或方法。下面将对 Math 对象的属性和方法进行介绍。

Math 对象

1．Math 对象的属性

Math 对象的属性是数学中常用的常量，如表 3-9 所示。

表 3-9　Math 对象的属性

属性	描述	属性	描述
E	自然常数 e（约为 2.718281828459045）	LOG2E	以 2 为底数的 e 的对数（约为 1.4426950408889633）
LN2	2 的自然对数(约为 0.6931471805599453）	LOG10E	以 10 为底数的 e 的对数（约为 0.4342944819032518）
LN10	10 的自然对数（约为 2.3025850994046）	PI	圆周率常数 π（约为 3.141592653589793）
SQRT2	2 的平方根（约为 1.4142135623730951）	SQRT1-2	0.5 的平方根（约为 0.7071067811865476）

2．Math 对象的方法

Math 对象的方法是数学中常用的函数，如表 3-10 所示。

表 3-10　Math 对象的方法

属性	描述	示例
abs(x)	返回 x 的绝对值	Math.abs(−10); //返回值为 10

ceil(x)	返回大于或等于 x 的最小整数	Math.ceil(1.05); //返回值为 2
		Math.ceil(−1.05); //返回值为−1

cos(x)	返回 x 的余弦值	Math.cos(0); //返回值为 1

续表

属性	描述	示例
exp(x)	返回 e 的 x 次方	Math.exp(4); //返回值为 54.598150033144236

floor(x)	返回小于或等于 x 的最大整数	Math.floor(1.05); //返回值为 1
		Math.floor(−1.05); //返回值为−2

log(x)	返回 x 的自然对数	Math.log(1); //返回值为 0
max(x,y)	返回 x 和 y 中的最大数	Math.max(2,4); //返回值为 4
min(x,y)	返回 x 和 y 中的最小数	Math.min(2,4); //返回值为 2
pow(x,y)	返回 x 的 y 次方	Math.pow(2,4); //返回值为 16
random()	返回 0 ~ 1 的随机数	Math.random(); //返回值为类似 0.8867056997839715 的随机数

round(x)	返回最接近 x 的整数，即四舍五入	Math.round(1.05); //返回值为 1
		Math.round(−1.05); //返回值为−1

sqrt(x)	返回 x 的平方根	Math.sqrt(2); //返回值为 1.4142135623730951

3.6.3 Date 对象

在 Web 程序开发过程中，可以使用 JavaScript 的 Date 对象来对日期和时间进行操作。例如，想在网页中显示计时的时钟，可以使用 Date 对象来获取当前系统的时间，并按照指定的格式进行显示。下面将对 Date 对象进行详细介绍。

Date 对象

1．创建 Date 对象

Date 对象是一个有关日期和时间的对象。它具有动态性，即必须使用 new 关键字创建其实例。创建 Date 对象的语法格式如下。

```
dateObj=new Date()
dateObje=new Date(dateValue)
dateObj=new Date(year,month,date[,hours[,minutes[,seconds[,ms]]]])
```

① dateValue：如果是数值，则表示指定日期与 1970 年 1 月 1 日 00:00:00 UTC 相差的毫秒数；如果是字符串，则按照 parse()方法中的规则进行解析。

② year：表示年份。如果输入的是 0 ~ 99 的值，则给它加上 1900。

③ month：表示月份，为 0 ~ 11 的整数，0 代表 1 月份。

④ date：表示日，为 1 ~ 31 的整数。

⑤ hours：表示小时，为 0 ~ 23 的整数。

⑥ minutes：表示分，为 0 ~ 59 的整数。

⑦ seconds：表示秒，为 0 ~ 59 的整数。

⑧ ms：表示毫秒，为 0 ~ 999 的整数。

例如，创建一个代表当前系统日期的 Date 对象，代码如下。

```
var now=new Date();
```

例如，创建一个代表 2025 年 5 月 18 日的 Date 对象，代码如下。

```
var now=new Date(2025,4,18);      //代表的日期为 Mon May 18 00:00:00 UTC+0800 2025
```

⚠ **注意：** 在上面的代码中，第二个参数应该是当前月份减 1，而不能是当前月份，如果是 5 则表示 6 月份。

2. Date 对象的方法

Date 对象没有提供可直接访问的属性，只具有获取、设置日期和时间的方法。Date 对象的常用方法如表 3-11 所示。

表 3-11　Date 对象的常用方法

方法	描述	示例
get[UTC]FullYear()	返回 Date 对象中的年份，用 4 位数表示，采用本地时间或世界时	new Date().getFullYear(); //返回值为 2025
get[UTC]Month()	返回 Date 对象中的月份（0～11），采用本地时间或世界时	new Date().getMonth(); //返回值为 4
get[UTC]Date()	返回 Date 对象中的日（1～31），采用本地时间或世界时	new Date().getDate(); //返回值为 18
get[UTC]Day()	返回 Date 对象中的星期（0～6），采用本地时间或世界时	new Date().getDay(); //返回值为 1
get[UTC]Hours()	返回 Date 对象中的小时数（0～23），采用本地时间或世界时	new Date().getHours(); //返回值为 9
get[UTC]Minutes()	返回 Date 对象中的分钟数（0～59），采用本地时间或世界时	new Date().getMinutes(); //返回值为 39
get[UTC]Seconds()	返回 Date 对象中的秒数（0～59），采用本地时间或世界时	new Date().getSeconds(); //返回值为 43
get[UTC]Milliseconds()	返回 Date 对象中的毫秒数，采用本地时间或世界时	new Date().getMilliseconds(); //返回值为 281
getTimezoneOffset()	返回当前时区（本地时间）和 UTC 之间的时差，以分钟为单位	new Date().getTimezoneOffset(); //返回值为−480
getTime()	返回 Date 对象的内部毫秒表示（该内部表示是隐藏的）。注意，该值独立于时区，所以没有单独的 getUTCtime()方法	new Date().getTime(); //返回值为 1242612357734
set[UTC]FullYear()	设置 Date 对象中的年份，用 4 位数表示，采用本地时间或世界时	new Date().setFullYear("2025"); //设置为 2025 年
set[UTC]Month()	设置 Date 对象的月，采用本地时间或世界时	new Date().setMonth(5); //设置为 6 月
set[UTC]Date()	设置 Date 对象的日，采用本地时间或世界时	new Date().setDate(17); //设置为 17 日
set[UTC]Hours()	设置 Date 对象的小时数，采用本地时间或世界时	new Date().setHours(10); //设置为 10 时
set[UTC]Minutes()	设置 Date 对象的分钟数，采用本地时间或世界时	new Date().setMinutes(15); //设置为 15 分
set[UTC]Seconds()	设置 Date 对象的秒数，采用本地时间或世界时	new Date().setSeconds(17); //设置为 17 秒
set[UTC]Milliseconds()	设置 Date 对象中的毫秒数，采用本地时间或世界时	new Date().setMilliseconds(17); //设置为 17 毫秒
toDateString()	返回日期部分的字符串表示，采用本地时间	new Date().toDateString(); //返回值为 Mon May 18 2025
toUTCString()	将 Date 对象转换成一个字符串，采用世界时	new Date().toUTCString(); //返回值为 Mon,18 May 2025 02:22:31 UTC
toLocaleDateString()	返回日期部分的字符串，采用本地日期	new Date().toLocaleDateString(); //返回值为星期一 2025 年 5 月 18 日
toLocaleTimeString()	返回时间部分的字符串，采用本地时间	new Date().toLocaleTimeString(); //返回值为 10:23:34
toTimeString()	返回时间部分的字符串表示，采用本地时间	new Date().toTimeString(); //返回值为 10:23:34 UTC +0800
valueOf()	返回 Date 对象内部的时间戳值	new Date().valueOf(); //返回值为 1242613489906

【例 3-5】 实时显示系统时间。

（1）在页面的合适位置添加一个 id 为 clock 的<div>标签，关键代码如下。

```
<div id="clock"></div>
```

（2）编写自定义的 JavaScript 函数 realSysTime()，在该函数中使用 Date 对象的相关方法获取系统日期。realSysTime()函数的具体代码如下。

```
<script language="javascript">
function realSysTime(clock){
    var now=new Date();                          //创建 Date 对象
    var year=now.getFullYear();                  //获取年份
    var month=now.getMonth();                    //获取月份
    var date=now.getDate();                      //获取日期
    var day=now.getDay();                        //获取星期
    var hour=now.getHours();                     //获取小时
    var minu=now.getMinutes();                   //获取分钟
    var sec=now.getSeconds();                    //获取秒
    month=month+1;
    var arr_week=new Array("星期日","星期一","星期二","星期三","星期四","星期五","星期六");
    var week=arr_week[day];                      //获取中文的星期
    var time=year+"年"+month+"月"+date+"日 "+week+" "+hour+":"+minu+":"+sec;
    //组合系统时间
    clock.innerHTML="当前时间: "+time;            //显示系统时间
}
</script>
```

（3）在页面的载入事件中每隔 1 秒调用一次 realSysTime()函数以实时显示系统时间，具体代码如下。

```
window.onload=function(){
    window.setInterval("realSysTime(clock)",1000);      //实时获取并显示系统时间
}
```

运行结果如图 3-5 所示。

当前时间：2024年3月18日 星期一 16:37:26

图 3-5　实时显示系统时间

3.6.4　Window 对象

Window 对象即浏览器窗口对象，是一个全局对象，是所有对象的顶级对象，在 JavaScript 中举足轻重。Window 对象提供了许多属性和方法，这些属性和方法被用来操作浏览器页面的内容。Window 对象同 Math 对象一样，也不需要使用 new 关键字创建实例，而是直接使用“对象名.成员”的格式来访问其属性或方法。下面将对 Window 对象的属性和方法进行介绍。

Window 对象

1．Window 对象的属性

Window 对象的常用属性如表 3-12 所示。

表 3-12　Window 对象的常用属性

属性	描述
document	对窗口或框架中含有文档的 Document 对象的只读引用
defaultStatus	一个可读写的字符，用于指定状态栏中的默认消息
frames	表示当前窗口中所有 Frame 对象的集合
location	用于代表窗口或框架的 Location 对象。如果将一个 URL 赋予该属性，则浏览器将加载并显示该 URL 地址指向的文档

续表

属性	描述
length	当前窗口或框架包含的子框架的个数
history	对窗口或框架的 history 对象的只读引用
name	用于存放窗口对象的名称
status	一个可读写的字符，用于指定状态栏中的当前信息
top	表示顶层的浏览器窗口
parent	表示包含当前窗口的父窗口
opener	表示打开当前窗口的父窗口
closed	一个只读的布尔值，用于判断当前窗口是否关闭。当浏览器窗口关闭时，其 closed 属性被设置为 true，表示该窗口的 Window 对象并不会消失
self	表示当前窗口
screen	对窗口或框架的 screen 对象的只读引用，用于提供屏幕尺寸、颜色深度等信息
navigator	对窗口或框架的 navigator 对象的只读引用，通过 navigator 对象可以获得与浏览器相关的信息

2．Window 对象的方法

Window 对象的常用方法如表 3-13 所示。

表 3-13　Window 对象的常用方法

方法	描述
alert()	弹出一个提示对话框
confirm()	弹出一个确认对话框，单击“确认”按钮时返回 true，否则返回 false
prompt()	弹出一个提示对话框，并要求输入一个简单的字符串
blur()	将键盘焦点从顶层浏览器窗口中移走。在多数平台上，这将使窗口移到最后面
close()	关闭窗口
focus()	将键盘焦点赋予顶层浏览器窗口。在多数平台上，这将使窗口移到最前面
open()	打开一个新窗口
scrollTo(x,y)	把窗口滚动到(x,y)处
scrollBy(offsetx,offsety)	按照指定的位移量滚动窗口
setTimeout(timer)	经过指定的时间后执行代码
clearTimeout()	取消对指定代码的延迟执行
moveTo(x,y)	将窗口移动到(x,y)处
moveBy(offsetx,offsety)	将窗口移动到指定的位移量处
resizeTo(x,y)	设置窗口的大小
resizeBy(offsetx,offsety)	按照指定的位移量设置窗口的大小
print()	相当于触发了浏览器工具栏（命令栏）中的“打印”按钮
setInterval()	周期性地执行指定的代码
clearInterval()	停止周期性地执行代码

由于 Window 对象使用十分频繁，又是其他对象的父对象，所以在使用 Window 对象的属性和方法时，JavaScript 允许省略 Window 对象的名称。

例如，在使用 Window 对象的 alert()方法弹出一个提示对话框时，可以使用下面的语句。

```
window.alert("欢迎访问明日科技网站!");
```

也可以使用下面的语句。

```
alert("欢迎访问明日科技网站!");
```

由于 Window 对象的 open()方法和 close()方法在实际网站开发中经常用到，下面将对其进行详细的介绍。

（1）open()方法

open()方法用于打开一个新的浏览器窗口，并在该窗口中加载指定 URL 地址的网页。open()方法的语法格式如下。

```
windowVar=window.open(url,windowname[,location]);
```

① windowVar：当前打开窗口的句柄。如果 open()方法执行成功，则 windowVar 的值为一个 Window 对象的句柄，否则为空值。

② url：目标窗口的 URL。如果 URL 是一个空字符串，则浏览器将打开一个空白窗口，允许用 write()方法创建动态 HTML 页面。

③ windowname：用于指定新窗口的名称，该名称可以作为<a>标签和<form>标签的 target 属性值。如果该参数指定了一个已经存在的窗口，那么 open()方法将不再创建新窗口，而是返回对指定窗口的引用。

④ location：对窗口属性进行设置，其可选参数如表 3-14 所示。

表 3-14　location 的可选参数

参数	描述
width	窗口的宽度
height	窗口的高度
top	窗口顶部距离屏幕顶部的像素值
left	窗口左端距离屏幕左端的像素值
scrollbars	是否显示滚动条，值为 yes 或 no
resizable	设定窗口大小是否固定，值为 yes 或 no
toolbar	浏览器工具栏，包括后退及前进按钮等，值为 yes 或 no
menubar	菜单栏，一般包括文件、编辑及其他菜单项，值为 yes 或 no
location	定位区，也叫地址栏，是可以输入 URL 的文本区，值为 yes 或 no

将 Window 对象赋给变量后，也可以使用打开窗口句柄的 close()方法关闭窗口。

例如，打开一个新的浏览器窗口，在该窗口中显示 bbs.htm 文件，设置打开的窗口名称为 bbs，并设置窗口的顶边距、左边距、宽度和高度。代码如下。

```
window.open("bbs.htm","bbs","width=531,height=402,top=50,left=20");
```

（2）close()方法

close()方法用于关闭当前窗口。其语法格式如下。

```
window.close()
```

将 Window 对象赋给变量后，也可以使用以下方法关闭窗口。

```
打开窗口的句柄.close();
```

【例 3-6】 应用 Window 对象的 open()方法打开显示公告信息的窗口，并设置该窗口在 10 秒后自动关闭。

（1）编写 bbs.htm 文件，在该文件中显示公告信息（这里为一张图片），并且设置该窗口在 10 秒后自动关闭。bbs.htm 文件的关键代码如下。

```
<html>
<head><title>明日科技公告</title></head>
<body onLoad="window.setTimeout('window.close()',5000)" style=" margin:0px">
<img src="images/bbs.jpg" width="531" height="402">     <!--显示公告信息-->
</body>
```

（2）编写 index.jsp 文件，在该文件的<head>标签中添加以下代码，用于打开新窗口并显示公告信息。

```
<script language="javascript">
window.open("bbs.htm","bbs","width=531,height=402,top=50,left=20");  //打开新窗口并显示
公告信息
</script>
```

运行程序，将打开图 3-6 所示的新窗口，其中显示了公告信息，并且 10 秒后该窗口将自动关闭。

图 3-6　实例运行结果

在应用 Window 对象的 close()方法关闭浏览器主窗口时，将会弹出一个包含“您查看的网页正在试图关闭窗口。是否关闭此窗口？”信息的确认对话框，如果不想显示该对话框，可以使用以下代码关闭浏览器主窗口。

```
<a href="#" onClick="window.opener=null;window.close();">关闭</a>
```

3.7 Ajax 技术

Ajax 技术

3.7.1 什么是 Ajax

Ajax（Asynchronous JavaScript and XML）是异步 JavaScript 和 XML 技术。Ajax 并不是一门新的语言或技术，而是 JavaScript、XML、CSS、DOM 等多种已有技术的组合，可以实现客户端的异步请求操作，进而在不刷新页面的情况下与服务器进行通信，减少用户的等待时间，减轻服务器和带宽的负担，提供更好的服务响应。

Ajax 技术中最核心的就是 XMLHttpRequest。它是一个具有应用程序接口的 JavaScript 对象，能够使用超文本传送协议（HTTP）连接一个服务器。XMLHttpRequest 是微软公司为

了满足开发者的需要，于 1999 年在 IE 5.0 浏览器中率先推出的。现在许多浏览器都对其提供支持，不过实现方式与 IE 浏览器有所不同。

通过 XMLHttpRequest 对象，Ajax 可以像桌面应用程序那样只同服务器进行数据交换，而不用每次都刷新页面，也不用每次都将数据处理工作交给服务器来完成，这样既减轻了服务器的负担又加快了响应速度，缩短了用户等待的时间。

3.7.2　Ajax 的应用模式

在传统的 Web 应用模式中，页面中用户的每一次操作都将触发返回 Web 服务器的 HTTP 请求，服务器进行相应的处理后，会返回一个 HTML 页面给客户端，如图 3-7 所示。

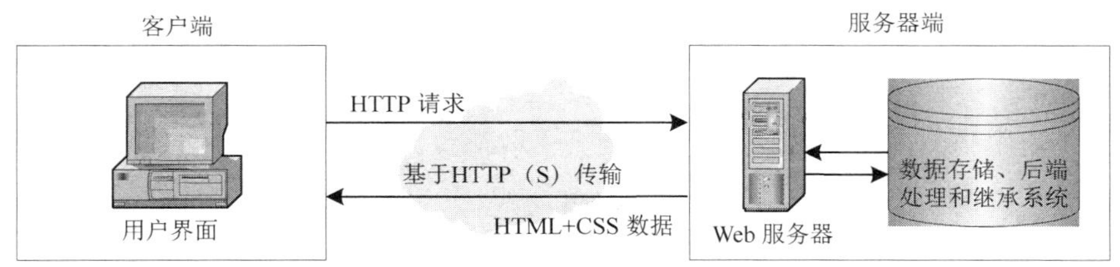

图 3-7　传统的 Web 应用模式

而在 Ajax 应用中，页面中用户的操作将通过 Ajax 引擎与服务器端进行通信，然后将返回结果提交给客户端的 Ajax 引擎，再由 Ajax 引擎将这些数据插入页面的指定位置，如图 3-8 所示。

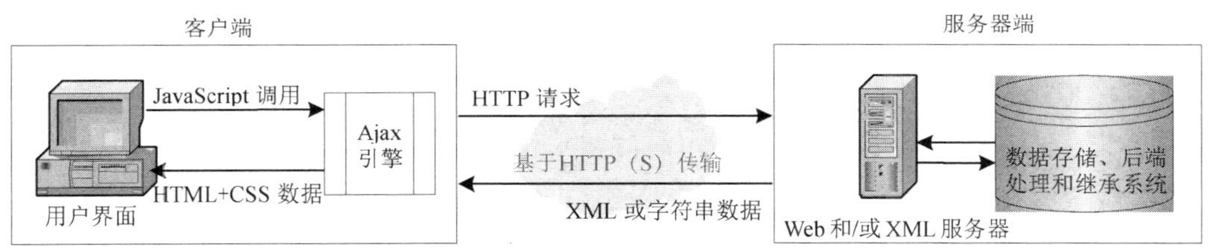

图 3-8　Ajax 的应用模式

从图 3-7 和图 3-8 中可以看出，对于每个用户的行为，在传统的 Web 应用模式中，将生成 HTTP 请求；而在 Ajax 应用模式中，则变成对 Ajax 引擎的 JavaScript 调用。在 Ajax 应用模式中，通过 JavaScript 实现了在不刷新整个页面的情况下对部分数据进行更新，给用户带来了更好的体验。

3.7.3　Ajax 的优点

与传统的 Web 应用模式不同，Ajax 在客户端与服务器端间引入一个中间媒介（Ajax 引擎），从而消除了网络交互过程中需要等待的缺点。使用 Ajax 的优点具体表现在以下 5 个方面。

（1）减轻服务器的负担。Ajax 的原则是“按需求获取数据”，最大程度地减轻了冗余请求和响应对服务器造成的负担。

（2）可以把以前由服务器负担的一部分工作转移到客户端，利用客户端闲置的资源进行处理，减轻服务器和带宽的负担，节省空间和成本。

（3）无须刷新或更新页面，从而使用户不用再像以前一样在服务器处理数据时，只能在白屏前焦急地等待。

（4）可以调用 XML 等外部数据，进一步促进页面显示和数据的分离。

（5）基于标准化并被广泛支持的技术，应用时不需要安装插件或其他程序。

3.8 传统 Ajax 的工作流程

传统 Ajax 的工作流程

3.8.1 发送请求

Ajax 可以通过 XMLHttpRequest 对象以异步方式在后台发送请求。

通常情况下，Ajax 发送的请求有两种，一种是 GET 请求，另一种是 POST 请求。但是无论发送哪种请求，都需要经过以下 4 个步骤。

（1）初始化 XMLHttpRequest 对象。为了提高程序的兼容性，需要创建一个跨浏览器的 XMLHttpRequest 对象，并且判断 XMLHttpRequest 对象的实例是否创建成功，如果不成功，则给予提示。具体代码如下。

```
http_request = false;
if (window.XMLHttpRequest) {                        //Mozilla 等非 IE 浏览器
    http_request = new XMLHttpRequest();
} else if (window.ActiveXObject) {                  //IE 浏览器
    try {
        http_request = new ActiveXObject("Msxml2.XMLHTTP");
    } catch (e) {
        try {
            http_request = new ActiveXObject("Microsoft.XMLHTTP");
        } catch (e) {}
    }
}
if (!http_request) {
    alert("不能创建 XMLHttpRequest 对象实例! ");
    return false;
}
```

（2）为 XMLHttpRequest 对象的实例指定一个回调函数，用于对返回结果进行处理。具体代码如下。

```
http_request.onreadystatechange = getResult;     //调用回调函数
```

⚠ **注意**：使用 XMLHttpRequest 对象实例的 onreadystatechange 属性指定回调函数时，不能指定要传递的参数。如果要指定传递的参数，可以应用以下方法。

```
http_request.onreadystatechange = function(){getResult(param)};
```

（3）创建一个与服务器的连接。在创建时，需要指定发送请求的方式（GET 或 POST），以及设置是否采用异步方式发送请求。

采用异步方式发送 GET 请求的具体代码如下。

```
http_request.open('GET', url, true);
```

采用异步方式发送 POST 请求的具体代码如下。

```
http_request.open('POST', url, true);
```

> 说明：open()方法中的 url 参数可以是 Java 服务器页面（Java Server Pages，JSP）的 URL 地址，也可以是 Servlet（服务器端组件）的映射地址。也就是说，请求处理页可以是一个 JSP，也可以是一个 Servlet。

在指定 url 参数时，最好在该 url 参数的后面追加一个时间戳，这样可以防止因浏览器缓存而不能实时得到最新的结果。例如，可以对 url 参数做以下指定。

```
String url="deal.jsp?nocache="+new Date().getTime();
```

（4）向服务器发送请求。利用 XMLHttpRequest 对象的 send()方法可以实现向服务器发送请求，该方法需要传递一个参数，如果发送的是 GET 请求，可以将该参数设置为 null；如果发送的是 POST 请求，可以通过该参数指定要发送的请求参数。

向服务器发送 GET 请求的代码如下。

```
http_request.send(null);
```

向服务器发送 POST 请求的代码如下。

```
//组合参数
var param="user="+form1.user.value +"&pwd="+form1.pwd.value+"&email="+form1.email.value
+"&question="+form1.question.value+"&answer="+form1.answer.value+"&city="+form1.city.
value;  http_request.send(param);
```

需要注意的是，在发送 POST 请求前，还需要设置正确的请求头。具体代码如下。

```
http_request.setRequestHeader("Content-Type","application/x-www-form-urlencoded");
```

上面的这句代码需要添加在 http_request.send(param);语句之前。

3.8.2 处理服务器响应

当向服务器发送请求后，接下来就需要处理服务器的响应了。在不同条件下，服务器对同一个请求也可能有不同的响应结果。例如，网络不通畅，就会返回一些错误结果。因此，对于不同的响应状态，应该采取不同的处理方式。

向服务器发送请求时，已经通过 XMLHttpRequest 对象的 onreadystatechange 属性指定了一个回调函数，用于处理服务器的响应。在这个回调函数中，首先需要判断服务器的请求状态，确认请求已接收，然后再根据服务器的 HTTP 状态码判断服务器对请求的响应是否成功，如果成功，则获取服务器的响应并反馈给客户端。

XMLHttpRequest 对象提供了两个用来访问服务器响应的属性：一个是 responseText 属性，返回字符串响应；另一个是 responseXML 属性，返回 XML 响应。

1．处理字符串响应

字符串响应通常应用于响应不是特别复杂的情况。例如，将响应结果显示在提示对话框中，或者响应只显示成功或失败的字符串。

将字符串响应显示到提示对话框中的回调函数的具体代码如下。

```
function getResult() {
    if (http_request.readyState == 4) {                //判断请求状态
        if (http_request.status == 200) {              //请求成功，开始处理响应
            alert(http_request.responseText);          //弹出提示对话框以显示响应结果
        } else {                                       //请求页面有错误
            alert("您所请求的页面有错误！");
```

```
        }
    }
}
```

如果需要将响应结果显示到页面的指定位置，可以先在页面的合适位置添加一个<div>或<span>标签，并设置该标签的 id 属性，例如 div_result，然后在回调函数中应用以下代码显示响应结果。

```
document.getElementById("div_result").innerHTML=http_request.responseText;
```

2．处理 XML 响应

如果服务器需要生成特别复杂的响应，那么需要应用 XML 响应。应用 XMLHttpRequest 对象的 responseXML 属性，可以生成一个 XML 文档，而且当前浏览器已经提供了很好的用于解析 XML 文档对象的方法。

在回调函数中遍历保存留言信息的 XML 文档，并显示到页面中，代码如下。

```
<script language="javascript">
function getResult() {
    if (http_request.readyState == 4) {                    //判断请求状态
        if (http_request.status == 200) {                  //请求成功，开始处理响应
                var xmldoc = http_request.responseXML;
                var msgs="";
                for(i=0;i<xmldoc.getElementsByTagName("board").length;i++){
                var board = xmldoc.getElementsByTagName("board").item(i);
                msgs=msgs+board.getAttribute("name")+"的留言："+
                board.getElementsByTagName('msg')[0].firstChild.data+"<br>";
}
                document.getElementById("msg").innerHTML=msgs;  //显示留言内容
        } else {                                                //请求页面有错误
            alert("您所请求的页面有错误！");
        }
    }
}
</script>
<div id="msg"></div>
```

要遍历的 XML 文档的结构如下。

```
<?xml version="1.0" encoding="UTF-8"?>
<boards>
<board name="wgh">
     <msg>你现在好吗？</msg>
</board>
<board name="吴语">
     <msg>恒则成</msg>
</board>
</boards>
```

3.9 jQuery 技术

jQuery 技术

通过前面的介绍，可以知道在 Web 中应用 Ajax 技术的工作流程比较烦琐，每次都需要编写大量的 JavaScript 代码。不过应用目前比较流行的 jQuery 技术可以简化 Ajax。下面将具体介绍如何应用 jQuery 技术实现 Ajax。

3.9.1 jQuery 简介

jQuery 是一套简洁、快速、灵活的 JavaScript 脚本库，由 John Resig（约翰·莱西格）于 2006 年创建，可用于简化 JavaScript 代码。JavaScript 脚本库类似于 Java 的类库，将一些工具方法或对象方法封装在类库中，方便用户使用。jQuery 简便、易用，已被大量开发人员使用。

要应用 jQuery 库，需要下载并配置它。

3.9.2 下载和配置 jQuery

jQuery 是一个开源的脚本库，我们可以在它的官方网站中下载最新版本的 jQuery 库。

将 jQuery 库下载到本地计算机后，还需要在项目中配置 jQuery 库。即将下载后的 jquery-1.7.2.min.js 文件放置到项目的指定文件夹中，通常放置在 JS 文件夹中，然后在需要应用 jQuery 的页面中使用下面的语句，将其引用到文件中。

```
<script language="javascript" src="JS/jquery-1.7.2.min.js"></script>
```

或者使用以下语句。

```
<script src="JS/jquery-1.7.2.min.js" type="text/javascript"></script>
```

3.9.3 jQuery 的工厂函数

在 jQuery 中，无论使用哪种类型的选择符都需要包含“$”和“()”。“()”中通常为字符串参数，参数中可以包含任何 CSS 选择符表达式。下面介绍几种比较常见的用法。

（1）在参数中使用标签名

$("div")：用于获取文档中全部的<div>标签。

（2）在参数中使用 id

$("#username")：用于获取文档中 id 属性值为 username 的元素。

（3）在参数中使用 CSS 类名

$(".btn_grey")：用于获取文档中 CSS 类名为 btn_grey 的所有元素。

3.9.4 一个简单的 jQuery 脚本

【例 3-7】 应用 jQuery 弹出一个提示对话框。

（1）在 Eclipse 中创建动态 Web 项目，并在该项目的 WebContent 节点下创建一个名为 JS 的文件夹，并将 jquery-1.7.2.min.js 文件复制到该文件夹中。

说明： 默认情况下，在用 Eclipse 创建的动态 Web 项目中添加 jQuery 库以后，将出现红×，表示有语法错误，但是程序仍然可以正常运行。解决该问题的方法是，在 Eclipse 中选择“窗口→首选项”命令，打开“首选项”对话框，在“首选项”对话框的左侧选择 JavaScript→Validator→Errors/Warnings，然后取消勾选右侧的 Enable JavaScript Semantic Validation 复选框，并应用，打开.project 文件，将其中的以下代码删除。

```
<buildCommand>
<name>org.eclipse.wst.jsdt.core.javascriptValidator</name>
<arguments>
```

```
    </arguments>
    </buildCommand>
```

保存文件，刷新项目并重新添加 jQuery 库即可。

（2）创建一个名为 index.jsp 的文件，在该文件的<head>标签中引用 jQuery 库文件，关键代码如下。

```
<script type="text/javascript" src="JS/jquery-1.7.2.min.js"></script>
```

（3）在<body>标签中，应用 HTML 的<a>标签添加一个空的超链接，关键代码如下。

```
<a href="#">弹出提示对话框</a>
```

（4）编写 jQuery 代码，实现单击页面中的超链接后弹出一个提示对话框，具体代码如下。

```
<script>
$(document).ready(function(){
    //获取超链接对象，并为其添加单击事件
    $("a").click(function(){
        alert("我的第一个 jQuery 脚本！");
    });
});
</script>
```

运行本实例，单击页面中的“弹出提示对话框”超链接，将弹出图 3-9 所示的提示对话框。

图 3-9　弹出的提示对话框

3.10 AIGC 辅助编程——Ajax 技术和 jQuery 技术进阶

下面将使用 AIGC 辅助编程，进一步应用 Ajax 技术和 jQuery 技术。

3.10.1　使用 Ajax 从服务器获取数据并动态更新网页内容

以下是在 AIGC 平台上的对话示例。

【问题】

如何使用 Ajax 从服务器获取数据并动态更新网页内容？

【AIGC 建议】

下面是一个简单的示例。

（1）HTML 部分

首先，我们需要一个简单的 HTML 页面，其中包含一个按钮和一个用于显示结果的<div>元素。

```
<!DOCTYPE html>
<html lang="en">
```

```
<head>
    <meta charset="UTF-8">
    <title>Ajax Example</title>
</head>
<body>
    <button id="loadDataBtn">Load Data</button>
    <div id="result"></div>
    <script src="script.js"></script>
</body>
</html>
```

（2）JavaScript 部分

然后，我们编写 JavaScript 代码来处理按钮单击事件，发送 Ajax 请求，并更新页面内容。将以下代码保存为 script.js 文件。

```
document.getElementById('loadDataBtn').addEventListener('click', function() {
    //创建一个新的 XMLHttpRequest 对象
    var xhr = new XMLHttpRequest();
    //配置请求类型、URL 以及是否异步
    xhr.open('GET', 'https://jsonplaceholder.typicode.com/posts/1', true);
    //设置回调函数，当请求状态变化时调用
    xhr.onreadystatechange = function() {
        //检查请求是否完成并且响应状态码是否是 200（成功）
        if (xhr.readyState === 4 && xhr.status === 200) {
            //解析 JSON 响应
            var data = JSON.parse(xhr.responseText);
            //更新页面内容
            document.getElementById('result').innerHTML =
                        '<h2>' + data.title + '</h2><p>' + data.body + '</p>';
        }
    };
    //发送请求
    xhr.send();
});
```

3.10.2 使用 jQuery 来简化 Ajax 请求并更新网页内容

以下是在 AIGC 平台上的对话示例。

【问题】

如何使用 jQuery 简化 Ajax 请求并动态更新网页内容？

【AIGC 建议】

下面是一个简单的示例。

（1）HTML 部分

首先，我们需要一个简单的 HTML 页面，其中包含一个按钮和一个用于显示结果的<div>元素。

```
<!DOCTYPE html>
<html lang="en">
<head>
    <meta charset="UTF-8">
    <title>jQuery Ajax Example</title>
    <!-- 引入 jQuery 库 -->
    <script src="https://code.jquery.com/jquery-3.6.0.min.js"></script>
</head>
<body>
    <button id="loadDataBtn">Load Data</button>
```

```
    <div id="result"></div>
    <script src="script.js"></script>
</body>
</html>
```

（2）JavaScript 部分

然后，我们编写 JavaScript 代码来处理按钮单击事件，发送 Ajax 请求，并更新页面内容。将以下代码保存为 script.js 文件。

```
$(document).ready(function() {
    $('#loadDataBtn').click(function() {
        $.ajax({
            url: 'https://jsonplaceholder.typicode.com/posts/1', //目标 URL
            type: 'GET', //请求类型
            dataType: 'json', //预期服务器返回的数据类型
            success: function(data) {
                //更新页面内容
                $('#result').html('<h2>' + data.title + '</h2><p>' + data.body + '</p>');
            },
            error: function(jqXHR, textStatus, errorThrown) {
                //处理错误
                console.error('Error: ' + textStatus, errorThrown);
                $('#result').html('<p>An error occurred while loading data.</p>');
            }
        });
    });
});
```

本章小结

本章首先对 JavaScript 及其主要特点做了简要介绍；然后介绍了如何在 Web 页面中使用 JavaScript，以及 JavaScript 的基本语法；接下来又对 JavaScript 的常用对象做了详细介绍；最后对 Ajax 技术和 jQuery 技术进行了介绍，在开发 Web 应用时，这部分内容会经常用到，因此读者需要重点掌握。

上机指导

上机指导

创建一个用户注册页面，让用户输入用户名、密码、电话号码和邮箱地址，使用 JavaScript 脚本完成密码校验、电话号码校验、邮箱地址校验和空内容校验。

步骤如下。

（1）创建一个名为 CheckInformation 的项目，在 WebContent 文件夹下创建一个名为 index.jsp 的文件，代码如下：

```
<%@ page language="java" import="java.util.*" pageEncoding="UTF-8"%>
<html>
  <head>
   <title>校验用户注册信息</title>
    <script language="javascript">
    function checkNull(form){
         /*判断是否有空内容*/
         for(i=0;i<form.length;i++){
              if(form.elements[i].value == ""){       //form 的属性 elements 的首字母 e 要小写
                   alert("很抱歉，"+form.elements[i].title + "不能为空!");
```

```
                form.elements[i].focus();           //获取当前元素的焦点
                return false;
            }
        }
        /*判断两次输入的密码是否一致*/
        var pwd1=document.getElementById("pwd1_id").value;
        var pwd2=document.getElementById("pwd2_id").value;
        if(pwd1!=pwd2){
            alert("两次输入的密码不一致，请确认！");
            return false;
        }
        /*判断电话号码是否有效*/
        var phone = document.getElementById("phone_id").value;
        var regExpression = /^(86)?((13\d{9})|(15[0,1,2,3,5,6,7,8,9]\d{8})|(18[0,5,
6,7,8,9]\d{8}))$/;
        var objExp = new RegExp(regExpression);     //创建正则表达式对象
        if(objExp.test(phone)==false){
            alert("您输入的电话号码有误！");
            return false;
        }
        /*判断邮箱地址是否有效*/
        var email = document.getElementById("email_id").value;
        var regExpression = /\w+([-+.]\w+)*@\w+([-.]\w+)*\.\w+([-.]\w+)*/;
        var objExp = new RegExp(regExpression);     //创建正则表达式对象
        if(objExp.test(email)==false){      //通过 test()函数测试字符串是否与表达式的模式匹配
            alert("您输入的邮箱地址不正确！");
            return false;
        }
    }
    </script>
  </head>

  <body>
  <form name="form1" method="post" action="" onSubmit="return checkNull(form1)">
  <table width="296" border="0" align="center" cellpadding="0" cellspacing="1" bgcolor=
"#333333">
    <tr>
      <td colspan="2" bgcolor="#eeeeee">用户注册</td>
    </tr>
    <tr>
      <td width="200" align="center" bgcolor="#FFFFFF">用户名：</td>
      <td width="384" bgcolor="#FFFFFF"><input name="user" type="text" id="user_id"
title="用户名">
      *</td>
    </tr>
    <tr>
      <td align="center" bgcolor="#FFFFFF">密  码：</td>
      <td bgcolor="#FFFFFF"><input name="pwd" type="password" id="pwd1_id" title="密码">
      *</td>
    </tr>
      <tr>
      <td align="center" bgcolor="#FFFFFF">确认密码：</td>
      <td bgcolor="#FFFFFF"><input name="pwd2" type="password" id="pwd2_id" title="确认密码">
      *</td>
    </tr>
      <tr>
      <td align="center" bgcolor="#FFFFFF">电话号码：</td>
      <td bgcolor="#FFFFFF"><input name="phone" type="text" id="phone_id" title="电话">
      *</td>
    </tr>
      <tr>
      <td align="center" bgcolor="#FFFFFF">邮箱地址：</td>
```

```
        <td bgcolor="#FFFFFF"><input name="email" type="text" id="email_id" title="邮箱">
        *</td>
      </tr>
      <tr>
        <td bgcolor="#FFFFFF"> </td>
        <td bgcolor="#FFFFFF"><input name="Submit" type="submit" class="btn_grey" value="提交">
         
        <input name="Submit2" type="reset" class="btn_grey" value="重置"></td>
      </tr>
    </table>
    </form>
    </body>
</html>
```

（2）将项目部署到服务器中，启动服务器，访问网址 http://localhost:8080/CheckInformation/，查看页面效果，分别如图 3-10、图 3-11 所示。

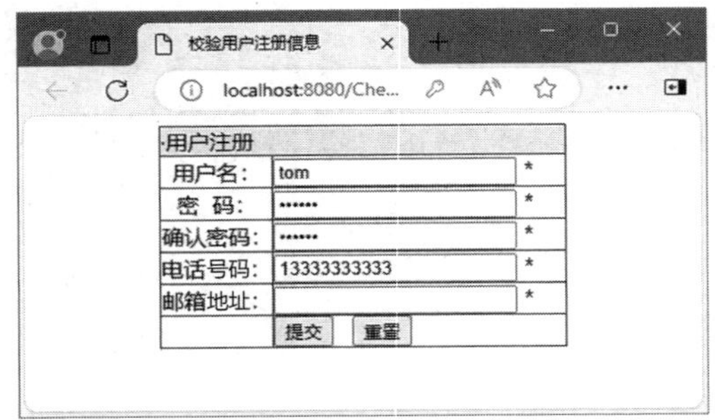

图 3-10　用户注册页面

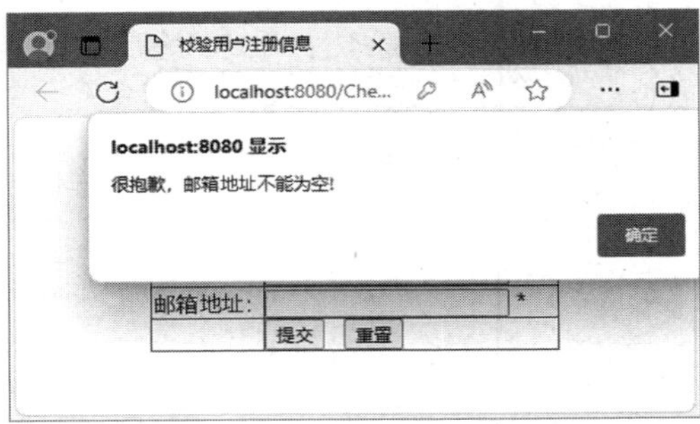

图 3-11　没填写邮箱地址时弹出的提示对话框

习题

1. 什么是 JavaScript？JavaScript 与 Java 是什么关系？
2. JavaScript 脚本库如何调用？JavaScript 有哪些常用的属性和方法？
3. 如何使用 JavaScript 给按钮添加事件？
4. 什么是 Ajax？如何用 Ajax 技术实时更新前台页面的数据？
5. 什么是 jQuery？$(document).ready()函数是干什么用的？

第4章 Java EE 开发环境

本章要点

- 掌握 JDK 的下载、安装与使用方法
- 掌握 Eclipse 开发工具的下载、安装与使用方法
- 掌握 Tomcat 服务器的配置方法

在进行 Java Web 应用开发前，需要把整个开发环境搭建好，例如，安装 Java 开发工具包、Web 服务器（本章介绍的是 Tomcat）和 IDE 开发工具（本章介绍的是 Eclipse）。

4.1 JDK 的下载、安装与使用

JDK 的下载、安装与使用

4.1.1 下载

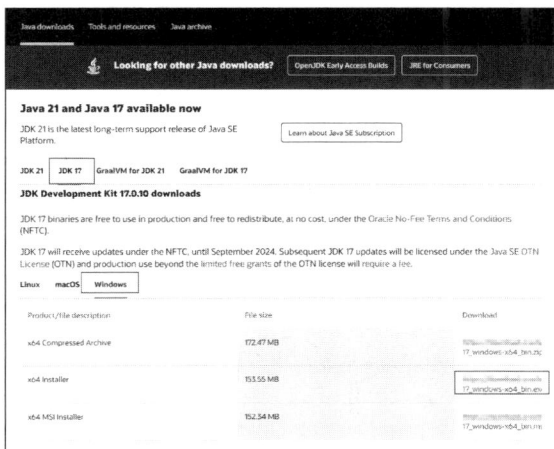

Java 开发工具包（Java Development Kit，JDK）是创建 Java 应用程序的基础。本小节将对 JDK 的下载、安装及使用进行详细讲解。

下面介绍下载 JDK 的方法，具体步骤如下。

打开浏览器，在 Oracle 官网中找到 Java 的下载页面，选择 JDK 17，然后根据当前使用的操作系统的位数选择合适的 JDK 版本进行下载，如图 4-1 所示。

图 4-1 JDK 下载页面

说明：JDK 17 仅为 64 位的 Windows 操作系统提供了下载链接，因此推荐 32 位 Windows 操作系统的用户使用 JDK 8。

4.1.2 安装

下载 Windows 平台的 JDK 安装文件后，安装步骤如下。

（1）双击安装文件，弹出欢迎对话框，直接单击“下一步”按钮，在弹出的图 4-2 所示的对话框中，可以更改 JDK 的安装路径，但建议不更改，保持默认，单击“下一步”按钮。

（2）成功安装 JDK 后，将弹出图 4-3 所示的“完成”对话框，单击“关闭”按钮。

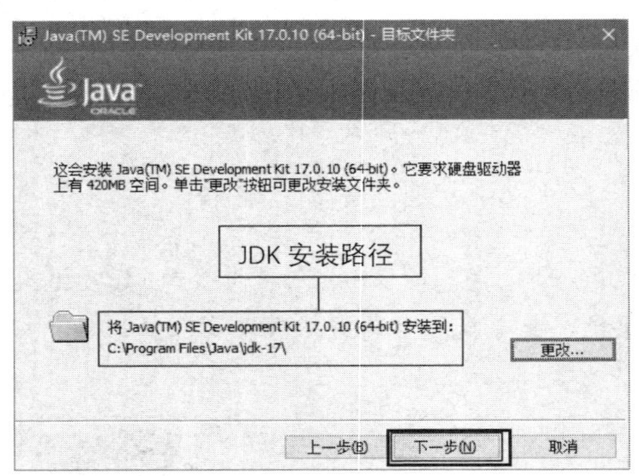

图 4-2 JDK 定制安装对话框

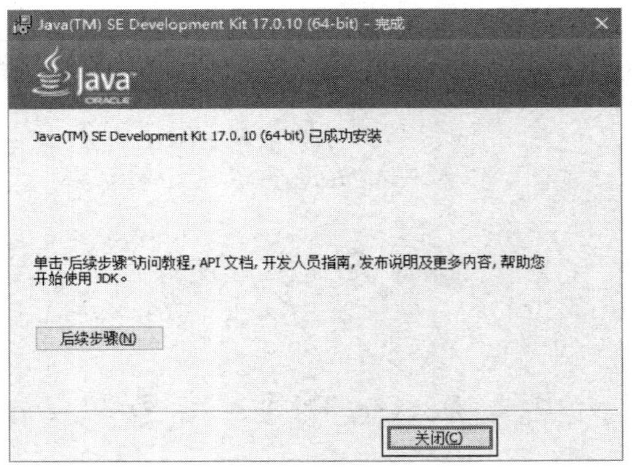

图 4-3 “完成”对话框

4.1.3 配置与测试

安装 JDK 后，必须配置环境变量才能使用 Java 开发环境。在 Windows 10 下，只需配置环境变量 Path（用来使系统能够在任何路径下识别 Java 命令）即可。步骤如下。

（1）在“此电脑”图标上单击鼠标右键，在弹出的快捷菜单中选择“属性”命令，在弹出的窗口右侧单击“高级系统设置”，将打开图 4-4 所示的“系统属性”对话框，单击“环境变量”按钮。

（2）弹出图 4-5 所示的“环境变量”对话框，在“系统变量”中找到 Path 变量并双击，弹出图 4-6 所示的“编辑环境变量”对话框。

（3）单击“编辑”按钮，对 Path 变量的值进行修改。先删除原变量值最前面的 C:\Program Files (x86)\Common Files\Oracle\Java\javapath;，再输入 C:\Program Files\Java\jdk-17\bin;，单击“确定”按钮，如图 4-7 所示。

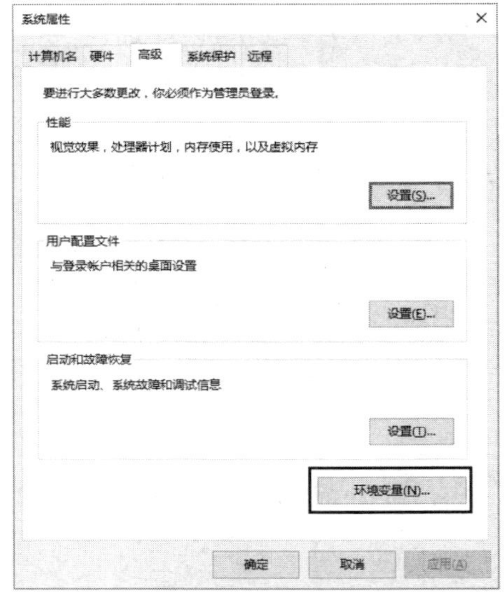

图 4-4 “系统属性”对话框

图 4-5 “环境变量”对话框

图 4-6 “编辑环境变量”对话框

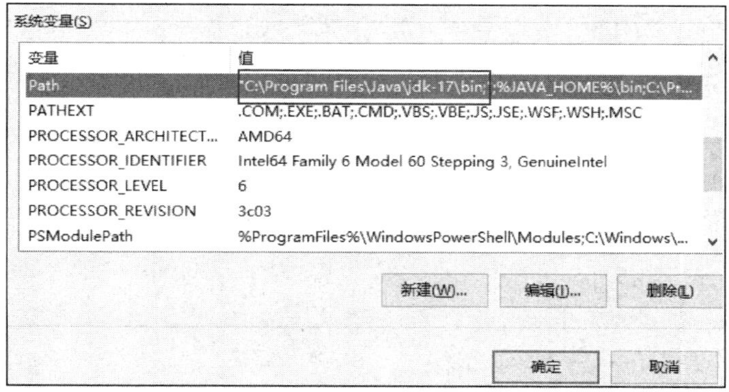

图 4-7 设置 Path 变量值

说明：“;”为英文状态下的分号，用于分隔不同的变量值，因此每个变量值后的“;”不能省略。

（4）逐个单击对话框中的“确定”按钮，依次退出上述对话框，完成在 Windows 10 下配置 JDK 的相关操作。

JDK 配置完成后，需确认其是否配置准确。在 Windows 10 中测试 JDK 环境需要先单击桌面左下角的⊞图标（Windows 7 中则单击图标），在右侧的搜索框中输入 cmd 后按 Enter 键，如图 4-8 所示。打开命令提示符窗口。

在命令提示符窗口中输入 javac，按 Enter 键，将输出图 4-9 所示的 JDK 的编译器信息，包括修改命令的语法和参数选项等，这说明 JDK 环境搭建成功。

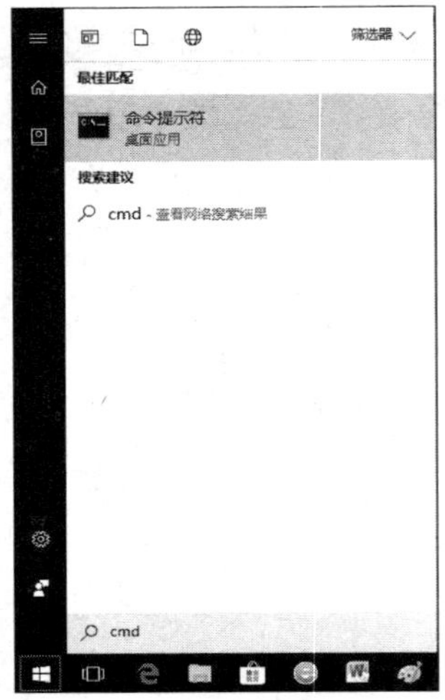

图 4-8　输入 cmd 后的效果

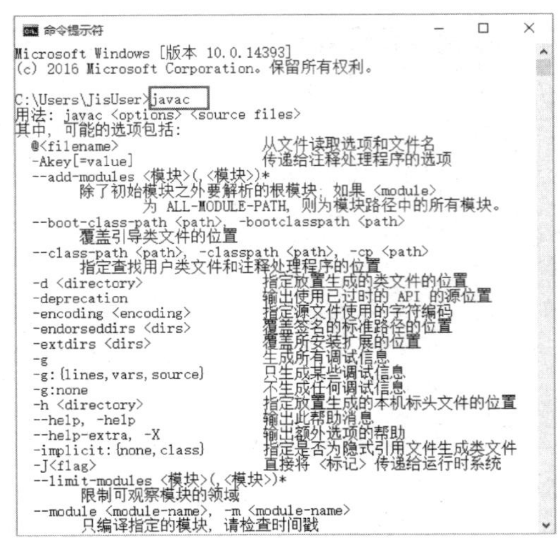

图 4-9　JDK 的编译器信息

4.2　Eclipse 开发工具的下载与使用

Eclipse 开发工具的下载与使用

要进行 Java Web 应用开发，选择合适的开发工具非常重要，而 Eclipse 开发工具是很多 Java 开发者的首选。开发 Java 应用程序使用普通的 J2SE 版本即可，而开发 Java Web 程序则需要使用 J2EE 版本的 Eclipse。Eclipse 是完全免费的工具，使用起来简单方便，深受广大开发者的喜爱。

4.2.1　Eclipse 的下载

Eclipse 的下载步骤如下。

（1）打开浏览器，进入 Eclipse 的官网首页，单击图 4-10 所示的 Download x86_64 按钮。

（2）打开下载页面，单击图 4-11 所示的 Download 按钮，下载 64 位的 Eclipse，本书使用的开发工具是 Eclipse for Java EE 2023-12 (4.30.0)。

图 4-10　Eclipse 的官网首页

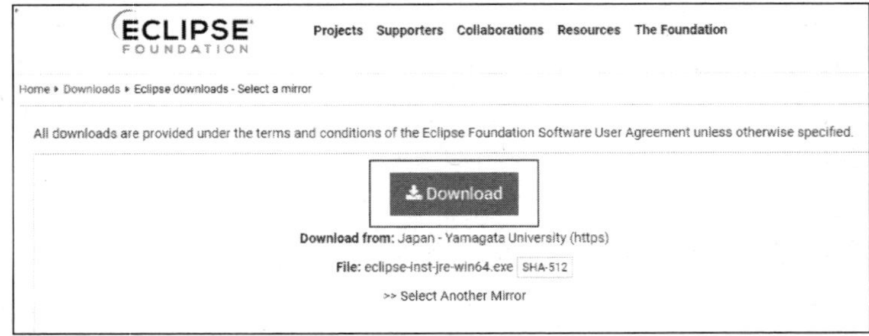

图 4-11　Eclipse 的下载页面

4.2.2 启动 Eclipse

启动 Eclipse 的步骤如下。

在 Eclipse 的解压文件夹中运行 eclipse.exe 文件，弹出 Eclipse IDE Launcher 对话框，该对话框用于设置 Eclipse 的工作空间（用于保存 Eclipse 建立的程序项目和相关设置）。本书统一设置工作空间为 Eclipse 安装位置的 workspace 文件夹，在文本框中输入.\workspace 即可，单击 Launch 按钮启动 Eclipse，如图 4-12 所示。

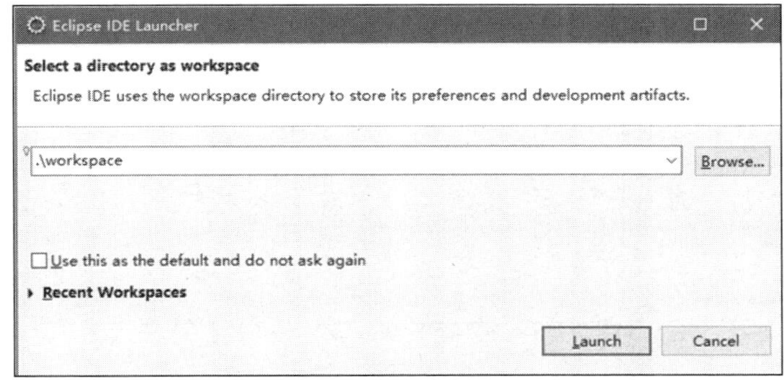

图 4-12　设置工作空间

说明：启动 Eclipse 时，如果勾选了 Use this as the default and do not ask again 复选框，即不再询问工作空间设置，可以通过以下方法恢复询问。首先选择 Window→Preferences 命令，打开 Preferences 对话框，然后在左侧选择 General→Startup and Shutdown→Workspaces，勾选右侧的 Prompt for workspace on startup 复选框，单击 Apply 按钮后，再单击 Apply and Close 按钮。

Eclipse 首次启动时，会显示欢迎界面，如图 4-13 所示。单击欢迎界面标题右侧的“×”，可关闭该界面。

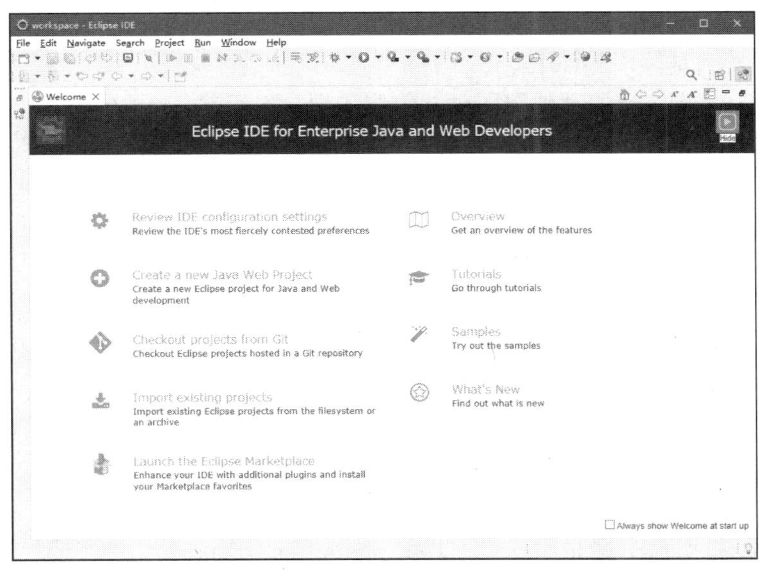

图 4-13　Eclipse 的欢迎界面

4.2.3 Eclipse 工作台

启动 Eclipse，关闭欢迎界面，将进入 Eclispe 的主界面，即 Eclipse 的工作台窗口。Eclipse 的工作台主要由菜单栏、工具栏、透视图工具栏、项目资源管理器视图、大纲视图、编辑器和其他视图组成。Eclipse 的工作台窗口如图 4-14 所示。

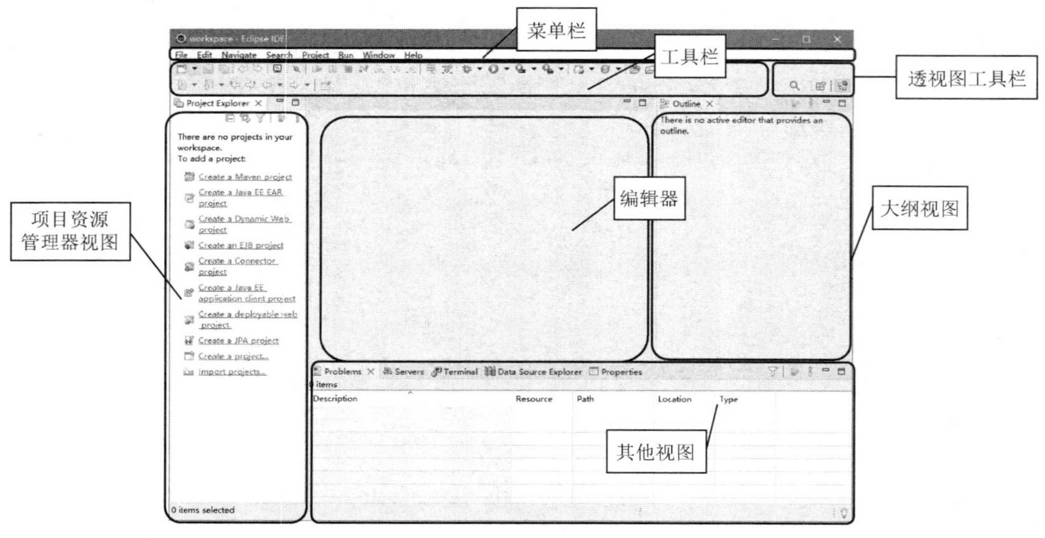

图 4-14 Eclipse 的工作台窗口

说明：实际使用 Eclipse 时，各视图的内容会有所改变，例如，打开一个 JSP 文件，大纲视图中将显示该 JSP 文件的节点树。

4.2.4 配置 Web 服务器

在发布和运行项目前，需要配置 Web 服务器。配置 Web 服务器的具体步骤如下。

（1）在 Eclipse 工作台的其他视图中选中服务器视图，在该视图的空白区域单击鼠标右键，在弹出的快捷菜单中选择 New→Server 命令，打开 New Server 窗口，在该窗口中展开 Apache 节点，选中该节点下的 Tomcat v9.0 Server 子节点（当然也可以选择其他版本的服务器），其他设置保持默认，如图 4-15 所示。

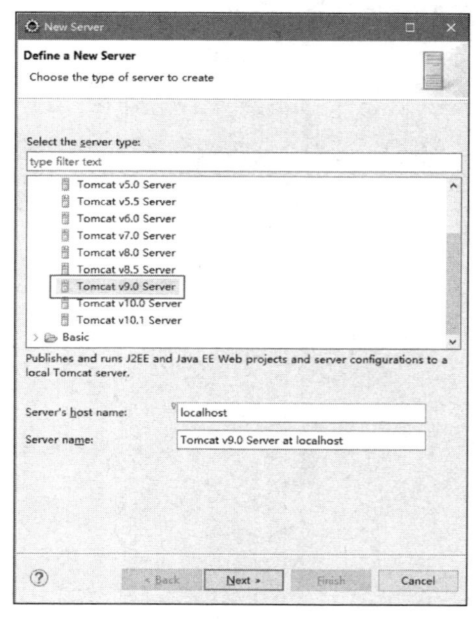

图 4-15 New Server 对话框

（2）单击 Next 按钮，打开指定 Tomcat 服务器安装路径的窗口，单击 Browse 按钮，选择 Tomcat 的安装路径，其他设置保持默认，如图 4-16 所示。

（3）单击 Finish 按钮，完成 Tomcat 服务器的配置。这时服务器视图中将显示一个“Tomcat v9.0 服务器 @ localhost [已停止]”节点，表示 Tomcat

服务器此时还没有启动。

说明：在服务器视图中选中服务器节点，单击▶按钮，即可启动服务器。服务器启动后，可以单击■按钮停止运行服务器。

Java Web 项目创建完成后，就可以将项目发布到 Tomcat 服务器并运行该项目了。下面介绍具体的方法。

（1）在项目资源管理器视图中选择项目节点，在工具栏上单击▶右侧的下拉按钮▾，在弹出的菜单中选择 Run As→Run on Server 命令，打开 Run On Server 窗口，在该窗口中勾选 Always use this server when running this project 复选框，其他设置保持默认，如图 4-17 所示。

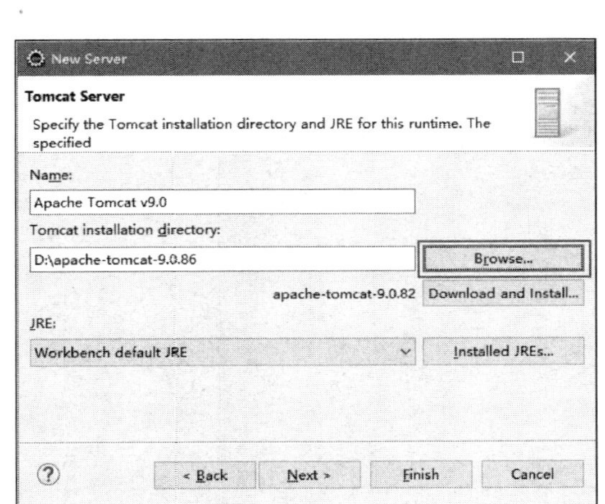

图 4-16　指定 Tomcat 服务器安装路径的对话框

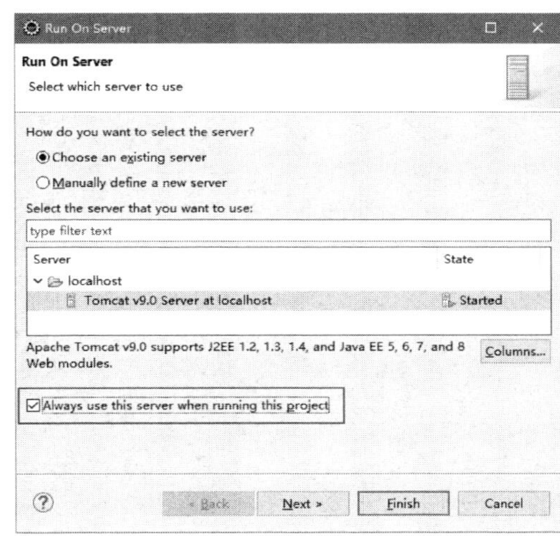

图 4-17　Run On Server 对话框

（2）单击 Finish 按钮，通过 Tomcat 服务器运行该项目，运行效果如图 4-18 所示。

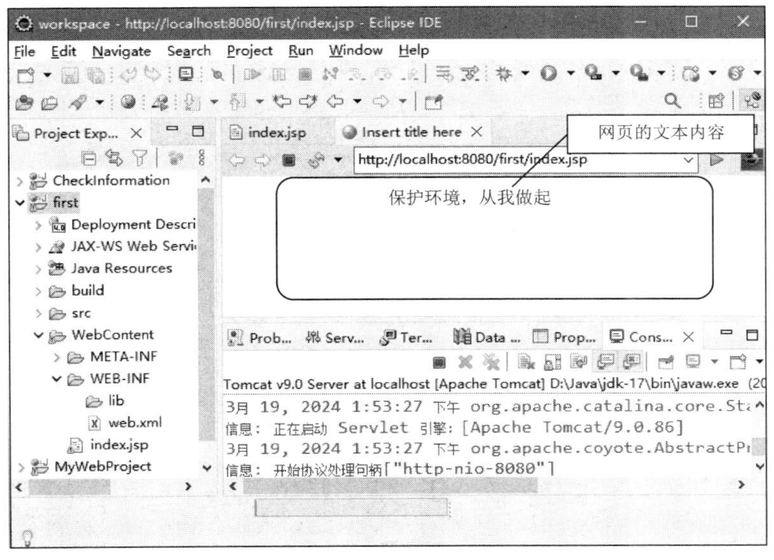

图 4-18　项目运行效果

> 说明：如果想要在 Edge 浏览器中运行该项目，将相应 URL 地址复制到 Edge 浏览器的地址栏中，按 Enter 键即可。

4.2.5 指定 Web 浏览器

Eclipse 在调试 Web 程序的时候使用的是系统默认的浏览器，但 Eclipse 也支持使用其他浏览器。

（1）在菜单栏中选择 Window→Preferences→General→Web Browser，打开 Web Browser 界面，如图 4-19 所示。

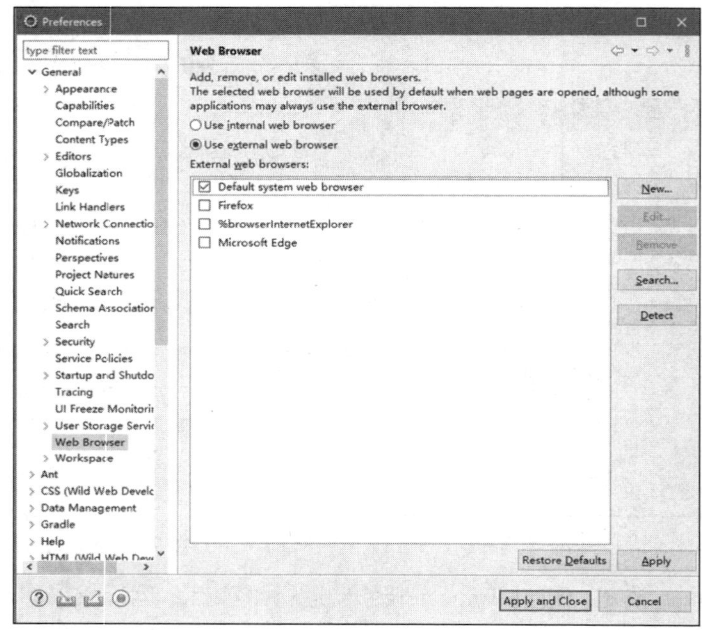

图 4-19 Web Browser 界面

（2）单击 New 按钮，打开 Add External Web Browser 对话框，添加其他浏览器，图 4-20 添加的是 Firefox 浏览器。

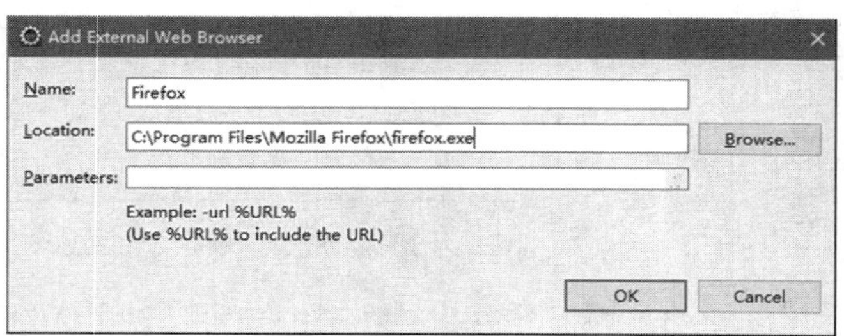

图 4-20 添加 Firefox 浏览器

（3）单击 OK 按钮，选中 Use external web browser 单选项，然后勾选新添加的 Firefox 浏览器，单击 Apply and Close 按钮，将 Firefox 设置成 Eclipse 的默认浏览器，如图 4-21 所示。

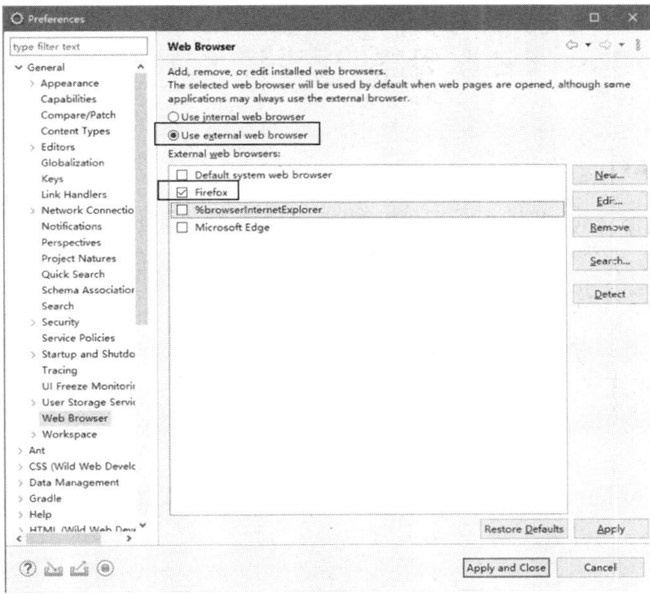

图 4-21　将 Firefox 设置为默认浏览器

4.2.6　设置 JSP 编码格式

使用 Eclipse 编程的时候，很多 JSP 的默认编码格式都是 ISO-8859-1，但我们更常用的是 UTF-8 编码格式。Eclipse 提供了修改 JSP 默认编码格式的功能。

在菜单栏中选择 Window→Preferences→Web→JSP Files，在打开窗口右侧的 Encoding 下拉列表框中设置 Eclipse 中 JSP 的默认编码格式，这里我们将其设置为 UTF-8，如图 4-22 所示。设置好后单击 Apply and Close 按钮。

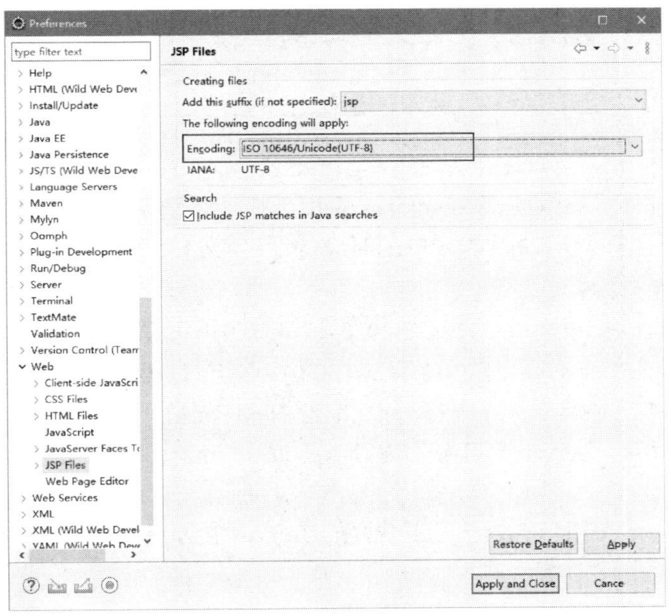

图 4-22　将 JSP 的默认编码格式设置为 UTF-8

4.3 常用 Java EE 服务器的安装、配置和使用

4.3.1 Tomcat

Tomcat 是由 Apache 开发的一个 Servlet 容器，提供了作为 Web 服务器的一些特有功能，如 Tomcat 管理和控制平台、安全域管理和 Tomcat 阈等。由于 Tomcat 本身也包含一个 HTTP 服务器，所以它也可以被视作一个单独的 Web 服务器。此外，Tomcat 还包含一个配置管理工具，可以通过编辑 XML 格式的配置文件来进行配置。本小节将以 Tomcat 9 为例，分别介绍如何下载和配置 Tomcat 9。

常用 Java EE 服务器的安装、配置和使用

1．下载 Tomcat 9

（1）在 Apache Tomcat 官网左侧的导航栏中，选择 Download→Tomcat 9，如图 4-23 所示。

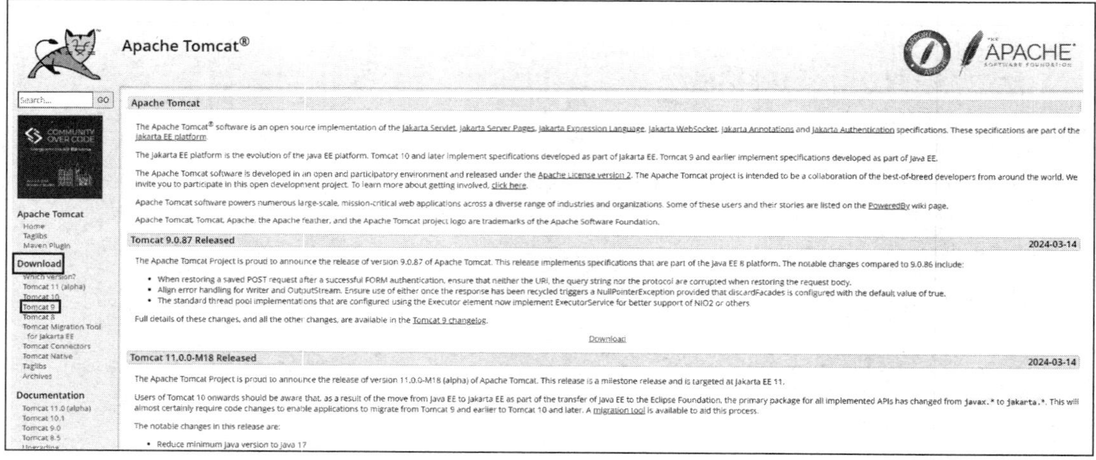

图 4-23 选择 Tomcat 9

（2）进入 Tomcat 9 Software Downloads 页面，拉动滚动条至 Binary Distributions 处。根据计算机操作系统选择合适的版本，单击对应的超链接进行下载，如图 4-24 所示。

2．配置 Tomcat 9

下面介绍如何在 Eclipse for Java EE 2023-12(4.30.0)中配置 Tomcat 9.0。

（1）打开 Eclipse for Java EE 2023-12(4.30.0)，单击工具栏中 右侧的下拉按钮 。在打开的 New 窗口中，选择 Server→Server，单击 Next 按钮，如图 4-25 所示。

（2）在打开的 New Server 窗口中，选择 Apache→Tomcat v9.0 Server，单击 Next 按钮，如图 4-26 所示。

（3）单击 Browse 按钮，选择已经下载好的 Tomcat 文件夹，单击 Finish 按钮完成 Tomcat 服务器的配置，如图 4-27 所示。

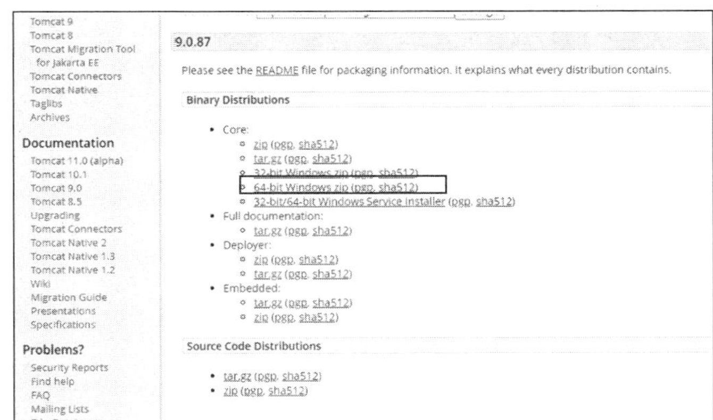

图 4-24　单击超链接进行下载

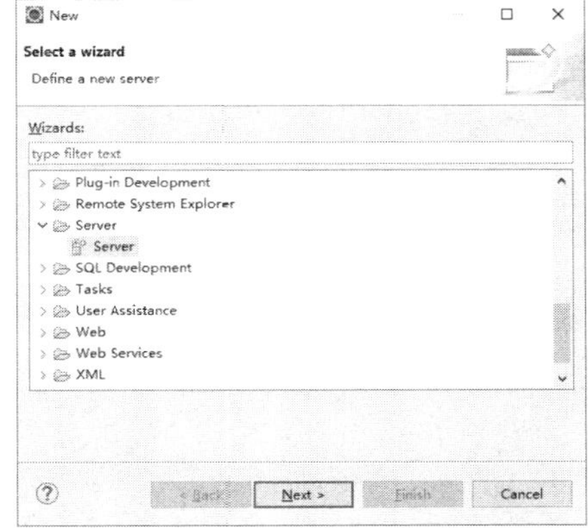

图 4-25　选择 Server 文件夹下的 Server

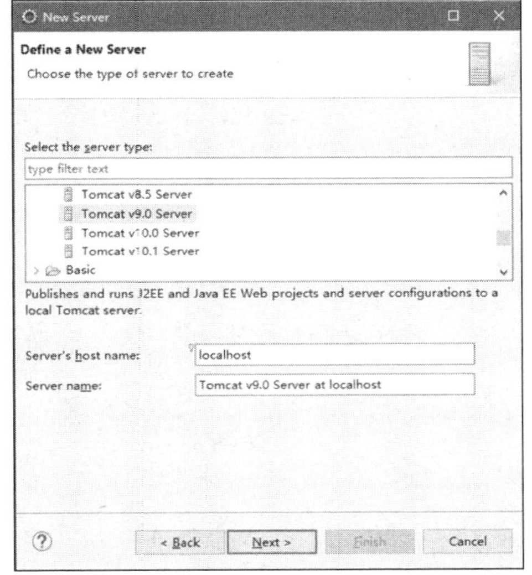

图 4-26　选择 Apache 文件夹下的 Tomcat v9.0 Server

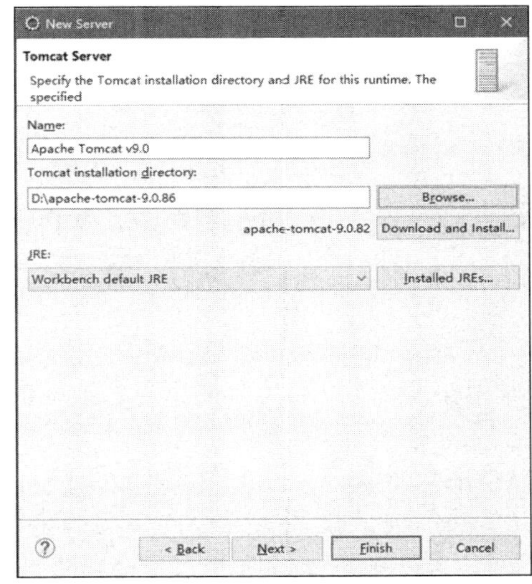

图 4-27　选择 Tomcat 文件夹

4.3.2　其他服务器

除了 Tomcat 服务器，还有很多服务器可以在 Eclipse 中使用。

当前版本以及后续版本的 Eclipse for Java EE 集成了一个 J2EE Preview 服务器，使用起来非常简单。在没有配置 Tomcat 的环境下，可以使用这个服务器。

配置 J2EE Preview 服务器的步骤如下。

（1）在菜单栏中选择 Window→Preferences→Server→Runtime Environments，在窗口右侧单击 Add 按钮，如图 4-28 所示。

（2）在 New Server Runtime Environment 对话框中，选择 Basic→J2EE Preview，单击 Finish 按钮完成配置，如图 4-29 所示。

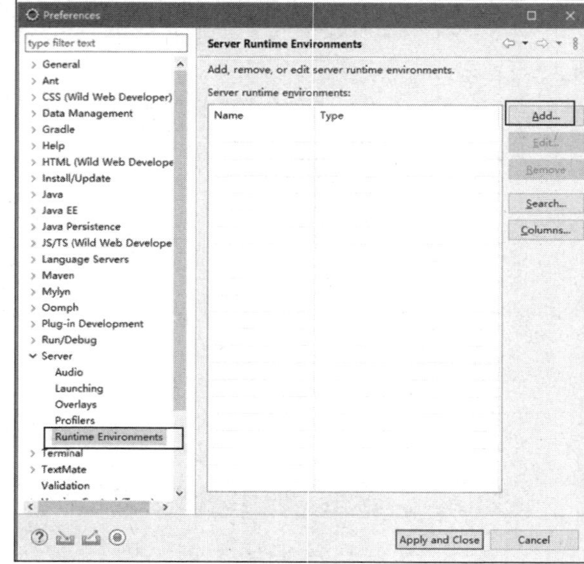

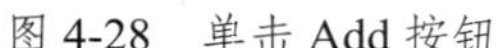

图 4-28　单击 Add 按钮

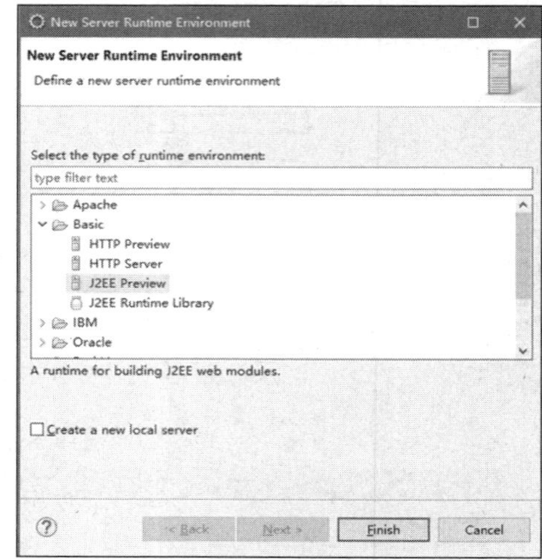

图 4-29　选择 J2EE Preview 服务器

4.4 AIGC 辅助编程更换开发工具

除了免费的 Eclipse 工具之外，现在比较流行的开发工具还有 IntelliJ IDEA，IntelliJ IDEA 是一个常用的 Java IDE，具有智能代码提示、自动补全、语法检查等功能。关于如何使用 IntelliJ IDEA，可以通过 AIGC 工具来辅助学习。

【问题】

如何使用 IntelliJ IDEA 创建 Java Servlet 程序。

【AIGC 建议】

使用 IntelliJ IDEA 创建 Java Servlet 程序，可以按照以下步骤进行。

（1）安装和配置 IntelliJ IDEA

确保你已经安装了 IntelliJ IDEA，并且已经配置好了 JDK。

（2）创建一个新的项目

首先，启动 IntelliJ IDEA。然后，单击 File→New→Project，新建项目。接着，在左侧选择 Maven，单击 Next。最后，输入项目的 GroupId、ArtifactId 等信息，单击 Finish。

（3）添加 Web 支持

首先，右击项目名称，选择 Add Framework Support。然后，勾选 Web Application，单击 OK。最后，在项目结构中找到 src/main/webapp 目录，如果没有，可以手动创建。

（4）创建 Servlet 类

在 src/main/java 目录下创建一个包，例如 com.example.servlet，然后在该包下创建一个 Servlet 类，例如 HelloServlet。

（5）配置 web.xml

在 src/main/webapp/WEB-INF/web.xml 文件中进行配置。

```
<web-app xmlns="http://xmlns.jcp.org/xml/ns/javaee"
         xmlns:xsi="http://www.w3.org/2001/XMLSchema-instance"
```

```
        xsi:schemaLocation="http://xmlns.jcp.org/xml/ns/javaee
            http://xmlns.jcp.org/xml/ns/javaee/web-app_3_1.xsd"
        version="3.1">
    <servlet>
        <servlet-name>HelloServlet</servlet-name>
        <servlet-class>com.example.servlet.HelloServlet</servlet-class>
    </servlet>
    <servlet-mapping>
        <servlet-name>HelloServlet</servlet-name>
        <url-pattern>/hello</url-pattern>
    </servlet-mapping>
</web-app>
```

本章小结

本章介绍了开发 Java Web 应用所需的环境，以及如何安装和配置 Web 服务器等知识。

上机指导

使用 Eclipse 创建一个简单的 Web 程序。

（1）在安装完 JDK、Eclipse 和 Tomcat 之后，在 Eclipse 的菜单栏中选择 File→New→Other，在弹出的窗口中选择 Web→DynamicWeb Project，将项目命名为 MyWebProject，单击 Next 按钮。

（2）在项目的 WebContent 文件下，创建名为 index.jsp 的 JSP 文件，在其中添加以下代码。

```
<%@ page language="java" contentType="text/html; charset=UTF-8"
    pageEncoding="UTF-8"%>
<!DOCTYPE html PUBLIC "-//W3C//DTD HTML 4.01 Transitional//EN" "http://www.w3.org/
TR/html4/loose.dtd">
<html>
<head>
<meta http-equiv="Content-Type" content="text/html; charset=UTF-8">
<title>Insert title here</title>
</head>
<body>
    我的网页
</body>
</html>
```

（3）在项目中单击鼠标右键，在弹出的快捷菜单中选择 Run As→Run on Server 命令，启动服务器，在浏览器地址栏中输入网址 http://localhost:8080/MyWebProject/，在打开的页面中查看项目运行效果，如图 4-30 所示。

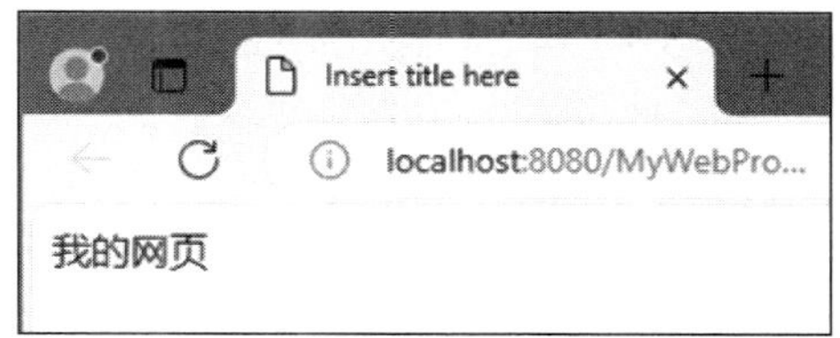

图 4-30　项目运行效果

习题

1. 什么是 JDK？JDK 有哪些控制台命令？
2. 如何运行 Eclipse 中的项目？
3. 如何为 Eclipse 配置服务器？

第5章 走进 JSP

本章要点

- 了解什么是 JSP
- 了解 JSP 的基本构成
- 掌握学习 JSP 技术的方法
- 了解 JSP 程序的编写步骤

本章将带领读者走进 JSP 开发领域，开始学习 Java 的 Web 开发技术。JSP 主要用于开发企业级 Web 应用，属于 Java EE 技术范畴。

5.1 JSP 概述

5.1.1 什么是 JSP

JSP 概述和 JSP 的基本构成

JSP 是由 Sun 公司倡导、许多公司参与建立而成的动态网页技术标准，它在 HTML 代码中嵌入 Java 代码片段（Scriptlet）和 JSP 标签，以构成 JSP 网页。接收到客户端的请求后，服务器端会处理 Java 代码片段，然后将生成的 HTML 页面（处理结果）返回给客户端，客户端浏览器将呈现最终的页面效果。其工作原理如图 5-1 所示。

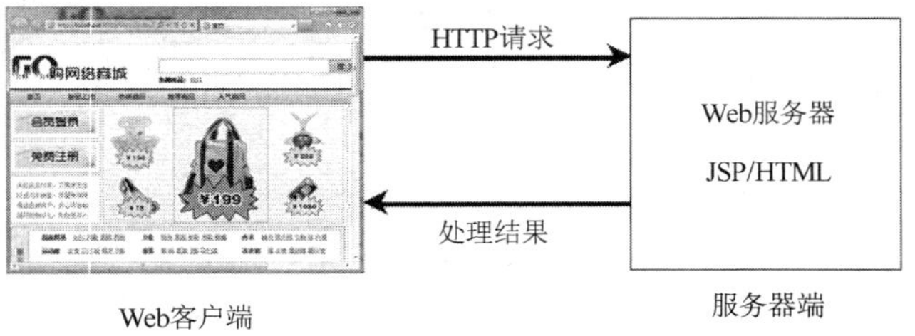

图 5-1 JSP 工作原理

5.1.2 如何学好 JSP

学好 JSP 技术就掌握了 Java Web 应用程序开发的能力。其实，Web 开发技术的学习方法大同小异，需要注意的主要有以下几点。

① Java 基础：JSP 是基于 Java 的，因此需要掌握 Java 的基本语法、面向对象编程、异常处理等。

② Servlet 技术：JSP 本质上是 Servlet 的一种简化形式，因此了解 Servlet 的工作原理和生命周期是非常重要的。

③ JSP 语法：学习 JSP 的基本语法，包括指令、脚本元素、动作标签等。

④ 内置对象：JSP 提供了一些内置对象，如 request、response、session、application 等，这些内置对象在开发中非常常用，需要熟练掌握它们的用法。

⑤ 数据库操作：JSP 通常用于 Web 应用开发，而 Web 应用往往需要与数据库进行交互，因此学习 JDBC 或使用框架如 Hibernate、MyBatis 进行数据库操作是非常有必要的。

⑥ MVC 模式：了解 MVC（Model-View-Controller）设计模式，有助于更好地组织代码，提高代码的可维护性和可扩展性。

⑦ 实践项目：通过实际项目来巩固所学知识，尝试开发一些简单的 Web 应用，如博客系统、在线商城等。

⑧ 调试技巧：学会使用调试工具，如 Eclipse、IntelliJ IDEA 等 IDE 的调试功能，以及日志记录工具如 Log4j 来辅助定位和解决问题。

⑨ 安全知识：了解 Web 应用的安全漏洞和防护措施，如 SQL 注入、XSS 攻击等，并学会如何防范这些攻击。

⑩ 持续学习：Web 开发是一个不断发展的领域，新的技术和框架层出不穷，因此需要有持续学习的态度，关注行业动态和技术发展。

5.1.3 JSP 的技术特征

JSP 技术基于 Java 开发 Web 应用程序，它拥有 Java 跨平台的特性，以及业务代码分离、组件可重用、继承 Java Servlet 功能和预编译等特征。

1．跨平台

JSP 基于 Java，可以使用 Java API，因此它也是跨平台的，可以应用在不同的操作系统中，如 Windows、Linux、macOS 和 Solaris 等，同时拓宽了 JSP 可以使用的 Web 服务器的范围。另外，应用于不同操作系统的数据库也可以为 JSP 服务，JSP 使用 JDBC 技术操作数据库，避免了代码移植导致的更换数据库时需要修改代码的问题。

正是因为跨平台的特性，采用 JSP 技术开发的项目可以不加修改地应用到任何不同的平台上，这也符合 Java“一次编写，到处运行”的特点。

2．业务代码分离

通常使用 HTML 标签来设计和格式化静态页面的内容，使用 JSP 标签和 Java 代码片段来实现动态页面。程序开发人员可以将业务处理代码全部放到 JavaBean 中，或者把业务处理代码交给 Servlet、Struts 等业务控制层来处理，从而实现业务代码从视图层中分离，这样 JSP 就只负责显示数据，当需要修改业务代码时，不会影响 JSP 的代码。

3．组件可重用

可以使用 JavaBean 编写业务组件，也就是使用一个 JavaBean 类封装业务处理代码或将其作为一个数据存储模型，从而实现在 JSP 文件甚至整个项目中重复使用。JavaBean 也可以应用到其他 Java 应用程序中，包括桌面应用程序。

4．继承 Java Servlet 功能

Servlet 是 JSP 出现之前 Java Web 应用程序的主要处理技术。它接收用户请求，在 Servlet 类中编写所有 Java 和 HTML 代码，然后通过输出流把结果页面返回给浏览器。其缺点是，在类中编写 HTML 代码非常不方便，也不利于阅读。使用 JSP 技术之后，开发 Web 应用变得相对简单、快捷多了，由于 JSP 最终要编译成 Servlet 才能处理用户请求，因此说 JSP 拥有 Servlet 的所有功能和特性。

5．预编译

预编译就是在用户第一次通过浏览器访问 JSP 文件时，服务器将对 JSP 文件的代码进行编译，并且仅执行一次编译。编译好的代码将被保存，用户下一次访问时，会直接执行编译好的代码，这样不仅节约了服务器的 CPU 资源，还大大提升了客户端的访问速度。

5.2 了解 JSP 的基本构成

【例 5-1】 了解 JSP 的基本构成。

在开始学习 JSP 语法之前，不妨了解一下 JSP 的基本构成。JSP 主要由指令标签、HTML 代码、注释、Java 代码、JSP 动作标签 5 种元素组成，如图 5-2 所示。

```
1  <%@ page language="java" import="java.util.*" pageEncoding="GB18030"%>
2  <!DOCTYPE HTML PUBLIC "-//W3C//DTD HTML 4.01 Transitional//EN">
3  <html>
4      <head>
5          <title>一个简单的JSP程序</title>
6      </head>
7      <body>
8          <!--HTML注释信息-->
9          <%
10             Date now = new Date();
11             String dateStr;
12             dateStr = String.format("%tY年%tm月%td日", now, now, now);
13         %>
14         当前日期是: <%=dateStr%>
15         <br>
16     </body>
17 </html>
18
```

图 5-2　简单的 JSP 程序

程序说明如下。

（1）指令标签

上述代码的第 1 行就是 JSP 的一个指令标签，它们通常位于文件的顶部。

（2）HTML 代码

第 2 ~ 7 行、第 15 ~ 17 行都是 HTML 代码，这些代码定义了网页内容的显示格式。

（3）注释

第 8 行使用了 HTML 的注释格式，在 JSP 中还可以使用 JSP 的注释格式和 Java 代码的注释格式。

（4）Java 代码

JSP 文件中可以嵌入 Java 代码，这些 Java 代码被包含在<%%>标签中，例如上面的第 9 ~ 14 行，其中的代码可以看作一个 Java 类的部分代码。

（5）JSP 动作标签

上述代码中没有编写动作标签。JSP 动作标签是 JSP 标签中的一种，以“jsp:”开头，例如，<jsp:forward>标签用于将用户请求转发给另一个 JSP 文件或 Servlet 处理。在后面的内容中会对动作标签进行介绍。

5.3 指令标签

指令标签不会输出任何内容，主要用于定义整个 JSP 文件的相关信息，如使用的语言、导入的类包、指定错误处理页面等。其语法格式如下。

```
<%@ directive attribute="value" attributeN="valueN"…%>
```

① directive：指令名称。

② attribute：属性名称，不同的指令包含不同的属性。

③ value：属性值，为指定属性赋值。

⚠ **注意：** 标签中的<%@和%>都是完整的标签，不能添加空格，但是标签中定义的各种属性之间以及指令名之间可以有空格。

5.3.1 page 指令

page 指令是 JSP 文件中最常用的指令，用于定义整个 JSP 文件的相关属性，这些属性在 JSP 被服务器解析成 Servlet 时会转换为相应的 Java 代码。page 指令的语法格式如下。

page 指令

```
<%@ page attr1="value1" attr2="value2"…%>
```

page 指令包含的属性有 15 个，下面对一些常用的属性进行介绍。

1．language 属性

该属性用于设置 JSP 文件使用的程序设计语言。该属性的默认值是 Java。

示例如下。

```
<%@ page language="java" %>
```

2．extends 属性

该属性用于设置 JSP 文件继承的 Java 类，所有 JSP 文件在执行之前都会被服务器解析成 Servlet，而 Servlet 是由 Java 类定义的，所以 JSP 和 Servlet 都可以继承指定的父类。该属性并不常用，而且有可能影响服务器的性能优化。

3．import 属性

该属性用于设置 JSP 文件导入的类包。JSP 文件可以嵌入 Java 代码，这些 Java 代码在调用 API 时需要导入相应的类包。

示例如下。

```
<%@ page import="java.util.*" %>
```

4．pageEncoding 属性

该属性用于定义 JSP 文件的编码格式。JSP 文件中的所有代码都使用该属性指定的字

符集，如果其属性值为 ISO-8859-1，那么这个 JSP 文件就不支持中文字符。通常设置编码格式为 GBK 或 UTF-8。

示例如下。

```
<%@ page pageEncoding="UTF-8"%>
```

5．contentType 属性

该属性用于设置 JSP 文件的 MIME 类型和字符编码格式，浏览器会据此显示网页内容。

示例如下。

```
<%@ page contentType="text/html; charset=UTF-8"%>
```

如果将这个属性设置应用于 JSP 文件，那么浏览器在呈现网页时会使用 UTF-8 编码格式；如果当前浏览器的编码格式为 GBK，就会产生乱码现象，这时需要用户手动更改浏览器的编码格式才能看到正确的中文内容，如图 5-3 所示。

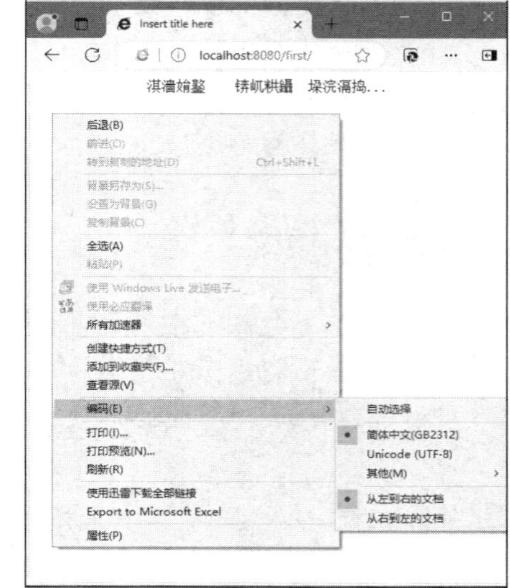

图 5-3　更改编码格式

5.3.2　include 指令

include 指令用于在 JSP 文件中包含另一个文件的内容，但是它仅支持静态包含，也就是说被包含文件中的所有内容都被原样包含到 JSP 文件中，如果被包含文件中有代码，将不被执行。被包含的文件可以是一段 Java 代码、HTML 代码，也可以是另一个 JSP 文件。

include 指令

示例如下。

```
<%@include file="validate.jsp" %>
```

上述代码用于将与当前 JSP 文件存储路径相同的 validate.jsp 文件包含进来。其中，file 属性用于指定被包含的文件，其值是当前 JSP 文件的相对 URL 路径。

下面举例演示 include 指令的应用。在当前 JSP 文件中包含 date.jsp 文件，而这个被包含的文件中定义了用于获取当前日期的 Java 代码，从而实现了在当前页面显示日期的功能。

【例 5-2】 在当前页面中包含另一个 JSP 文件来显示当前日期。

（1）编辑 date.jsp 文件，代码如下。

```
<%@page pageEncoding="GB18030" %>
<%@page import="java.util.Date"%>
<%
    Date now = new Date();
    String dateStr;
    dateStr = String.format("%tY年%tm月%td日", now, now, now);
%>
<%=dateStr%>
```

说明： 使用 AIGC 工具，可以帮助我们更好地理解代码，比如，在通义千问大模型工具中输入上面的代码，让其解释这段代码的作用，如图 5-4 所示。

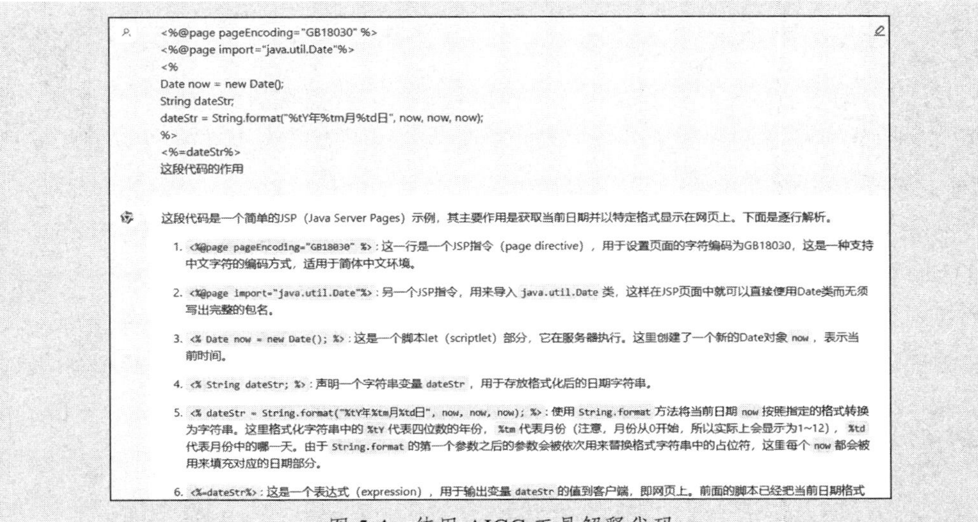

图 5-4　使用 AIGC 工具解释代码

（2）编辑 index.jsp 文件，它是本实例的首页文件，使用了 include 指令包含 date.jsp 文件。被包含的 date.jsp 文件中的 Java 代码以静态方式导入 index.jsp 文件，然后才被服务器编译执行。代码如下。

```
<%@ page language="java" import="java.util.*"
    contentType="text/html; charset=GB18030" pageEncoding="GB18030"%>
<!DOCTYPE HTML PUBLIC "-//W3C//DTD HTML 4.01 Transitional//EN">
<html>
    <head>
        <title>include 指令演示</title>
    </head>
    <body>
        <!--HTML 注释信息-->
        当前日期是:
        <%@include file="date.jsp"%>
        <br>
    </body>
</html>
```

实例运行结果如图 5-5 所示（可以将地址栏中的 URL 地址复制到浏览器中进行访问）。

图 5-5　运行结果

date.jsp 文件被包含在 index.jsp 文件中，所以 date.jsp 文件中的 page 指令代码可以省略，它被包含到 index.jsp 文件中后会直接使用 index.jsp 文件的设置，但是为了避免在 Eclipse 编辑器中编译出错，本例添加了相关代码。

⚠ **注意：** 被包含的 JSP 文件中不要有<html>和<body>标签，它们是 HTML 的结构标签，会破坏页面格式。另外还要注意源文件和被包含文件中的变量和方法的名称不要有冲突，因为它们最终会生成一个文件，重名将导致错误发生。

5.3.3 taglib 指令

taglib 指令

taglib 指令用于加载用户自定义标签，自定义标签将在后面进行讲解。使用该指令加载的标签可以直接在 JSP 文件中使用。其语法格式如下。

```
<%@taglib prefix="fix" uri="tagUriorDir" %>
```

① prefix 属性：用于设置加载的自定义标签的前缀。

② uri 属性：用于指定加载的自定义标签的描述符文件位置。

例如：

```
<%@taglib prefix="view" uri="/WEB-INF/tags/view.tld" %>
```

5.4 嵌入 Java 代码

可以在 JSP 文件中嵌入 Java 代码来完成业务处理，如【例 5-2】就是通过嵌入 Java 代码实现的。本节将介绍在 JSP 文件中嵌入 Java 代码的方法。

5.4.1 代码片段

代码片段

代码片段就是在 JSP 文件中嵌入的 Java 代码块。代码片段将在页面请求的处理期间被执行，可以通过 JSP 内置对象在页面中输出内容、访问 session 会话、编写流程控制语句等。其语法格式如下。

```
<% 编写的 Java 代码 %>
```

Java 代码被包含在<%和%>标签之间。可以编写单行或多行的 Java 代码，每条语句以“;”结尾。

示例如下。

```
<%
    Date now = new Date();
    String dateStr;
    dateStr = String.format("%tY 年%tm 月%td 日", now, now, now);
%>
```

上述代码创建了 Date 对象，并生成格式化的日期字符串。

【例 5-3】 在代码片段中编写循环语句，输出九九乘法表。

```
<%@ page language="java" import="java.util.*" pageEncoding="GB18030"%>
<!DOCTYPE HTML PUBLIC "-//W3C//DTD HTML 4.01 Transitional//EN">
<html>
    <head>
        <title>JSP 的代码片段</title>
    </head>
    <body>
        <%
            long startTime = System.nanoTime();    //记录开始时间，单位为纳秒
        %>
        输出九九乘法表
        <br>
        <%
            for (int i = 1; i <= 9; i++) {          //第一层循环
                for (int j = 1; j <= i; j++) {      //第二层循环
```

```
                    String str = j + "*" + i + "=" + j * i;
                    out.print(str + " ");       //使用空格格式化输出内容
                }
                out.println("<br>");                //换行
            }
            long time = System.nanoTime() - startTime;
        %>
        生成九九乘法表用时
        <%
            out.println(time / 1000);               //输出用时多少微秒
        %>
        微秒。
    </body>
</html>
```

程序运行结果如图 5-6 所示。

```
输出九九乘法表
1×1=1
1×2=2 2×2=4
1×3=3 2×3=6 3×3=9
1×4=4 2×4=8 3×4=12 4×4=16
1×5=5 2×5=10 3×5=15 4×5=20 5×5=25
1×6=6 2×6=12 3×6=18 4×6=24 5×6=30 6×6=36
1×7=7 2×7=14 3×7=21 4×7=28 5×7=35 6×7=42 7×7=49
1×8=8 2×8=16 3×8=24 4×8=32 5×8=40 6×8=48 7×8=56 8×8=64
1×9=9 2×9=18 3×9=27 4×9=36 5×9=45 6×9=54 7×9=63 8×9=72 9×9=81
生成九九乘法表用时 115 微秒。
```

图 5-6 输出九九乘法表

5.4.2 声明

声明脚本用于在 JSP 文件中定义全局的（即整个 JSP 文件都可以引用的）成员变量和方法，它们可以被整个 JSP 文件访问，服务器执行时会将 JSP 转换为 Servlet 类，并把使用 JSP 声明脚本定义的变量和方法转换为类的成员。

声明

（1）声明全局变量

示例如下。

```
<%! long startTime = System.nanoTime();%>
```

上述代码在 JSP 文件中声明了全局变量 startTime，该全局变量可以在整个 JSP 文件中使用。

（2）声明全局方法

示例如下。

```
<%!
    int getMax(int a, int b) {
        int max = a > b ? a : b;
        return max;
    }
%>
```

5.4.3 JSP 表达式

JSP 表达式

JSP 表达式可以直接把 Java 表达式的结果输出到 JSP 中。表达式的最终运算结果将被转换为字符串类型，因为网页中显示的文字都是字符串。JSP 表达式的语法格式如下。

```
<%= 表达式 %>
```

其中，“表达式”可以是任何完整的 Java 表达式。

示例如下。

```
<%=Math.PI %>
```

5.5 注释

由于 JSP 文件可以包含 HTML 代码、JSP 代码、Java 脚本等，所以在其中可以使用多种注释格式。本节将对这些注释格式进行讲解。

5.5.1 HTML 注释

HTML 注释

HTML 代码的注释不会显示在网页中，但是查看网页源代码时能够看到注释信息。

HTML 注释的语法格式如下。

```
<!-- 注释文本 -->
```

示例如下。

```
<!-- 显示数据报表 -->
<table>
    …
</table>
```

上述代码为 HTML 的表格添加了注释信息，其他程序开发人员可以直接从注释中了解表格的用途，无须重新分析代码。在浏览器中查看网页源代码时，上述代码将完整地显示，包括注释信息。

5.5.2 JSP 注释

JSP 注释

程序注释通常用于帮助程序开发人员理解代码的用途，使用 HTML 注释可以为页面代码添加说明性的注释，但是在浏览器中查看网页源代码时将暴露这些注释信息；而使用 JSP 注释就不用担心出现这种情况了，因为 JSP 注释在被服务器编译时是被忽略的，不会发送到客户端。

其语法格式如下。

```
<%-- 注释文本 --%>
```

示例如下。

```
<%-- 显示数据报表 --%>
<table>
    …
</table>
```

上述代码的注释信息不会被发送到客户端，因此在浏览器中查看网页源代码时看不到注释内容。

5.5.3 动态注释

动态注释

由于 HTML 注释对 JSP 嵌入的代码不起作用，因此可以利用它们的组合构成动态的 HTML 注释文本。

示例如下。

```
<!-- <%=new Date()%> -->
```

上述代码将当前日期和时间作为 HTML 注释文本。

Java 注释

5.5.4 Java 注释

JSP 支持嵌入 Java 代码，所以可以使用 Java 代码的注释格式。

示例如下。

```
<%
//单行注释
/*
多行注释
    */
%>
<%/**JavaDoc注释，用于成员注释*/%>
```

5.6 request 对象

request 对象是 javax.servlet.http.HttpServletRequest 类型的对象。该对象代表客户端的请求信息，主要用于接收通过 HTTP 传送到服务器端的数据（包括头信息、系统信息、请求方式及请求参数等）。request 对象的作用域为一次请求。

5.6.1 获取请求参数值

获取请求参数值

请求中使用“?”传递参数，然后通过 request 对象的 getParameter()方法获取参数的值，示例如下。

```
String id = request.getParameter("id");
```

上面的代码使用 getParameter()方法从 request 对象中获取参数 id 的值，如果 request 对象中不存在此参数，那么将返回 null。

【例 5-4】 使用 request 对象获取请求参数值。

首先在 Web 项目中创建 index.jsp 文件，在其中加入一个超链接用来请求 show.jsp 文件，并在请求后增加一个参数 id。关键代码如下。

```
<body>
<a href="show.jsp?id=001">获取请求参数的值</a>
</body>
```

然后新建 show.jsp 文件，在其中通过 getParameter()方法来获取 id 参数与 name 参数的值，并将其输出到页面中。关键代码如下。

```
<body>
id参数的值为<%=request.getParameter("id") %><br>
name参数的值为<%=request.getParameter("name") %>
</body>
```

在上面的代码中，我们同时将 id 参数与 name 参数的值显示在页面中，但是请求中只传递了 id 参数，并没有传递 name 参数，所以 id 参数的值正常显示，而 name 参数的值则显示为 null，运行结果如图 5-7 所示。

```
id参数的值为001
name参数的值为null
```

图 5-7　程序运行结果

5.6.2　获取 form 表单信息

除了可以获取请求参数中传递的值之外，还可以使用 request 对象获取从表单中提交过来的信息。对于表单中的文本框、单选按钮、下拉列表框，可以使用 getParameter()方法来获取具体的值，而复选框、多选列表框的值则需要使用 getParameterValues()方法来获取，该方法会返回一个字符串数组，循环遍历这个数组即可得到用户选定的所有内容。

获取 form 表单信息

【例 5-5】 获取 form 表单信息。

创建 index.jsp 文件，在该页面中创建一个 form 表单，在表单中分别加入文本框、下拉列表框、单选按钮、复选框和提交按钮。关键代码如下。

```
<form action="show.jsp" method="post">
    <ul style="list-style: none; line-height: 30px">
        <li>输入用户姓名：<input type="text" name="name" /><br /></li>
        <li>选择性别：
            <input name="sex" type="radio" value="男" />男
            <input name="sex" type="radio" value="女" />女
        </li>
        <li>
            选择密码提示问题：
            <select name="question">
                <option value="母亲生日">母亲生日</option>
                <option value="宠物名称">宠物名称</option>
                <option value="计算机配置">计算机配置</option>
            </select>
        </li>
        <li>请输入问题答案：<input type="text" name="key" /></li>
        <li>
            请选择个人爱好：
            <div style="width: 400px">
                <input name="like" type="checkbox" value="唱歌跳舞" />唱歌跳舞
                <input name="like" type="checkbox" value="上网冲浪" />上网冲浪
                <input name="like" type="checkbox" value="户外登山" />户外登山<br />
                <input name="like" type="checkbox" value="体育运动" />体育运动
                <input name="like" type="checkbox" value="读书看报" />读书看报
                <input name="like" type="checkbox" value="欣赏电影" />欣赏电影
            </div>
        </li>
        <li><input type="submit" value="提交" /></li>
    </ul>
</form>
```

页面效果如图 5-8 所示。

输入用户姓名：
选择性别：○男 ○女
选择密码提示问题：母亲生日
请输入问题答案：
请选择个人爱好：
☐唱歌跳舞 ☐上网冲浪 ☐户外登山
☐体育运动 ☐读书看报 ☐欣赏电影
提交

图 5-8　页面效果

接下来编写 show.jsp 文件，该文件用来处理请求，分别使用 getParameter()方法与 getParameterValues()方法将用户提交的表单信息显示在页面中。关键代码如下。

```
<ul style="list-style:none; line-height:30px">
<li>输入用户姓名：
<%=new String(request.getParameter("name").getBytes("ISO8859_1"),"GBK") %></li>
<li>选择性别：
<%=new String(request.getParameter("sex").getBytes("ISO8859_1"),"GBK") %></li>
<li>选择密码提示问题：
<%=new String(request.getParameter("question").getBytes("ISO8859_1"),"GBK") %>
</li>
<li>请输入问题答案：
<%=new String(request.getParameter("key").getBytes("ISO8859_1"),"GBK") %></li>
<li>
        请选择个人爱好：
    <%
        String[] like =request.getParameterValues("like");
        for(int i =0;i<like.length;i++){
    %>
    <%= new String(like[i].getBytes("ISO8859_1"),"GBK")+"  " %>
    <%   }
    %>
    </li>
</ul>
```

show.jsp 文件运行结果如图 5-9 所示。

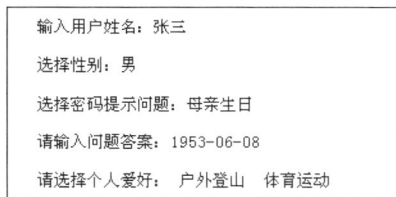

输入用户姓名：张三

选择性别：男

选择密码提示问题：母亲生日

请输入问题答案：1953-06-08

请选择个人爱好： 户外登山 体育运动

图 5-9 show.jsp 文件运行结果

说明： 如果想要获取所有参数的名称可以使用 getParameterNames()方法，该方法会返回一个 Enumeration 类型的值。

5.6.3 获取客户端信息

获取客户端信息

request 对象中包含一些方法，用以获取客户端的相关信息，如 HTTP 报头信息、客户提交信息的方式、客户端主机 IP 地址、端口号等。request 对象获取客户端信息的常用方法如表 5-1 所示。

表 5-1 request 对象获取客户端信息的常用方法

方法	返回值类型	说明
getHeader(String name)	String	返回指定名称的 HTTP 报头信息
getMethod()	String	获取客户端向服务器端发送请求的方法
getContextPath()	String	返回请求路径
getProtocol()	String	返回请求使用的协议
getRemoteAddr()	String	返回客户端主机 IP 地址
getRemoteHost()	String	返回客户端主机名称

续表

方法	返回值类型	说明
getRemotePort()	int	返回客户端发出请求的端口号
getServletPath()	String	返回接收客户端提交信息的页面
getRequestURI()	String	返回部分客户端请求的地址，不包括请求的参数
getRequestURL()	StringBuffer	返回客户端请求地址

【例 5-6】 获取客户端信息。

本实例通过上面介绍的方法演示如何使用 request 对象获取客户端信息。关键代码如下。

```
<ul style="line-height:24px">
    <li>客户端发送请求使用的协议：<%=request.getProtocol() %>
    <li>客户端发送请求的方法：<%=request.getMethod() %>
    <li>客户端请求地址：<%=request.getContextPath() %>
    <li>客户端主机 IP 地址：<%=request.getRemoteAddr() %>
    <li>客户端主机名称：<%=request.getRemoteHost() %>
    <li>客户端发出请求的端口号：<%=request.getRemotePort() %>
    <li>接收客户端提交信息的页面：<%=request.getServletPath() %>
    <li>获取报头中的 User-Agent 值：<%=request.getHeader("user-agent") %>
    <li>获取报头中的 accept 值：<%=request.getHeader("accept") %>
    <li>获取报头中的 Host 值：<%=request.getHeader("host") %>
    <li>获取报头中的 accept-encoding 值：<%=request.getHeader("accept-encoding") %>
    <li>获取 URI：<%=request.getRequestURI() %>
    <li>获取 URL：<%=request.getRequestURL() %>
</ul>
```

运行结果如图 5-10 所示。

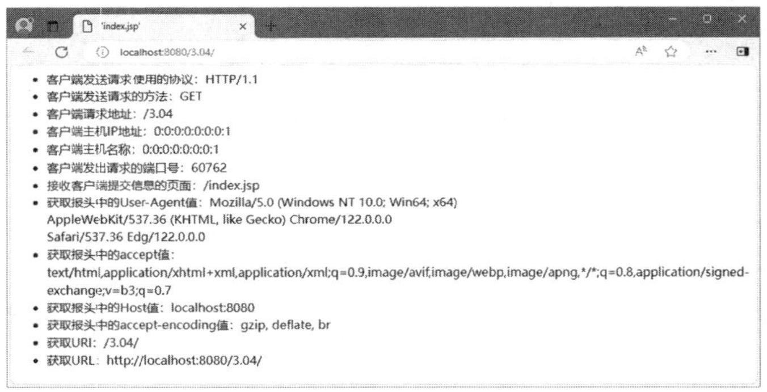

图 5-10　获取的客户端信息

说明： 默认情况下，在 Windows 系统当使用 localhost 进行访问时，应用 request.getRemoteAddr()方法获取的客户端 IP 地址将是 0:0:0:0:0:0:0:1，这是以 IPv6 形式显示的 IP 地址。要显示为 127.0.0.1，需要在 C:\Windows\System32\drivers\etc\hosts 文件中添加“127.0.0.1 localhost”并保存。

5.6.4　在作用域中管理属性

在作用域中管理属性

使用 setAttribute()方法可以在 request 对象的属性列表中添加一个属性，使用 getAttribute()方法可以获取 request 对象作用域中的属性，使用 removeAttribute()方法可以将属性从属性列表中删除。

【例 5-7】 管理 request 对象的属性。

首先将 date 属性加入 request 属性列表，然后获取这个属性的值；之后使用 removeAttribute()方法将 date 属性删除，最后再次获取 date 属性。关键代码如下。

```
<%
    request.setAttribute("date",new Date()); //添加一个属性
%>
<ul style="line-height: 24px;">
    <li>获取 date 属性：<%=request.getAttribute("date") %></li>
    <!-- 将属性删除 -->
    <%request.removeAttribute("date"); %>
    <li>删除后再次获取 date 属性：<%=request.getAttribute("date") %></li>
</ul>
```

程序运行结果如图 5-11 所示。

⚠ **注意：** request 对象的作用域为一次请求，超出作用域后属性列表中的属性会失效。

图 5-11 程序运行结果

5.6.5 cookie 管理

cookie 管理

cookie 是小段的文本信息，使用 cookie 可以标识用户身份、记录用户名及密码、跟踪重复用户。cookie 在服务器端生成并发送给浏览器，浏览器将 cookie 的名称/值（key/value）保存到某个指定的目录中，服务器的名称与值可以由服务器端定义。

通过 cookie 的 getCookies()方法可以获取所有 cookie 对象的集合，然后通过 cookie 对象的 getName()方法获取指定名称的 cookie，再通过 getValue()方法即可获取 cookie 对象的值。另外，使用 response 对象的 addCookie()方法可以将 cookie 对象发送到客户端。

【例 5-8】 管理 cookie。

首先创建 index.jsp 文件，在其中创建 form 表单，用于让用户输入信息；从 request 对象中获取 cookie，并判断所获取的 cookie 是否含有该服务器发送的 cookie。如果没有，则说明该用户第一次访问本站；如果有，则直接将值读取出来，并赋给对应的表单。关键代码如下。

```
<%
    String welcome = "第一次访问";
    String[] info = new String[]{"","",""};
    Cookie[] cook = request.getCookies();
    if(cook!=null){
        for(int i=0;i<cook.length;i++){
            if(cook[i].getName().equals("mrCookInfo")){
                info = cook[i].getValue().split("#");
                welcome = ", 欢迎回来! ";
            }
        }
    }
%>
```

```
<%=info[0]+welcome %>
    <form action="show.jsp" method="post">
    <ul style="line-height: 23">
        <li>姓    名: <input name="name" type="text" value="<%=
info[0] %>">
        <li>出生日期: <input name="birthday" type="text" value="<%=info[1] %>">
        <li>邮箱地址: <input name="mail" type="text" value="<%=info[2] %>">
        <li><input type="submit" value="提交">
    </ul>
</form>
```

接下来创建 show.jsp 文件，在其中通过 request 对象将用户输入的表单信息提取出来；创建一个 cookie 对象，并通过 response 对象的 addCookie()方法将其发送到客户端。关键代码如下。

```
<%
    String name = request.getParameter("name");
    String birthday = request.getParameter("birthday");
    String mail = request.getParameter("mail");
    Cookie myCook = new Cookie("mrCookInfo",name+"#"+birthday+"#"+mail);
    myCook.setMaxAge(60*60*24*365);        //设置 cookie 的有效期
    response.addCookie(myCook);
%>
表单提交成功
<ul style="line-height: 24px">
    <li>姓名: <%= name %>
    <li>出生日期: <%= birthday %>
    <li>电子邮箱: <%= mail %>
    <li><a href="index.jsp">返回</a>
</ul>
```

第一次访问页面时用户表单中的相应信息是空的，程序运行结果如图 5-12 所示；当用户提交表单信息后，表单中的内容就会被记录到 cookie 对象中，再次访问时浏览器直接从 cookie 对象中获取用户之前提交的表单信息并显示，如图 5-13 所示。

图 5-12　第一次访问

图 5-13　再次访问

5.7 response 对象

response 对象

response 是对客户端请求的响应，主要用于将 JSP 处理过的对象传回客户端。response 对象也有作用域，它只在 JSP 文件内有效。response 对象的常用方法如表 5-2 所示。

表 5-2　response 对象的常用方法

方法	返回值类型	说明
addHeader(String name,String value)	void	添加 HTTP 文件头，如果有同名的头存在，则覆盖
setHeader(String name,String value)	void	设定指定名称的文件的文件头，如果存在则覆盖
addCookie(Cookie cookie)	void	为客户端添加一个 cookie 对象

续表

方法	返回值类型	说明
sendError(int sc,String msg)	void	向客户端发送错误信息，如“404 网页找不到”
sendRedirect(String location)	void	发送客户端的请求到另一个指定位置
getOutputStream()	ServletOutputStream	获取客户端输出流对象
setBufferSize(int size)	void	设置缓冲区大小

5.7.1　重定向网页

重定向网页

重定向是指通过 sendRedirect()方法将客户端的请求发送到另一个指定的位置进行处理。重定向可以将地址重新定向到不同的主机上，客户端浏览器会得到跳转的地址，并重新发送请求链接，用户可以从浏览器的地址栏中看到跳转后的地址。进行重定向操作后，request 中的属性全部失效，并且进入一个新的 request 对象的作用域。

例如重定向到明日图书网的代码如下。

```
response.sendRedirect("www.mingribook.com");
```

⚠ **注意：** 在 JSP 文件中使用该方法的时候前面不要有 HTML 代码，并且在重定向操作之后紧跟一个 return 语句，因为重定向之后，以上的代码就没有意义了，甚至还可能产生错误。

5.7.2　处理 HTTP 文件头

处理 HTTP 文件头

setHeader()方法通过两个参数——头名称与参数值来设置 HTTP 文件头。例如，设置网页每 5 秒自动刷新一次，代码如下。

```
response.setHeader("refresh","5");
```

例如，设置 2 秒后自动跳转至指定的页面，代码如下。

```
response.setHeader("refresh","2;URL=welcome.jsp");
```

⚠ **注意：** refresh 参数并不是 HTTP 1.1 规范中的标准参数，但 IE 浏览器与 Netscape 浏览器都支持该参数。

设置响应类型的代码如下。

```
response.setContentType("text/html");
```

5.7.3　设置输出缓冲

通常情况下，服务器要输出到客户端的内容不会直接写入客户端，而是先写入一个输出缓冲区，但以下 3 种情况除外。

① JSP 的输出信息已经全部写入缓冲区。

② 缓冲区已满。

③ 在 JSP 文件中调用了 flushbuffer()方法或 out 对象的 flush()方法。

使用 response 对象的 setBufferSize()方法可以设置缓冲区的大小。例如，设置缓冲区的大小为 0KB，即不缓冲。

```
response.setBufferSize(0);
```

还可以使用 isCommitted()方法来检测服务器端是否已经把数据写入客户端。

5.8 session 对象

session 对象

session 对象是由服务器自动创建的与用户请求相关的对象。服务器会为每个用户生成一个 session 对象，用于保存该用户的信息或跟踪用户的操作状态。session 对象内部使用 Map 类来保存数据，因此数据的保存格式为 key/value。session 对象的 value 可以是复杂的数据类型，而不局限于字符串类型。session 对象的常用方法如表 5-3 所示。

表 5-3　session 对象的常用方法

方法	返回值类型	说明
getAttribute(String name)	Object	获取指定名称的属性
getAttributeNames()	Enumeration	获取 session 中的所有属性对象
getCreationTime()	long	获取 session 对象的创建时间
getId()	String	获取 session 对象的唯一编号

5.8.1　创建及获取 session 信息

session 是与请求有关的会话对象，属于 java.servlet.http.HttpSession 对象，用于存储页面的请求信息。session 对象的 setAttribute()方法可用于将信息保存在 session 范围内，而使用 getAttribute()方法可以获取保存在 session 范围内的信息。

setAttribute()方法的语法格式如下。

```
setAttribute(String key,Object obj)
```

① key：保存在 session 范围内的关键字。

② obj：保存在 session 范围内的对象。

getAttribute()方法的语法格式如下。

```
getAtttibute(String key)
```

key：指定要获取的信息的关键字。

【例 5-9】 创建和获取 session 信息。

（1）在 index.jsp 文件中，实现将文字信息保存在 session 范围内。

```
<body>
    <%
        String sessionMessage = "session练习";
        session.setAttribute("message",sessionMessage);
        out.print("保存在 session 范围内的对象为"+sessionMessage);
    %>
</body>
```

运行结果如图 5-14 所示。

保存在session范围内的对象为 session练习

图 5-14　index.jsp 文件的运行结果

（2）在 default.jsp 文件中，实现获取保存在 session 范围内的信息，并显示在页面中。

```
<body>
 <%
     String message = (String)session.getAttribute("message");
     out.print("保存在 session 范围内的值为"+message);
  %>
</body>
```

运行结果如图 5-15 所示。

保存在session范围内的值为 session练习

图 5-15 default.jsp 文件的运行结果

⚠ **注意**：session 在服务器上的存储时间默认为 30 分钟，当客户端停止操作 30 分钟后，session 中存储的信息会自动失效，此时调用 getAttribute()等方法将出现异常。

5.8.2 从 session 中移除指定的绑定对象

对于存储在 session 范围中的对象，如果想将其移除，可以使用 session 对象的 removeAttribute()方法。

该方法的语法格式如下。

```
removeAttribute(String key)
```

key：保存在 session 范围内的关键字。

例如，将保存在 session 范围中的 message 对象移除，代码如下。

```
session.removeAttribute("message");
```

5.8.3 销毁 session

调用 session 对象的 invalidate()方法后，session 对象将被销毁，即不可以再使用 session 对象。

该方法的语法格式如下。

```
session.invalidate();
```

session 对象被销毁后，调用 session 对象的任何其他方法都将抛出 Session already invalidated 异常。

5.8.4 session 超时管理

在应用 session 对象时应该注意 session 的生命周期。一般来说，session 的生命周期为 20～30 分钟。用户首次访问时将产生一个新的 session 对象，之后服务器就会记住这个 session 对象的状态，但当超过 session 对象的生命周期或者服务器端强制使 session 对象失效时，这个 session 对象就不能使用了。开发程序时应该考虑到用户访问网站时可能发生的各种情况，比如用户登录网站后在 session 的有效期外进行相应操作，用户将看到一个错误页面。为了避免这种情况发生，程序开发人员在开发系统时应该对 session 的有效性进行判断。

session 对象提供了设置生命周期的方法，分别介绍如下。

① getLastAccessedTime()：返回客户端最后一次与会话相关联的请求时间。

② getMaxInactiveInterval()：以秒为单位返回一个会话内两个请求的最大时间间隔。

③ setMaxInactiveInterval()：以秒为单位设置当前 session 的最大不活动间隔时间。

例如，通过 setMaxInactiveInterval()方法设置 session 的最大不活动间隔时间为 10000 秒。

```
session.setMaxInactiveInterval(10000);
```

5.8.5 session 对象的应用

session 是较常用的内置对象之一，与 requeset 对象相比其作用范围更广。下面通过实例介绍 session 对象的应用。

【例 5-10】 在 index.jsp 文件中，提供让用户输入用户名的文本框；在 session.jsp 文件中，将用户输入的用户名保存在 session 对象中，并提供让用户输入最喜欢去的地方的文本框；在 result.jsp 文件中，将用户输入的用户名与最喜欢去的地方显示在页面中。

（1）index.jsp 文件的代码如下。

```
<form id="form1" name="form1" method="post" action="session.jsp">
    <div align="center">
  <table width="23%" border="0">
    <tr>
      <td width="36%"><div align="center">您的名字是：</div></td>
      <td width="64%">
        <label>
        <div align="center">
          <input type="text" name="name" />
        </div>
        </label>
        </td>
    </tr>
    <tr>
      <td colspan="2">
        <label>
          <div align="center">
            <input type="submit" name="Submit" value="提交" />
          </div>
        </label>
           </td>
    </tr>
  </table>
</div>
</form>
```

该文件的运行结果如图 5-16 所示。

图 5-16　index.jsp 文件的运行结果

（2）在 session.jsp 文件中，将用户在 index.jsp 文件中输入的用户名信息保存在 session 对象中，并为用户提供用于添加最想去的地方的文本框。代码如下。

```
<%
     String name = request.getParameter("name");     //获取用户填写的用户名信息
     session.setAttribute("name",name);              //将用户名信息保存在 session 对象中
  %>
    <div align="center">
  <form id="form1" name="form1" method="post" action="result.jsp">
    <table width="28%" border="0">
      <tr>
        <td>您的名字是：</td>
        <td><%=name%></td>
```

```
        </tr>
        <tr>
          <td>您最喜欢去的地方是：</td>
          <td><label>
            <input type="text" name="address" />
          </label></td>
        </tr>
        <tr>
          <td colspan="2"><label>
            <div align="center">
              <input type="submit" name="Submit" value="提交" />
              </div>
          </label></td>
        </tr>
      </table>
    </form>
```

session.jsp 文件的运行结果如图 5-17 所示。

您的名字是：	小红
您最喜欢去的地方是：	桂林
提交	

图 5-17　session.jsp 文件的运行结果

（3）在 result.jsp 文件中，实现将用户输入的用户名、最喜欢去的地方显示在页面中。代码如下。

```
<%
    //获取保存在 session 范围内的对象
    String name = (String)session.getAttribute("name");
    String solution = request.getParameter("address");//获取用户输入的最喜欢去的地方
  %>
<form id="form1" name="form1" method="post" action="">
  <table width="28%" border="0">
    <tr>
      <td colspan="2"><div align="center"><strong>显示答案</strong></div></td>
    </tr>
    <tr>
      <td width="49%"><div align="left">您的名字是：</div></td>
      <td width="51%"><label>
        <div align="left"><%=name%></div>  <!-- 将用户输入的用户名显示在页面中 -->
      </label></td>
    </tr>
    <tr>
      <td><label>
        <div align="left">您最喜欢去的地方是：</div>
      </label></td>
     <!-- 将用户输入的最喜欢去的地方显示在页面中 -->
      <td><div align="left"><%=solution%></div></td>
    </tr>
  </table>
</form>
```

result.jsp 文件的运行结果如图 5-18 所示。

显示答案	
您的名字是：	小红
您最喜欢去的地方是：	桂林

图 5-18　result.jsp 文件的运行结果

5.9 application 对象

application 对象

application 对象可将信息保存在服务器中，直到服务器关闭，否则保存的信息对于整个应用一直有效。与 session 对象相比，application 对象的生命周期更长，类似于系统的全局变量。application 对象的常用方法如表 5-4 所示。

表 5-4 application 对象的常用方法

方法	返回值类型	说明
getAttribute(String name)	Object	通过指定的名称返回与之关联的保存在 application 对象中的对象信息
getAttributeNames()	Enumeration	获取所有 application 对象使用的属性名
setAttribute(String name,Object obj)	void	通过指定的名称将一个对象保存在 application 对象中
getMajorVersion()	int	获取服务器支持的 Servlet 版本号
getServerInfo()	String	返回 JSP 引擎的相关信息
removeAttribute(String name)	void	删除 application 对象中指定名称的属性
getRealPath()	String	返回虚拟路径的真实路径
getInitParameter(String name)	String	获取指定名称的 application 对象属性的初始值

5.9.1 访问应用程序初始化参数

application 对象提供了访问应用程序环境属性的方法。例如，通过初始化参数为程序提供连接数据库的 URL、用户名、密码，每个 Servlet 程序和 JSP 文件都可以使用它获取连接数据库的信息。为了实现该目的，Tomcat 使用了 web.xml 文件。

application 对象访问应用程序初始化参数的方法分别介绍如下。

① getInitParameter(String name)：返回一个已命名的参数值。

② getAttributeNames()：返回包含所有已定义的应用程序初始化名称的枚举值。

【例 5-11】 访问应用程序初始化参数。

（1）在 web.xml 文件中通过配置<context-param>元素初始化参数。程序代码如下。

```
<context-param>                <!-- 定义连接数据库的 URL -->
    <param-name>url</param-name>
    <param-value>jdbc:mysql://localhost:3306/db_database15</param-value>
</context-param>
<context-param>                <!-- 定义连接数据库的用户名 -->
    <param-name>name</param-name>
    <param-value>root</param-value>
</context-param>
<context-param>                <!-- 定义连接数据库的密码 -->
    <param-name>password</param-name>
    <param-value>111</param-value>
</context-param>
```

（2）在 index.jsp 文件中访问 web.xml 文件，获取初始化参数。代码如下。

```
<%
  String url = application.getInitParameter("url");
//获取初始化参数，与 web.xml 文件中的内容相对应
```

```
    String name = application.getInitParameter("name");
    String password = application.getInitParameter("password");
    out.println("URL: "+url+"<br>");                          //将信息显示在页面中
    out.println("name: "+name+"<br>");
    out.println("password: "+password+"<br>");
%>
```

index.jsp 文件的运行结果如图 5-19 所示。

```
URL: jdbc:mysql://localhost:3306/db_database15
name: root
password: 111
```

图 5-19　index.jsp 文件的运行结果

5.9.2　管理应用程序环境属性

application 对象也可以设置属性，与 session 对象不同的是，session 对象只在指定的生命周期内有效，一旦超时，session 对象就会被收回；而 application 对象对于整个应用一直有效。application 对象管理应用程序环境属性的方法分别介绍如下。

① getAttributeNames()：获取所有 application 对象使用的属性名。

② getAttribute(String name)：从 application 对象中获取指定的对象名。

③ setAttribute(String key,Object obj)：将指定关键字和指定对象在 application 对象中进行关联。

④ removeAttribute(String name)：从 application 对象中去掉指定名称的属性。

5.10　开发第一个 JSP 程序

本节将介绍一个简单的 JSP 程序的开发过程，让读者对 JSP 程序的开发流程有一个基本的认识。该 JSP 程序将在浏览器中输出“你好，这是我的第一个 JSP 程序”，以及当前时间。

5.10.1　编写 JSP 程序

【例 5-12】 跟随向导创建一个简单的 JSP 程序。

（1）启动 Eclipse，选择一个工作空间，进入 Eclipse 的工作台界面。

（2）在菜单栏中选择 File→New→Dynamic Web Project 命令，打开新建动态 Web 项目的窗口，在该窗口的 Project name 文本框中输入项目名称，这里输入 Shop；在 Target runtime 下拉列表中选择已经配置好的 Tomcat 服务器（这里为 Apache Tomcat v9.0）；在 Dynamic web module version 下拉列表中选择 4.0，其他设置保持默认，如图 5-20 所示。

（3）单击 Next 按钮，打开配置 Java 应用的界面（这里采用默认设置），直接单击 Next 按钮，打开图 5-21 所示的配置 Web 模块的界面，勾选 Generate web.xml deployment descriptor 复选框，创建 web.xml 文件。

说明： 在图 5-21 中，如果采用默认设置，新创建的项目将不自动创建 web.xml 文件。

（4）单击 Finish 按钮，完成 Shop 项目的创建。这时，Eclipse 的 Page Explorer 中将显示新创建的项目。

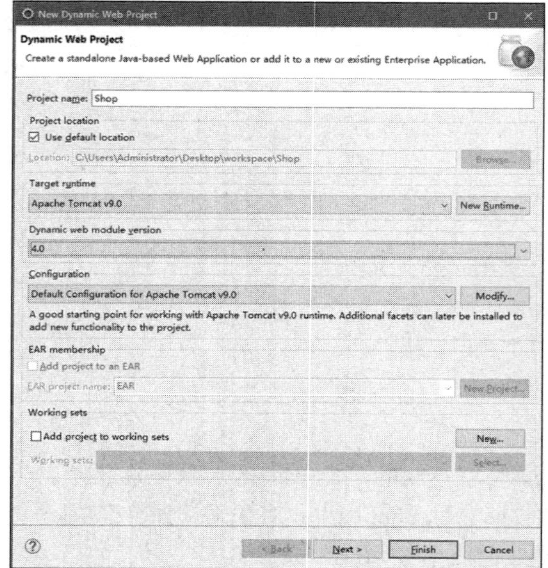

图 5-20　新建动态 Web 项目的窗口

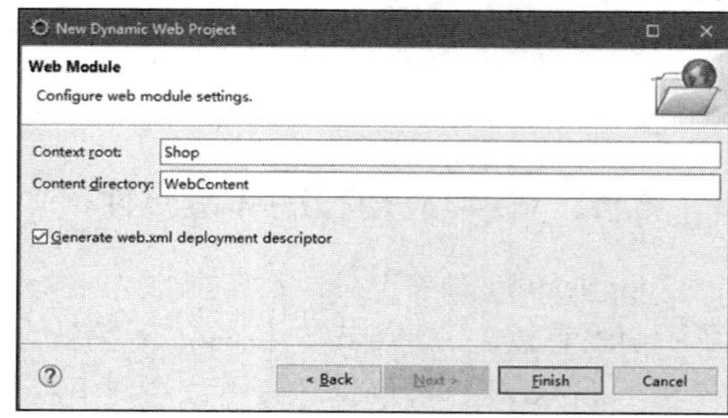

图 5-21　配置 Web 模块的界面

（5）在 Page Explorer 中，选中项目节点下的 WebContent 节点，单击鼠标右键，在弹出的快捷菜单中选择 New→Other 命令，打开 Select a wizard 窗口，在该窗口的 Wizards 文本框中输入 jsp，按 Enter 键，选择 JSP File 节点，如图 5-22 所示。

（6）此时，打开项目资源管理器中的 WebContent 节点，可看到一个名称为 index.jsp 的节点（见图 5-23），同时，Eclipse 会自动以默认的与 JSP 文件关联的编辑器将文件在右侧的编辑窗口中打开。单击 Finish 按钮，完成 JSP 文件的创建。

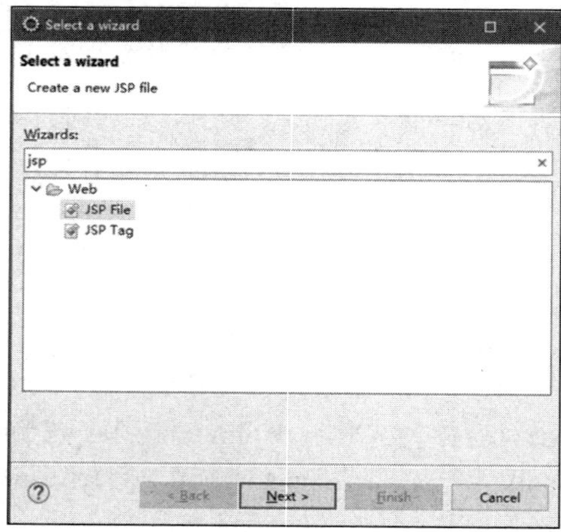

图 5-22　Select a wizard 对话框

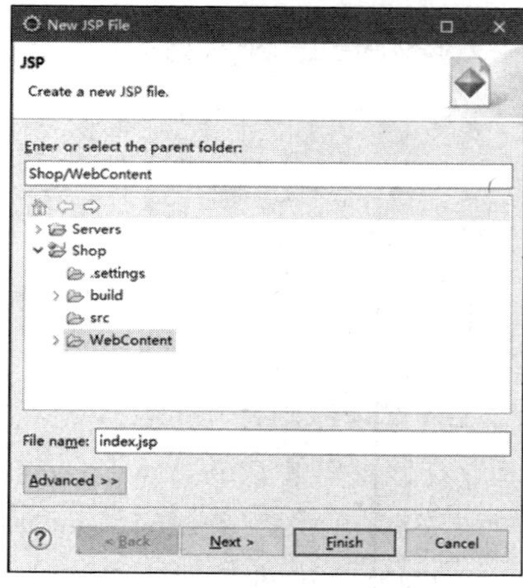

图 5-23　New JSP File 窗口

（7）将 index.jsp 文件中的默认代码修改为以下代码，并保存该文件。

```
<%@ page language="java" contentType="text/html; charset=UTF-8"
    pageEncoding="UTF-8"%>
<!DOCTYPE html PUBLIC "-//W3C//DTD HTML 4.01 Transitional//EN" "http://www.w3.org/TR/html4/loose.dtd">
<html>
<head>
<meta http-equiv="Content-Type" content="text/html; charset=UTF-8">
```

```
<META HTTP-EQUIV="Refresh" CONTENT="0;URL=time.jsp">
</head>
<body>
<center>
    <p>页面加载中……</p>
</center>
</body>
</html>
```

（8）按照上述步骤创建 time.jsp 文件，要修改的代码如下。

```
<%@ page language="java" contentType="text/html; charset=UTF-8"
    pageEncoding="UTF-8" import="java.util.Date"%>
<!DOCTYPE HTML>
<html>
<head>
<meta charset="utf-8">
<title>开发第一个 JSP 网站</title>
</head>
<body>
    你好，这是我的第一个 JSP 程序<br>
    现在时间是：<%=new Date().toLocaleString() %>
</body>
</html>
```

在这段代码中，我们设置页面的编码格式为 UTF-8，并且添加了当前时间作为网页的动态内容，以演示它与 HTML 静态页面的不同。

5.10.2 运行 JSP 程序

完成 JSP 程序的编写后，还需要在浏览器中查看程序的运行结果。运行 JSP 程序需要服务器的支持，之前已经介绍了如何配置服务器，下面将介绍如何应用配置好的 Tomcat 服务器运行 JSP 程序。

（1）在 Package Explorer 中选择项目节点，在工具栏上单击右侧的下拉按钮，在弹出的下拉列表中选择 Run As→Run On Server 选项，打开 Run on Server 窗口，在该窗口中勾选 Always use this server when running this project 复选框，其他设置保持默认，如图 5-24 所示。

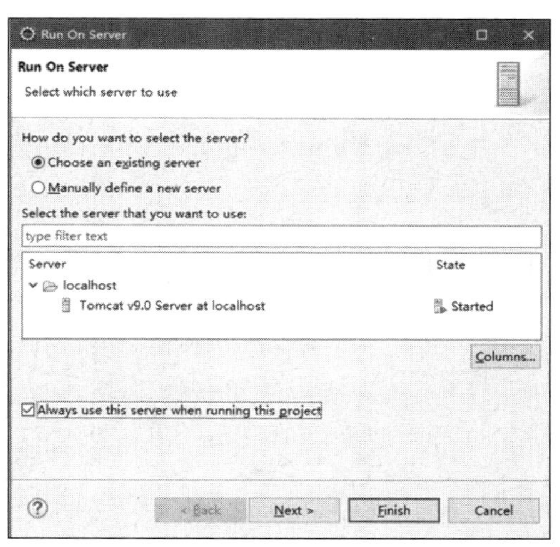

图 5-24 Run on Server 窗口

（2）单击 Finish 按钮，即可通过 Tomcat 服务器运行该项目。运行结果如图 5-25 所示。

图 5-25 JSP 程序在 IE 浏览器中的运行结果

5.11 AIGC 辅助编程——JSP 进行 URL 重定向

URL 重定向是一种 Web 开发技术，它允许服务器指示客户端浏览器加载另一个 URL。在 JSP 中，进行 URL 重定向通常涉及使用 response 对象的 sendRedirect()方法。关于 JSP

如何进行 URL 重定向，可以通过 AIGC 工具来辅助学习。

【问题】

JSP 如何进行 URL 重定向？

【AIGC 建议】

在 JSP 中进行 URL 重定向通常使用 response.sendRedirect()方法。以下是在 JSP 页面中实现 URL 重定向的步骤。

（1）获取 HttpServletResponse 对象：在 JSP 中，可以通过内置对象 response 来访问 HttpServletResponse 对象。

（2）调用 sendRedirect()方法：使用 response 对象的 sendRedirect()方法指定要重定向到的 URL。

（3）处理异常：由于 sendRedirect()方法可能会抛出 IOException，因此需要进行异常处理。

以下是一个示例，展示了如何在 JSP 页面中进行 URL 重定向。

```
<%@ page language="java" contentType="text/html; charset=UTF-8"
pageEncoding="UTF-8"%>
<!DOCTYPE html>
<html>
<head>
    <meta charset="UTF-8">
    <title>URL Redirect Example</title>
</head>
<body>
    <%
        //设置重定向的目标 URL
        String targetUrl = "http://www.example.com";

        try {
            //执行重定向
            response.sendRedirect(targetUrl);
        } catch (IOException e) {
            e.printStackTrace();
            //处理异常，例如记录日志或返回错误页面
        }
    %>
</body>
</html>
```

在这个示例中，当客户端请求这个 JSP 页面时，服务器会将客户端重定向到 http://www.example.com。

需要注意的是，sendRedirect()方法会向客户端发送一个 HTTP 状态码为 302 的响应，并在响应头中包含一个 Location 字段，指示客户端应访问的新 URL。这意味着客户端浏览器会发起一个新的请求到指定的 URL。

本章小结

本章带领读者了解了 JSP 的基本构成，并介绍了构成 JSP 文件的各个部分——指令标签、HTML 代码、Java 代码、注释和 JSP 动作标签（其中 HTML 代码不在本书讲解范围内，没有详细介绍）。通过本章的学习，读者应该对 JSP 的内容结构有所了解，并能使用本章介绍的 JSP 内置对象开发完整的 JSP 应用程序。

上机指导

上机指导

创建 JSP 程序，实现用户登录验证的功能：如果用户输入正确的账号、密码，则提示问候语句；如果用户输入错误的账号、密码，则提示账号密码有误。

开发步骤如下。

（1）在 Eclipse 中创建 Java Web 项目，命名为 UserLoginTest。

（2）在项目的 WebContent 文件夹下创建 index.jsp 文件，文件代码如下。

```
<%@ page language="java" contentType="text/html; charset=UTF-8"
    pageEncoding="UTF-8"%>
<%
    String str = request.getParameter("username");
    String pwd = request.getParameter("pwd");
    if(null!=str){
        if(str.equals("tom")&&pwd.equals("123")){
            out.println("您好，tom！");
        }else{
            out.println("您输入的账号密码有误，请重新输入！");
        }
    }
%>
<html>
<head>
<meta http-equiv="Content-Type" content="text/html; charset=UTF-8">
<title>Insert title here</title>
</head>
<body>
    <form action="index.jsp" method="post">
        账号：<input type="text" name="username" /> <br/>
        密码：<input type="password" name="pwd" /> <br/>
        <input type="submit" value="登录" />
    </form>
</body>
</html>
```

（3）在 Tomcat 服务器中部署此项目，并在浏览器中查看运行结果。效果分别如图 5-26 和图 5-27 所示。

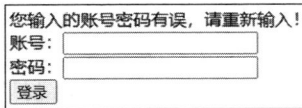

您输入的账号密码有误，请重新输入！
账号：
密码：
登录

图 5-26　输入错误的账号和密码弹出的提示

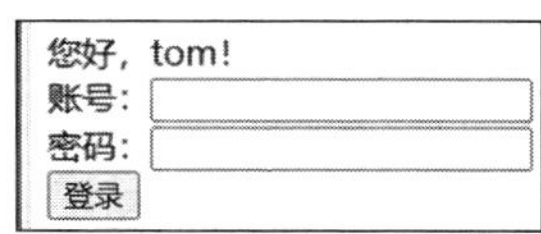

图 5-27　输入正确的账号和密码弹出的提示

习题

1. 什么是 JSP？
2. JSP 有哪些指令标签？
3. 如何在 JSP 中运行 Java 程序？
4. 什么是 request 对象？什么是 response 对象？什么是 session 对象？什么是 application 对象？这些对象有哪些共同点和不同点？

第6章 Servlet 技术

本章要点

- 了解 Servlet 在 Servlet 容器中的生命周期
- 了解 Servlet 技术特点
- 掌握 Servlet 的创建与配置方法
- 了解 Servlet 编程的常用接口与类
- 理解 Servlet 过滤器的实现原理
- 了解过滤器 API
- 掌握 Servlet 过滤器的创建与配置方法
- 了解 Servlet 过滤器的典型应用

Servlet 是 Java 应用到 Web 服务器的扩展技术，它的产生为 Java Web 开发奠定了基础。随着 Web 开发技术的不断发展，Servlet 也在不断发展与完善，并凭借安全、跨平台等诸多优点深受广大 Java 编程人员的青睐。本章将以理论与实践相结合的方式系统讲解 Servlet 技术。

6.1 Servlet 基础

Servlet 是使用 Java Servlet 应用程序接口（Application Program Interface，API）运行在 Web 应用程序服务器上的 Java 程序。与普通 Java 程序不同，它是位于 Web 服务器内部的服务器端的 Java 程序，可以对 Web 浏览器或其他 HTTP 客户端程序发送的请求进行处理。

6.1.1 Servlet 与 Servlet 容器

Servlet 与 Servlet 容器

Servlet 对象与普通的 Java 对象不同，它可以处理 Web 浏览器或其他 HTTP 客户端程序发送的 HTTP 请求，但前提是把 Servlet 对象布置到 Servlet 容器中，也就是说，其运行需要 Servlet 容器的支持。

通常情况下，由 Servlet 容器（也就是 Web 容器，如 Tomcat、JBoss、Resin、WebLogic 等）对 Servlet 进行控制。当一个客户端发送 HTTP 请求时，由容器加载 Servlet 对其进行处理并做出响应。

Servlet 与 Servlet 容器的关系是非常密切的，在 Servlet 容器中 Servlet 主要经历了 4 个阶段，实质上是 Servlet 生命周期的 4 个阶段，由 Servlet 容器进行管理，如图 6-1 所示。

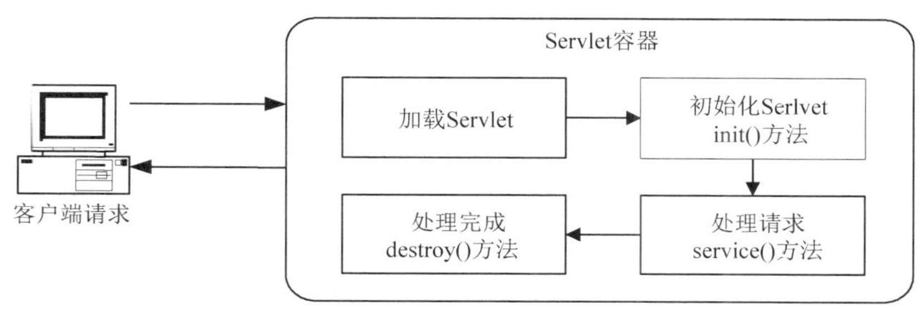

图 6-1 Servlet 的 4 个阶段

（1）在 Servlet 容器启动或客户端发送第一次请求时，容器将加载 Servlet 类并将其放入 Servlet 实例池。

（2）当 Servlet 实例化后，Servlet 容器将调用 Servlet 对象的 init()方法完成对 Servlet 的初始化操作。

（3）Servlet 容器通过 Servlet 的 service()方法处理客户端请求。在 service()方法中，Servlet 实例根据不同的 HTTP 请求类型做出不同处理，并在处理之后做出相应的响应。

（4）在 Servlet 容器关闭时，Servlet 容器调用 Servlet 对象的 destroy()方法对资源进行释放。调用此方法后，Servlet 对象将被垃圾回收器回收。

6.1.2 Servlet 技术特点

Servlet 技术特点

Servlet 采用 Java 编写，继承了 Java 的诸多优点，同时对 Java 的 Web 应用进行了扩展。Servlet 具有以下特点。

1．方便、实用的 API 方法

Servlet 对象对 Web 应用进行了封装，为 HTTP 请求提供了丰富的 API 方法，它可以完成处理表单提交数据、跟踪会话、读取和设置 HTTP 头信息等操作。

2．高效的处理方式

Servlet 的一个实例对象可以处理多个线程的请求。当多个客户端请求一个 Servlet 对象时，Servlet 会为每个请求分配一个线程，而提供服务的 Servlet 对象只有一个，因此我们说 Servlet 的多线程处理方式是非常高效的。

3．跨平台

Servlet 采用 Java 编写，因此它继承了 Java 的跨平台性，已编写好的 Servlet 对象可运行在多种平台中。

4．更加灵活，扩展了 API

Servlet 与 Java 平台的关系密切，它可以访问 Java 平台丰富的类库；同时由于它采用 Java 编写，拥有支持封装、继承等的优点，所以其更灵活；此外，在编写过程中，它还对 API 进行了适当扩展。

5．安全性

Servlet 采用 Java 的安全框架，同时 Servlet 容器还为 Servlet 提供了额外的功能，所以其安全性是非常高的。

6.1.3 Servlet 代码结构

Servlet 代码结构

在 Java 中，Servlet 通常是指 HttpServlet 对象，声明的 Servlet 对象需要继承 HttpServlet 类。HttpServlet 是 Servlet API 的一个实现类，Servlet 对象继承此类后，可以重写 HttpServlet 类中的方法，以便对 HTTP 请求进行处理。其代码结构如下。

```
import java.io.IOException;
import javax.servlet.ServletException;
import javax.servlet.http.HttpServlet;
import javax.servlet.http.HttpServletRequest;
import javax.servlet.http.HttpServletResponse;
public class TestServlet extends HttpServlet {
    //初始化方法
    public void init() throws ServletException {
    }
    //处理 HTTP GET 请求
    public void doGet(HttpServletRequest request, HttpServletResponse response)
            throws ServletException, IOException {
    }
    //处理 HTTP POST 请求
    public void doPost(HttpServletRequest request, HttpServletResponse response)
            throws ServletException, IOException {
    }
    //处理 HTTP PUT 请求
    public void doPut(HttpServletRequest request, HttpServletResponse response)
            throws ServletException, IOException {
    }
    //处理 HTTP DELETE 请求
    public void doDelete(HttpServletRequest request,
            HttpServletResponse response) throws ServletException, IOException {
    }
    //销毁方法
    public void destroy() {
        super.destroy();
    }
}
```

上述代码便是一个 Servlet 对象的代码结构，TestServlet 类通过继承 HttpServlet 类被声明为一个 Servlet 对象。TestServlet 类中包含 6 个方法，其中 init()方法与 destroy()方法分别用于初始化 Servlet 对象与结束 Servlet 对象的生命周期，其余 4 个方法用于处理不同的 HTTP 请求，其作用如注释所示。

Servlet 对象最常用的方法是 doGet()与 doPost()方法，这两个方法分别用于处理 HTTP 的 GET 与 POST 请求。例如，<form>表单对象所声明的 method 属性为 POST，当其提交到 Servlet 对象进行处理时，Servlet 对象将调用 doPost()方法进行处理。

6.1.4 简单的 Servlet 程序

在编写 Servlet 时，不必重写 HttpServlet 类的所有方法，重写请求所使用的方法即可。例如，处理 GET 请求重写 doGet()方法，在此方法中编写业务逻辑代码即可。

【例 6-1】 创建简单的 Servlet 程序。

```
public class SimpleServlet extends HttpServlet {
    public void doGet(HttpServletRequest request, HttpServletResponse response)
            throws ServletException, IOException {
```

```
        response.setContentType("text/html");
        PrintWriter out = response.getWriter();
        out.println("This is a Servlet.");
    }
}
```

SimpleServlet 类是一个 Servlet 对象，继承 HttpServlet 类。本例重写 doGet()方法，实现通过 PrintWriter 对象在页面中输出一句话，运行效果如图 6-2 所示。

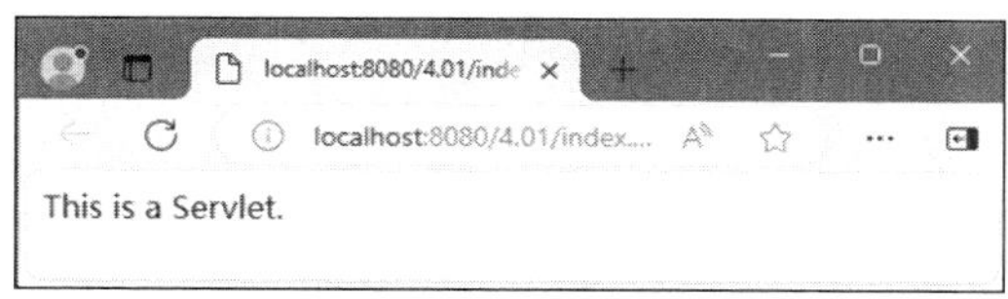

图 6-2　一个简单的 Servlet 程序

6.2 Servlet 开发

Servlet 开发

在 Java Web 应用开发中，Servlet 具有重要地位。本节将对 Servlet 的创建及配置方法进行详细的讲解。

6.2.1　Servlet 的创建

Servlet 的创建十分简单，主要有两种方法。第一种方法为创建一个普通的 Java 类，使这个类继承 HttpServlet 类，再通过配置 web.xml 文件注册 Servlet 对象，此方法操作比较烦琐，在快速开发中通常不被采纳。第二种方法为直接通过 IDE 工具进行创建。

使用 IDE 工具创建 Servlet 比较简单，适合初学者。本小节以 Eclipse 开发工具为例介绍 Servlet 的创建方法。

（1）创建一个动态 Web 项目，然后在资源管理器中选择新建的项目节点，单击鼠标右键，在弹出的快捷菜单中选择“新建→Servlet”命令，打开 Create Servlet 窗口，在该窗口的 Java package 文本框中输入 com.mingrisoft，在 Class name 文本框中输入 FirstServlet，其他设置保持默认，如图 6-3 所示。

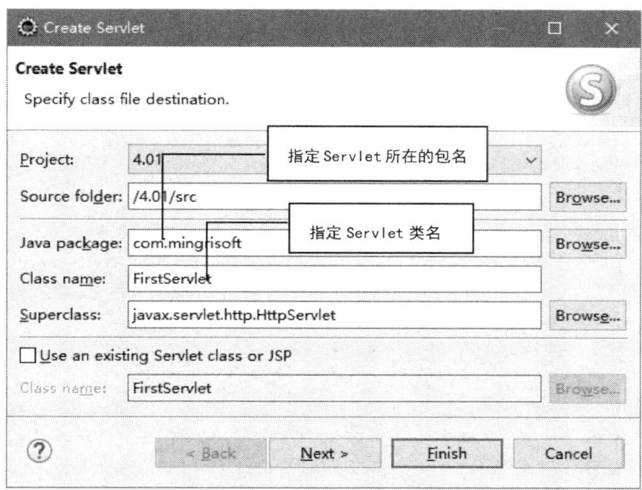

图 6-3　Create Servlet 窗口

（2）单击 Next 按钮，进入图 6-4 所示的配置 Servlet 部署描述信息的界面，在该界面中保持默认设置。

> **说明**：在 Servlet 开发中，如果需要配置 Servlet 的相关信息，如描述信息、初始化参数、URL 映射，可以在图 6-4 所示的界面中进行配置。其中，描述信息是指对 Servlet 的一段描述文字；初始化参数是指在 Servlet 初始化过程中用到的参数，这些参数可以由 Servlet 的 init()方法进行调用；URL 映射是指访问 Servlet 的 URL 地址。

（3）单击 Next 按钮，进入图 6-5 所示的用于选择修饰符、实现接口和要生成的方法的界面。在该界面中，修饰符和接口设置保持默认，勾选 Constructors from superclass、Inherited abstract methods、doGet 和 doPost 复选框，单击 Finish 按钮，完成 Servlet 的创建。

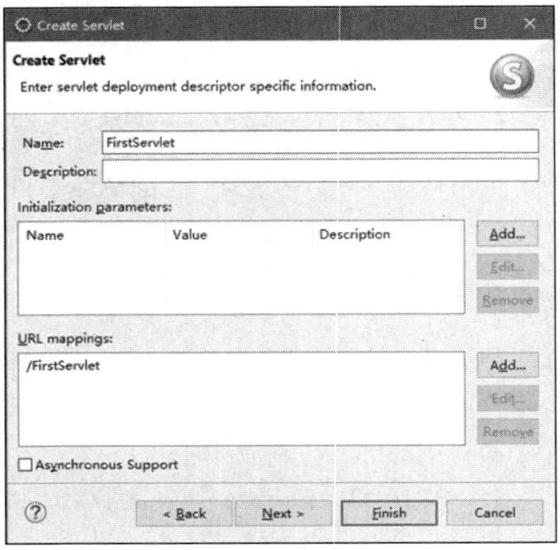

图 6-4　配置 Servlet 部署描述信息

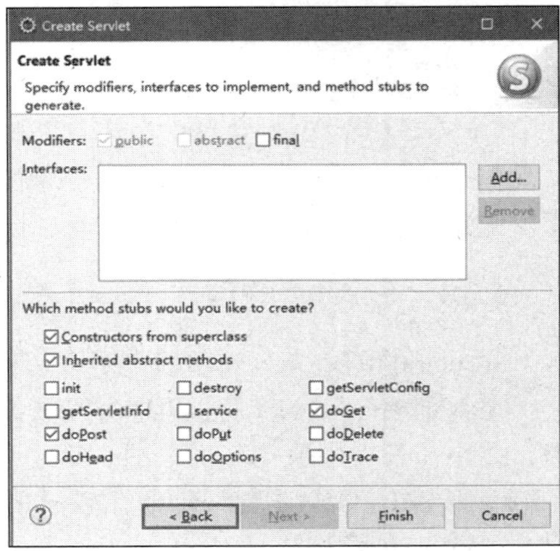

图 6-5　选择修饰符、实现接口和要生成的方法

> **说明**：勾选 doPost 与 doGet 复选框的作用是让 Eclipse 自动生成 doGet()与 doPost()方法。在实际应用中可以勾选多个方法。

Servlet 创建完成后，Eclipse 将自动打开对应文件。创建的 Servlet 类的代码如下。

```
package com.mingrisoft;
import java.io.IOException;
import javax.servlet.ServletException;
import javax.servlet.annotation.WebServlet;
import javax.servlet.http.HttpServlet;
import javax.servlet.http.HttpServletRequest;
import javax.servlet.http.HttpServletResponse;
/**
 * Servlet 实现类 FirstServlet
 */
@WebServlet("/FirstServlet")
public class FirstServlet extends HttpServlet {
    private static final long serialVersionUID = 1L;
   /**
    * @see HttpServlet#HttpServlet()
    * 构造方法
    */
     public FirstServlet() {
       super();
```

```
        }
        protected void doGet(HttpServletRequest request, HttpServletResponse response)
throws ServletException, IOException {
            //业务处理
        }
        protected void doPost(HttpServletRequest request, HttpServletResponse response)
throws ServletException, IOException {
            //业务处理
        }
    }
```

说明：上面代码中加粗的部分为 Servlet 3 新增的方法，通过注解来配置 Servlet 的代码。通过该句代码进行配置以后，就不需要在 web.xml 文件中进行配置了。

使用 IDE 工具创建 Servlet 非常简单，本例使用的是 Eclipse 开发工具。其他开发工具的操作步骤大同小异，按提示操作即可。

6.2.2 Servlet 的配置

要使 Servlet 对象正常地运行，需要进行适当的配置。Servlet 的配置包含在 web.xml 文件中，主要通过以下两步进行设置。

1．声明 Servlet 对象

在 web.xml 文件中，通过<servlet>标签声明 Servlet 对象。此标签包含两个主要子元素，分别为<servlet-name>与<servlet-class>。其中，<servlet-name>元素用于指定 Servlet 的名称，此名称可以为自定义的名称；<servlet-class>元素用于指定 Servlet 对象的完整位置，包含 Servlet 对象的包名与类名。其声明语句如下。

```
<servlet>
    <servlet-name>SimpleServlet</servlet-name>
    <servlet-class>com.lyq.SimpleServlet</servlet-class>
</servlet>
```

2．映射 Servlet

在 web.xml 文件中声明了 Servlet 对象后，需要映射访问 Servlet 的 URL 地址，使用<servlet-mapping>标签进行配置。<servlet-mapping>标签包含两个子元素，分别为<servlet-name>与<url-pattern>。其中，<servlet-name>元素与<servlet>标签中的<servlet-name>元素相对应，不可以随意命名。<url-pattern>元素用于映射访问 Servlet 的 URL 地址。其配置方法如下。

```
<servlet-mapping>
    <servlet-name>SimpleServlet</servlet-name>
    <url-pattern>/SimpleServlet</url-pattern>
</servlet-mapping>
```

【例 6-2】 Servlet 的创建与配置。

（1）创建名为 MyServlet 的 Servlet 对象，它继承 HttpServlet 类，重写 doGet()方法，用于处理 HTTP 的 GET 请求，并通过 PrintWriter 对象进行简单输出。其关键代码如下。

```
public class MyServlet extends HttpServlet {
    public void doGet(HttpServletRequest request, HttpServletResponse response)
            throws ServletException, IOException {
        response.setContentType("text/html");
        response.setCharacterEncoding("GBK");
        PrintWriter out = response.getWriter();
```

```
        out.println("<HTML>");
        out.println("  <HEAD><TITLE>Servlet 实例</TITLE></HEAD>");
        out.println("  <BODY>");
        out.print("    Servlet 实例: ");
        out.print(this.getClass());
        out.println("  </BODY>");
        out.println("</HTML>");
        out.flush();
        out.close();
    }
}
```

（2）在 web.xml 文件中对 MyServlet 进行配置，其中访问 URL 的相对路径为/servlet/MyServlet。其关键代码如下。

```
<servlet>
    <servlet-name>MyServlet</servlet-name>
    <servlet-class>com.lyq.MyServlet</servlet-class>
</servlet>
<servlet-mapping>
    <servlet-name>MyServlet</servlet-name>
    <url-pattern>/servlet/MyServlet</url-pattern>
</servlet-mapping>
```

实例运行结果如图 6-6 所示。

图 6-6　实例运行结果

说明：目前，我国的 AI 大模型工具提供商大多提供了代码助手工具，比如百度的文心快码、腾讯的腾讯云 AI 代码助手、阿里巴巴的通义灵码等，在开发工具中使用这些代码助手工具，可以让我们更加有效地编写代码，提高开发效率，如图 6-7 所示。

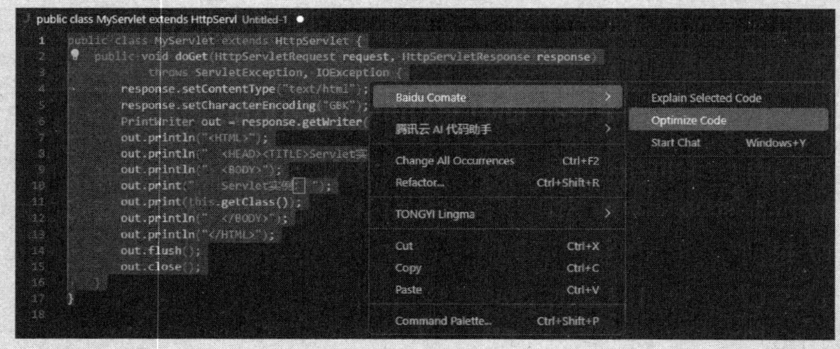

图 6-7　在开发工具中使用代码助手工具提高开发效率

6.3 Servlet 编程常用的接口和类

Servlet 是运行在服务器端的 Java 应用程序，由 Servlet 容器对其进行管理。当客户端对容器发送 HTTP 请求时，容器将通知相应的 Servlet 对象进行处理，完成用户与程序之间的交互。在 Servlet 编程中，Servlet API 提供了标准的接口与类，为 HTTP 请求与程序响应提供了丰富的方法。

6.3.1 Servlet 接口

Servlet 接口

Servlet 的运行需要 Servlet 容器的支持，Servlet 容器通过调用 Servlet 对象提供的标准 API 对请求进行处理。在 Servlet 开发中，所有 Servlet 对象都要直接或间接地实现 javax.servlet.Servlet 接口，此接口包含 5 个方法，具体说明如表 6-1 所示。

表 6-1 Servlet 接口中的方法及说明

方法	说明
public void init(ServletConfig config)	用于完成对象的初始化工作
public void service(ServletRequest request, ServletResponse response)	用于处理客户端发送的请求
public void destroy()	用于释放资源
public ServletConfig getServletConfig()	用于获取 Servlet 对象的配置信息，返回 ServletConfig 对象
public String getServletInfo()	用于返回有关 Servlet 对象的信息，返回结果是纯文本格式的字符串

6.3.2 ServletConfig 接口

ServletConfig 接口

ServletConfig 接口位于 javax.servlet 包中，它封装了 Servlet 对象的配置信息，在 Servlet 对象的初始化阶段使用。每个 Servlet 对象有且只有一个 ServletConfig 接口，此接口定义了 4 个方法，具体说明如表 6-2 所示。

表 6-2 ServletConfig 接口中的方法及说明

方法	说明
public String getInitParameter(String name)	用于返回字符串类型的名称为 name 的初始化参数值
public Enumeration getInitParameterNames()	用于获取包含所有初始化参数名称的枚举值的集合
public ServletContext getServletContext()	用于获取 Servlet 的上下文对象
public String getServletName()	用于返回 Servlet 对象的实例名

6.3.3 HttpServletRequest 接口

HttpServletRequest 接口

HttpServletRequest 接口位于 javax.servlet.http 包中，继承 javax.servlet.ServletRequest 接口，是 Servlet 的重要对象，在开发过程中较为常用，其常用方法及说明如表 6-3 所示。

表 6-3 HttpServletRequest 接口的常用方法及说明

方法	说明
public String getContextPath()	用于返回请求的上下文路径，此路径以“/”开头
public Cookie[] getCookies()	用于返回请求中的所有 cookie 对象，返回值为 cookie 数组
public String getMethod()	用于返回请求的 HTTP 类型，如 GET、POST 等
public String getQueryString()	用于返回请求中参数的字符串形式
public String getRequestURI()	用于返回请求行中资源名称部分，即 URL 中主机名端号之后和参数部分之前的内容，不包含协议、主机名、端口号等信息

续表

方法	说明
public StringBuffer getRequestURL()	用于返回完整的请求 URL，包括协议、主机号、端口号、资源路径等，但不包含查询字符串及其参数部分
public String getServletPath()	用于返回请求 URI 中的 Servlet 路径的字符串，不包含请求中的参数信息
public HttpSession getSession()	用于返回与请求关联的 HttpSession 对象

【例 6-3】 HttpServletRequest 接口的使用。

（1）创建名为 MyServlet 的类（继承 HttpServlet），并重写 doGet()或 doPost()方法，在 doGet()或 doPost()方法中通过 PrintWriter 对象向页面输出调用 HttpServletRequest 接口方法所获取的值。其关键代码如下。

```
public class MyServlet extends HttpServlet {
    public void doGet(HttpServletRequest request, HttpServletResponse response)
            throws ServletException, IOException {
        response.setContentType("text/html");
        response.setCharacterEncoding("GBK");
        PrintWriter out = response.getWriter();
        out.print("<p>上下文路径: " + request.getServletPath() + "</p>");
        out.print("<p>HTTP 请求类型: " + request.getMethod() + "</p>");
        out.print("<p>请求参数: " + request.getQueryString() + "</p>");
        out.print("<p>请求 URI: " + request.getRequestURI() + "</p>");
        out.print("<p>请求 URL: " + request.getRequestURL().toString() + "</p>");
        out.print("<p>请求 Servlet 路径: " + request.getServletPath() + "</p>");
        out.flush();
        out.close();
    }
}
```

（2）在 web.xml 文件中对 MyServlet 类进行配置。其关键代码如下。

```
<servlet>
    <servlet-name>MyServlet</servlet-name>
    <servlet-class>com.lyq.MyServlet</servlet-class>
</servlet>
<servlet-mapping>
    <servlet-name>MyServlet</servlet-name>
    <url-pattern>/servlet/MyServlet</url-pattern>
</servlet-mapping>
```

在浏览器地址栏中输入 http://localhost:8080/6.03/servlet/MyServlet?action=test，按 Enter 键，页面效果如图 6-8 所示。

图 6-8　页面效果

6.3.4　HttpServletResponse 接口

HttpServletResponse 接口

HttpServletResponse 接口位于 javax.servlet.http 包中，继承 javax.servlet.

ServletResponse 接口，其常用方法及说明如表 6-4 所示。

表 6-4　HttpServletResponse 接口的常用方法及说明

方法	说明
public void addCookie(Cookie cookie)	向客户端写入 cookie 信息
public void sendError(int sc)	发送状态码为 sc 的错误响应到客户端
public void sendError(int sc, String msg)	发送一个包含错误状态码及错误信息的响应到客户端，参数 sc 表示错误状态码，参数 msg 表示错误信息
public void sendRedirect(String location)	使用客户端重定向到新的 URL 地址，参数 location 表示新的 URL 地址

【例 6-4】 在程序开发过程中，经常会遇到异常。本实例使用 HttpServletResponse 接口向客户端发送错误信息。

创建一个名称为 MyServlet 的 Servlet 对象，在 doGet()方法中创建一个开发过程中可能出现的异常，并将其通过 thorw 关键字抛出。关键代码如下。

```
public class MyServlet extends HttpServlet {
    public void doGet(HttpServletRequest request, HttpServletResponse response)
            throws ServletException, IOException {
        try {
            //创建一个异常
            throw new Exception("数据库连接失败");
        } catch (Exception e) {
            response.sendError(500, e.getMessage());
        }
    }
}
```

程序中的异常通过 catch()方法捕获，使用 HttpServletResponse 对象的 sendError()方法向客户端发送错误信息，实例运行结果如图 6-9 所示。

图 6-9　实例运行结果

6.3.5　GenericServlet 类

在编写 Servlet 对象时，必须实现 javax.servlet.Servlet 接口，但 Servlet 接口中共有 5 个方法，也就是说创建一个 Servlet 对象必须实现这 5 个方法，操作起来非常不方便。javax.servlet.GenericServlet 类简化了此操作。

GenericServlet 类

```
public abstract class GenericServlet
        extends Object
        implements Servlet, ServletConfig, Serializable
```

GenericServlet 类是一个抽象类，分别实现了 Servlet 接口与 ServletConfig 接口。此类实现了除 service()之外的其他方法，在创建 Servlet 对象时，可以继承 GenericServlet 类的方法来简化程序代码。

6.3.6 HttpServlet 类

HttpServlet 类

GenericServlet 类实现了 javax.servlet.Servlet 接口，让程序开发更方便。但在实际开发过程中，大多数程序都是使用 Servlet 处理 HTTP 的请求，并对请求做出响应，所以通过继承 GenericServlet 类进行处理仍然不是很理想。javax.servlet.http.HttpServlet 类对 GenericServlet 类进行了扩展，为 HTTP 请求的处理提供了灵活的方法。

```
public abstract class HttpServlet
    extends GenericServlet implements Serializable
```

HttpServlet 类也是一个抽象类，它实现了 service()方法，并针对 HTTP 1.1 中定义的 7 种请求类型提供了相应的方法——doGet()方法、doPost()方法、doPut()方法、doDelete()方法、doHead()方法、doTrace()方法、doOptions()方法。在这 7 个方法中，除了 doTrace()方法与 doOptions()方法外，HttpServlet 类并没有对其他方法进行实现，需要开发人员在使用过程中根据实际需要对其进行重写。

HttpServlet类继承GenericServlet类，并对其进行了扩展，可以很方便地对 HTTP 请求进行处理与响应。该类与 GenericServlet 类、Servlet 接口的关系如图 6-10 所示。

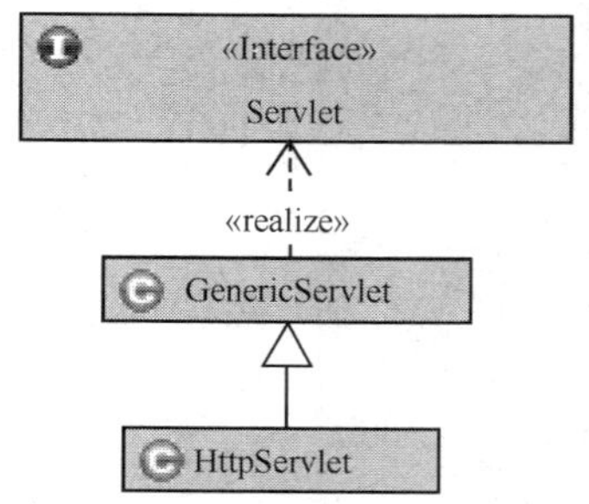

图 6-10 HttpServlet 类与 GenericServlet 类、Servlet 接口的关系

6.4 Servlet 过滤器

过滤器是 Web 程序中的可重用组件，在 Servlet 2.3 规范中被引入，应用十分广泛。本节将介绍 Servlet 过滤器的结构体系及其在 Web 项目中的应用。

6.4.1 过滤器概述

过滤器概述

Servlet 过滤器是客户端与目标资源的中间层组件，用于拦截客户端的请求与响应信息，其结构如图 6-11 所示。当 Web 容器接收到客户端请求时，将判断此请求是否与过滤器对象相关联，如果相关联，则将这一请求交给过滤器进行处理。在处理过程中，过滤器可以对请求进行操作，如更改请求中的信息数据等。过滤器处理完成之后，再将这一请求交给其他业务进行处理。而当所有业务处理完成，需要对客户端做出响应时，容器又将响应交给过滤器进行处理，过滤器处理完成后再将响应发送到客户端。

Web 容器中可以放置多个过滤器，如字符编码过滤器、身份验证过滤器等，Web 容器对多个过滤器的处理方式如图 6-12 所示。

容器首先将客户端请求交给第一个过滤器处理，处理完成之后交给下一个过滤器处理，以此类推，直到最后一个过滤器处理完毕。当需要对客户端做出响应时，将按照相反的方向对响应进行处理，直到第一个过滤器处理完毕，最后才发送到客户端。

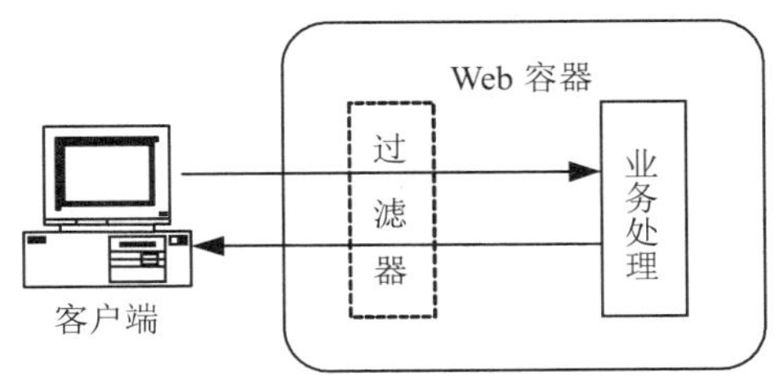

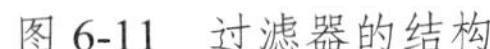
图 6-11　过滤器的结构

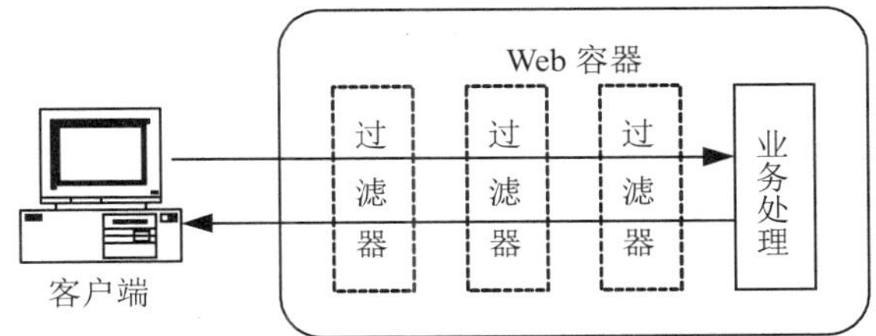

图 6-12　Web 容器对多个过滤器的处理方式

6.4.2　过滤器 API

过滤器与 Servlet 非常相似，主要通过 3 个核心接口进行操作，分别为 Filter 接口、FilterChain 接口与 FilterConfig 接口。

过滤器 API

1．Filter 接口

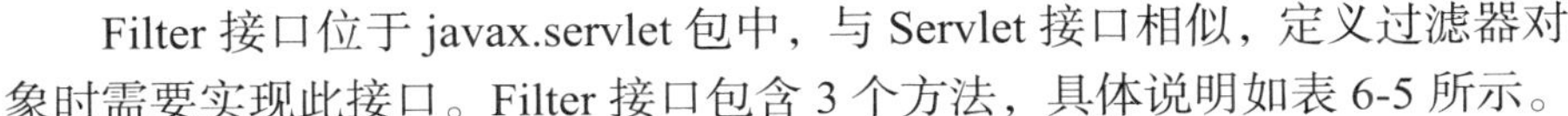
Filter 接口位于 javax.servlet 包中，与 Servlet 接口相似，定义过滤器对象时需要实现此接口。Filter 接口包含 3 个方法，具体说明如表 6-5 所示。

表 6-5　Filter 接口中的方法及说明

方法	说明
public void init(FilterConfig filterConfig)	用于完成过滤器的初始化。对于每个 Filter 实例，此方法只被调用一次
public void doFilter(ServletRequest request, ServletResponse response, FilterChain chain)	与 Servlet 的 service()方法类似，当请求及响应交给过滤器时，过滤器会调用此方法进行过滤处理
public void destroy()	用于释放过滤器所占用的资源

2．FilterChain 接口

FilterChain 接口位于 javax.servlet 包中，此接口由容器进行实现。FilterChain 接口只包含一个方法，其方法声明如下。

```
void doFilter(ServletRequest request, ServletResponse response)
    throws IOException,ServletException
```

此方法主要用于将过滤器处理的请求或响应传递给下一个过滤器对象。在多个过滤器的 Web 应用中，可以通过此方法进行请求或响应的传递。

3．FilterConfig 接口

FilterConfig 接口位于 javax.servlet 包中。此接口由容器进行实现，用于获取过滤器初始化阶段的参数信息，其方法声明及说明如表 6-6 所示。

表 6-6　FilterConfig 接口中的方法及说明

方法	说明
public String getFilterName()	返回过滤器的名称
public String getInitParameter(String name)	返回初始化名称为 name 的参数值
public Enumeration getInitParameterNames()	返回包含所有初始化参数名称的枚举值集合
public ServletContext getServletContext()	返回当前 Servlet 所在的 Web 应用的上下文对象

下面通过实现 Filter 接口创建一个过滤器对象，其代码结构如下。

```
public class MyFilter implements Filter {
    //初始化方法
    public void init(FilterConfig arg0) throws ServletException {
    }
    //过滤处理方法
    public void doFilter(ServletRequest request, ServletResponse response,
            FilterChain chain) throws IOException, ServletException {
        //传递给下一个过滤器
        chain.doFilter(request, response);
    }
    //销毁方法
    public void destroy() {
    }
}
```

6.4.3 过滤器的配置

过滤器的配置

创建完过滤器对象之后，需要对其进行配置才可以使用。过滤器的配置方法与 Servlet 的配置方法类似，都是通过 web.xml 文件进行配置，具体步骤如下。

（1）声明过滤器对象

在 web.xml 文件中，通过<filter>标签声明过滤器对象。此标签包含 3 个常用子元素，分别为<filter-name>、<filter-class>和<init-param>。其中，<filter-name>元素用于指定过滤器的名称，此名称可以为自定义的名称；<filter-class>元素用于指定过滤器对象的完整位置，包含过滤器对象的包名与类名；<init-param>元素用于设置过滤器的初始化参数。其配置方法如下。

```
<filter>
        <filter-name>CharacterEncodingFilter</filter-name>
        <filter-class>com.lyq.util.CharacterEncodingFilter</filter-class>
        <init-param>
            <param-name>encoding</param-name>
            <param-value>GBK</param-value>
        </init-param>
</filter>
```

<init-param>元素包含两个常用的子元素，分别为<param-name>与<param-value>。其中，<param-name>元素用于声明初始化参数的名称，<param-value>元素用于指定初始化参数的值。

（2）映射过滤器

声明过滤器对象后，需要映射访问过滤器的过滤对象，使用<filter-mapping>标签进行配置，主要需要配置过滤器的名称、过滤器关联的 URL 样式、过滤器对应的请求方式等。其配置方法如下。

```
<filter-mapping>
        <filter-name>CharacterEncodingFilter</filter-name>
        <url-pattern>/*</url-pattern>
        <dispatcher>REQUEST</dispatcher>
        <dispatcher>FORWARD</dispatcher>
</filter-mapping>
```

<filter-name>元素用于指定过滤器的名称，此名称与<filter>标签中的<filter-name>元素相对应。

<url-pattern>元素用于指定过滤器关联的 URL 样式，设置为“/*”表示关联所有 URL。

<dispatcher>元素用于指定过滤器对应的请求方式，其可选值及说明如表 6-7 所示。

表 6-7　<dispatcher>的可选值及说明

可选值	说明
REQUEST	当客户端直接发出请求时，通过过滤器进行处理
INCLUDE	当客户端通过 RequestDispatcher 对象的 include()方法发出请求时，通过过滤器进行处理
FORWARD	当客户端通过 RequestDispatcher 对象的 forward()方法发出请求时，通过过滤器进行处理
ERROR	当产生声明式异常时，通过过滤器进行处理

6.4.4　过滤器典型应用

过滤器典型应用

在 Java Web 项目的开发中，过滤器的应用十分广泛，其中比较典型的应用就是字符编码过滤器。由于 Java 程序内部使用 Unicode 字符集来表示字符，因此处理中文字符时会产生乱码的情况，需要对其进行编码转换才可以正常显示。

【例 6-5】 字符编码过滤器。

（1）创建字符编码过滤器类 CharacterEncodingFilter，实现 Filter 接口及其 3 个方法。关键代码如下。

```
public class CharacterEncodingFilter implements Filter{
    //字符编码（初始化参数）
    protected String encoding = null;
    //FilterConfig 对象
    protected FilterConfig filterConfig = null;
    //初始化方法
    public void init(FilterConfig filterConfig) throws ServletException {
        //对 filterConfig 赋值
        this.filterConfig = filterConfig;
        //对初始化参数赋值
        this.encoding = filterConfig.getInitParameter("encoding");
    }
    //过滤器处理方法
    public void doFilter(ServletRequest request, ServletResponse response, FilterChain
chain) throws IOException, ServletException {
        //判断字符编码是否有效
        if (encoding != null) {
        //设置 request 字符编码
        request.setCharacterEncoding(encoding);
            //设置 response 字符编码
            response.setContentType("text/html; charset="+encoding);
        }
        //传递给下一个过滤器
        chain.doFilter(request, response);
    }
    //销毁方法
    public void destroy() {
        //释放资源
        this.encoding = null;
        this.filterConfig = null;
    }
}
```

CharacterEncodingFilter 类的 init()方法用于读取过滤器的初始化参数，这个参数（encoding）为本例中所用到的字符编码格式；doFilter()方法用于将 request 对象及 response

对象中的编码格式设置为读取到的编码格式；将 destroy()方法的相应属性设置为 null，释放资源。

（2）在 web.xml 文件中对过滤器进行配置。其关键代码如下。

```
<!-- 声明字符编码过滤器 -->
<filter>
    <filter-name>CharacterEncodingFilter</filter-name>
    <filter-class>com.lyq.util.CharacterEncodingFilter</filter-class>
    <!-- 设置初始化参数 -->
    <init-param>
        <param-name>encoding</param-name>
        <param-value>GBK</param-value>
    </init-param>
</filter>
<!-- 映射字符编码过滤器 -->
<filter-mapping>
    <filter-name>CharacterEncodingFilter</filter-name>
    <!-- 与所有请求相关联 -->
    <url-pattern>/*</url-pattern>
    <!-- 设置过滤器对应的请求方式 -->
    <dispatcher>REQUEST</dispatcher>
    <dispatcher>FORWARD</dispatcher>
</filter-mapping>
```

在 web.xml 配置文件中，需要对过滤器进行声明及映射，通过<init-param>指定初始化参数的字符编码格式为 GBK。

（3）通过请求对过滤器进行验证。本例使用表单向 Servlet 发送中文信息进行测试，其中表单信息放置在 index.jsp 文件中。其关键代码如下。

```
<form action="MyServlet" method="post">
    <p>
        请输入你的中文名字:
        <input type="text" name="name">
        <input type="submit" value="提 交">
    </p>
</form>
```

这一请求由 Servlet 对象的 MyServlet 类进行处理，使用 doPost()方法接收表单的请求，并将表单中的 name 属性值输出到页面中。其关键代码如下。

```
public void doPost(HttpServletRequest request, HttpServletResponse response)
        throws ServletException, IOException {
    PrintWriter out = response.getWriter();
    //获取表单参数
    String name = request.getParameter("name");
    if(name != null && !name.isEmpty()){
        out.print("你好 " + name);
        out.print(", <br>欢迎来到我的主页。");
    }else{
        out.print("请输入你的中文名字! ");
    }
    out.print("<br><a href=index.jsp>返回</a>");
    out.flush();
    out.close();
}
```

实例运行结果如图 6-13 所示，在文本框中输入“明日科技”进行测试，其经过过滤器处理的效果如图 6-14 所示，没有经过过滤器处理的效果如图 6-15 所示。

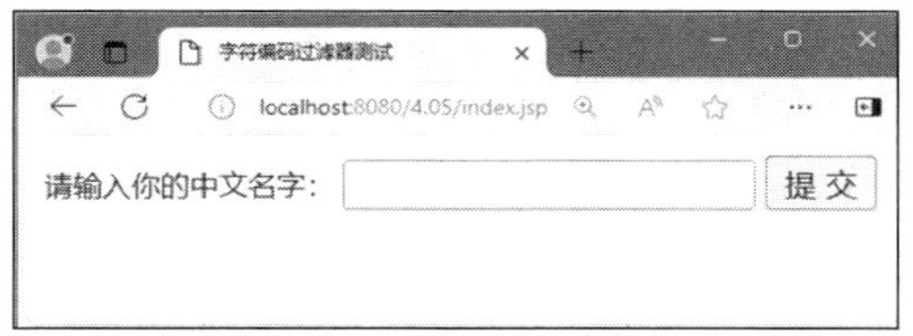

图 6-13 实例运行结果

图 6-14 过滤后的效果

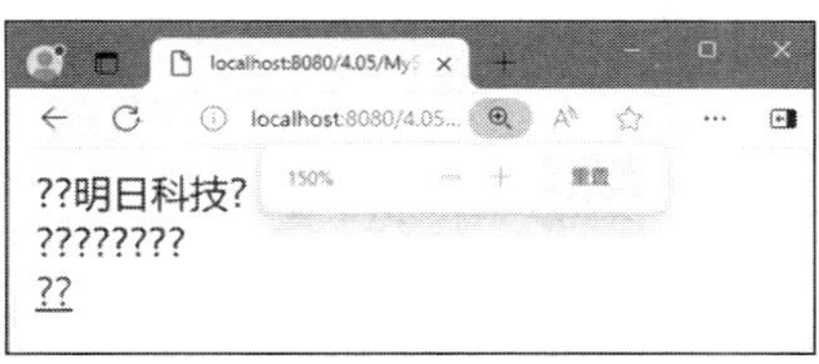

图 6-15 未经过滤的效果

6.5 AIGC 辅助编程——Servlet 实现重定向

在 5.11 节中介绍了通过 AIGC 工具辅助学习 JSP 进行 URL 重定向的内容。下面将介绍通过 AIGC 工具辅助学习如何通过 Servlet 实现重定向。

【问题】

Servlet 如何实现重定向?

【AIGC 建议】

在 Java Servlet 中，实现重定向的方法主要有两种：使用 sendRedirect()方法和手动设置 HTTP 状态码及 Location 头。以下是这两种方法的详细解释和示例代码。

（1）使用 sendRedirect()方法

这是最常用的重定向方法。它会向客户端发送一个 HTTP 状态码 302（临时重定向），然后客户端会自动向新的 URL 发起请求。浏览器地址栏中的 URL 会更新为新的 URL。

示例代码如下。

```
import java.io.IOException;
import javax.servlet.ServletException;
import javax.servlet.http.HttpServlet;
import javax.servlet.http.HttpServletRequest;
import javax.servlet.http.HttpServletResponse;
public class RedirectServlet extends HttpServlet {
    protected void doGet(HttpServletRequest request, HttpServletResponse response)
            throws ServletException, IOException {
        //获取请求参数
        String site = request.getParameter("site");
        //根据参数进行重定向
        if (site != null && site.equals("google")) {
            response.sendRedirect("https://www.google.com");
        } else if (site != null && site.equals("yahoo")) {
            response.sendRedirect("https://www.yahoo.com");
        } else {
            response.setContentType("text/html");
            response.getWriter().println("<h1>Invalid site parameter</h1>");
        }
    }
}
```

在这个例子中，根据请求参数 site 的值来决定重定向到哪个网站。如果 site 参数是"google"，则重定向到 Google；如果是"yahoo"，则重定向到 Yahoo!。如果参数无效，则返回一个错误消息。

（2）手动设置状态码及 Location 头

这种方法较为底层，需要手动设置 HTTP 状态码及 Location 头，适用于需要更细粒度控制的场景。

示例代码如下。

```
import java.io.IOException;
import javax.servlet.ServletException;
import javax.servlet.http.HttpServlet;
import javax.servlet.http.HttpServletRequest;
import javax.servlet.http.HttpServletResponse;

public class ManualRedirectServlet extends HttpServlet {
    protected void doGet(HttpServletRequest request, HttpServletResponse response)
            throws ServletException, IOException {
        //获取请求参数
        String site = request.getParameter("site");
        //根据参数进行重定向
        if (site != null && site.equals("google")) {
            response.setStatus(HttpServletResponse.SC_FOUND); //302 status code
            response.setHeader("Location", "https://www.google.com");
        } else if (site != null && site.equals("yahoo")) {
            response.setStatus(HttpServletResponse.SC_FOUND); //302 status code
            response.setHeader("Location", "https://www.yahoo.com");
        } else {
            response.setContentType("text/html");
            response.getWriter().println("<h1>Invalid site parameter</h1>");
        }
    }
}
```

在这个例子中，我们手动设置了 HTTP 状态码为 302（临时重定向），并设置了 Location 头来指定重定向的目标 URL。

【追加问题】

如何实现重定向到另一个 Servlet?

【AIGC 建议】

在 Servlet 中实现重定向到另一个 Servlet，可以使用 HttpServletResponse 的 sendRedirect() 方法。这个方法会向客户端发送一个 HTTP 状态码为 302 或 303 的响应，并附带新的 URL，浏览器接收到请求后会自动跳转到该 URL。

以下是一个简单的示例，演示如何从一个 Servlet 重定向到另一个 Servlet。

（1）第一个 Servlet（FirstServlet.java）

```
import java.io.IOException;
import javax.servlet.ServletException;
import javax.servlet.annotation.WebServlet;
import javax.servlet.http.HttpServlet;
import javax.servlet.http.HttpServletRequest;
import javax.servlet.http.HttpServletResponse;

@WebServlet("/first")
public class FirstServlet extends HttpServlet {
    protected void doGet(HttpServletRequest request, HttpServletResponse response) throws
```

```
ServletException, IOException {
            //重定向到第二个 Servlet
            response.sendRedirect("second");
        }
    }
```

（2）第二个 Servlet（SecondServlet.java）

```
    import java.io.IOException;
    import javax.servlet.ServletException;
    import javax.servlet.annotation.WebServlet;
    import javax.servlet.http.HttpServlet;
    import javax.servlet.http.HttpServletRequest;
    import javax.servlet.http.HttpServletResponse;

    @WebServlet("/second")
    public class SecondServlet extends HttpServlet {
        protected void doGet(HttpServletRequest request, HttpServletResponse response) throws
ServletException, IOException {
            response.setContentType("text/html; charset=UTF-8");
            response.getWriter().println("<h1>Welcome to the second servlet!</h1>");
        }
    }
```

（3）部署和运行

① 配置 web.xml（如果使用注解@WebServlet 则不需要）。

```
    <web-app>
        <servlet>
            <servlet-name>FirstServlet</servlet-name>
            <servlet-class>com.example.FirstServlet</servlet-class>
        </servlet>
        <servlet-mapping>
            <servlet-name>FirstServlet</servlet-name>
            <url-pattern>/first</url-pattern>
        </servlet-mapping>
        <servlet>
            <servlet-name>SecondServlet</servlet-name>
            <servlet-class>com.example.SecondServlet</servlet-class>
        </servlet>
        <servlet-mapping>
            <servlet-name>SecondServlet</servlet-name>
            <url-pattern>/second</url-pattern>
        </servlet-mapping>
    </web-app>
```

② 启动服务器：将项目部署到支持 Servlet 的服务器（如 Tomcat）。

③ 访问第一个 Servlet：在浏览器中访问 http://localhost:8080/your-context-path/first，你将会被重定向到 http://localhost:8080/your-context-path/second，并看到第二个 Servlet 的输出内容。

本章小结

本章主要介绍了 Servlet 与 Servlet 过滤器的应用，这两项技术十分重要，都是 Java 开发必须掌握的知识。学习 Servlet，需要掌握 Servlet 的主要接口与类、Servlet 的生命周期，以及对 HTTP 请求的处理方式。对于 Servlet 过滤器的应用，要理解过滤的原理，以保证在实际应用过程中合理地使用过滤器。

上机指导

上机指导

在浏览网站时，有些网站有统计网站访问量的功能，也就是浏览者每访问一次网站，访问量计数器就加一，这可以通过获取 ServletContext 接口的对象来实现。获取 ServletContext 对象以后，整个 Web 应用的组件都可以共享 ServletContext 对象中存放的数据。

（1）创建 JavaWeb 项目，命名为 WebCount。

（2）修改 web.xml 文件，代码如下。

```
<?xml version="1.0" encoding="UTF-8"?>
<web-app xmlns:xsi="http://www.w3.org/2001/XMLSchema-instance"
         xmlns="http://java.sun.com/xml/ns/javaee"
         xsi:schemaLocation="http://java.sun.com/xml/ns/javaee
             http://java.sun.com/xml/ns/javaee/web-app_2_5.xsd"
         version="2.5">
  <servlet>
    <servlet-name>CounterServlet</servlet-name>
    <servlet-class>com.lh.servlet.CounterServlet</servlet-class>
  </servlet>
  <servlet-mapping>
    <servlet-name>CounterServlet</servlet-name>
    <url-pattern>/counter</url-pattern>
  </servlet-mapping>
  <welcome-file-list>
    <welcome-file>counter</welcome-file>
  </welcome-file-list>
</web-app>
```

（3）新建名称为 CounterServlet 的 Servlet 类，在该类的 doPost()方法中实现统计网站访问量，代码如下。

```
package com.lh.servlet;
import java.io.IOException;
import java.io.PrintWriter;
import javax.servlet.ServletContext;
import javax.servlet.ServletException;
import javax.servlet.http.HttpServlet;
import javax.servlet.http.HttpServletRequest;
import javax.servlet.http.HttpServletResponse;
public class CounterServlet extends HttpServlet {
    public CounterServlet() {
        super();
    }
    public void destroy() {
        super.destroy();
    }
    public void doGet(HttpServletRequest request, HttpServletResponse response)
            throws ServletException, IOException {
        //复用 doPost()方法
        this.doPost(request, response);
    }
    public void doPost(HttpServletRequest request, HttpServletResponse response)
            throws ServletException, IOException {
        //获取 ServletContext 对象
        ServletContext context = getServletContext();
```

```
        //从 ServletContext 中获取计数器对象
        Integer count = (Integer) context.getAttribute("counter");
        if (count == null) {//如果为空，则在 ServletContext 中设置计数器属性值为 1
            count = 1;
            context.setAttribute("counter", count);
        } else { //如果不为空，则设置该计数器的属性值加 1
            context.setAttribute("counter", count + 1);
        }
        response.setContentType("text/html"); //设置响应正文的 MIME 类型
        response.setCharacterEncoding("UTF-8"); //设置响应的编码格式
        PrintWriter out = response.getWriter();
        out.println("<!DOCTYPE HTML PUBLIC \"-//W3C//DTD HTML 4.01 Transitional//EN\">");
        out.println("<HTML>");
        out.println("  <HEAD><TITLE>统计网站访问量</TITLE></HEAD>");
        out.println("  <BODY>");
        out.print("    <h2><font color='gray'> ");
        out.print("您是第  " + context.getAttribute("counter") + " 位访客！");
        out.println("</font></h2>");
        out.println("  </BODY>");
        out.println("</HTML>");
        out.flush();
        out.close();
    }
    public void init() throws ServletException {   }
}
```

（4）将项目部署到服务器，启动服务器，访问地址 http://localhost:8080/WebCount/。运行效果如图 6-16 所示。

图 6-16　统计网站访问量的效果

习题

1. web.xml 文件的作用是什么？
2. Servlet 有哪些接口？这些接口都有什么作用？
3. 如何指定项目默认页面？
4. 如何使用过滤器？过滤器中有哪些方法？它们运行的顺序是什么？

第7章 数据库技术

本章要点

- 了解 JDBC 技术
- 掌握如何添加数据库驱动
- 掌握 Connection 接口的使用
- 掌握 Statement 接口的使用
- 掌握 PreparedStatement 接口的使用
- 掌握 Result 接口的使用
- 掌握如何使用 JDBC 对数据库进行操作

数据库系统由数据库、数据库管理系统和应用系统、数据库管理员构成。数据库管理系统（Database Management System，DBMS）是数据库系统的关键组成部分，包括数据库定义、数据查询、数据维护等操作。JDBC 技术是连接数据库与应用程序的纽带，在 Java 中被广泛使用。

7.1 JDBC 概述

JDBC 概述

JDBC 是用于执行 SQL 语句的 API 类包，由一组用 Java 编写的类和接口组成，提供标准的应用程序设计接口，通过它可以访问各类关系数据库。下面将对 JDBC 技术进行详细介绍。

7.1.1 JDBC 技术介绍

JDBC（Java Database Connectivity，Java 数据库互连）是一套面向对象的应用程序接口（API），制定了统一的用于访问各类关系数据库的标准接口，为各个数据库厂商提供了标准接口的实现方式。通过 JDBC 技术，开发人员可以用 Java 和标准的 SQL 语句编写完整的数据库应用程序，真正实现应用程序的跨平台性。JDBC 是一种底层 API，访问数据库时需要在业务逻辑中嵌入 SQL 语句。由于 SQL 语句是面向关系的，依赖关系模型，所以 JDBC 继承了其简单、直接的优点，特别是对于小型应用程序十分方便。需要注意的是，JDBC 不能直接访问数据库，必须依赖数据库厂商提供的 JDBC 驱动程序，通常情况下使用 JDBC 完成以下操作：

（1）同数据库建立连接；
（2）向数据库发送 SQL 语句；
（3）处理从数据库返回的结果。

7.1.2 JDBC 驱动程序

JDBC 驱动程序用于解决应用程序与数据库通信的问题，共有 JDBC-ODBC Bridge、JDBC-Native API Bridge、JDBC-middleware 和 Pure JDBC Driver 这 4 种，下面分别进行介绍。

1. JDBC-ODBC Bridge

JDBC-ODBC Bridge 通过本地的 ODBC Driver 连接到关系数据库管理系统（Relational Database Management System，RDBMS）上，这种连接方式必须将 ODBC 二进制代码（许多情况下还包括数据库客户机代码）加载到使用该驱动程序的每个客户机上。因此，这种类型的驱动程序适用于企业网，或利用 Java 编写的 3 层结构的应用程序服务器。

2. JDBC-Native API Bridge

JDBC-Native API Bridge 通过调用本地的 native 程序实现数据库连接，这种类型的驱动程序把客户机 API 上的 JDBC 调用转换为 Oracle、Sybase、Informix、DB2 或其他 DBMS 的调用。需要注意的是，和 JDBC-ODBC Bridge 驱动程序一样，这种类型的驱动程序要求将某些二进制代码加载到每台客户机上。

3. JDBC-middleware

JDBC-middleware 是一种完全利用 Java 编写的 JDBC 驱动程序，这种驱动程序将 JDBC 转换为与 DBMS 无关的网络协议，然后通过网络服务器将其转换为 DBMS 协议。这里的网络服务器中间件能够将纯 Java 客户机连接到多种不同的数据库上，使用的具体协议取决于提供者。通常情况下，这是最为灵活的 JDBC 驱动程序，有可能这种解决方案的所有提供者都提供适合 Intranet 使用的产品。

4. Pure JDBC Driver

Pure JDBC Driver 也是一种完全利用 Java 编写的 JDBC 驱动程序，这种类型的驱动程序将 JDBC 调用直接转换为 DBMS 所使用的网络协议，允许从客户机直接调用 DBMS 服务器，是 Intranet 访问的一个很实用的解决方法。

7.2 JDBC 中的常用接口

JDBC 提供了许多接口和类，通过这些接口和类可以实现与数据库的通信。本节将详细介绍一些常用的 JDBC 接口和类。

7.2.1 驱动程序接口 Driver

驱动程序接口 Driver

每种数据库的驱动程序都应该提供一个用于实现 java.sql.Driver 接口的类（简称 Driver 类），在加载 Driver 类时，应创建 Driver 实例并向 java.sql.DriverManager 类注册该实例。

通常情况下，通过 java.lang.Class 类的静态方法 forName(String className)

加载要连接数据库的 Driver 类。该方法的入口参数为要加载的 Driver 类的完整包名。成功加载后，会将 Driver 类的实例注册到 DriverManager 类中；如果加载失败，将抛出 ClassNotFoundException 异常，即未找到指定 Driver 类的异常。

7.2.2 驱动程序管理器 DriverManager

驱动程序管理器 DriverManager

java.sql.DriverManager 类负责管理 JDBC 驱动程序的基本事务，是 JDBC 的管理层，作用于用户和驱动程序之间，负责跟踪可用的驱动程序，并在数据库和驱动程序之间建立连接。另外，DriverManager 类也会处理驱动程序登录时间限制、登录和跟踪消息的显示等工作。成功加载 Driver 类并在 DriverManager 类中注册实例后，DriverManager 类即可用来建立数据库连接。

当调用 DriverManager 类的 getConnection()方法请求建立数据库连接时，DriverManager 类将试图定位一个适当的 Driver 类，并检查定位到的 Driver 类是否可以建立连接。如果可以，则建立连接并返回；如果不可以，则抛出 SQLException 异常。DriverManager 类提供的常用方法如表 7-1 所示。

表 7-1 DriverManager 类提供的常用方法

方法名称	功能描述
getConnection(String url, String user, String password)	静态方法，用来获得数据库连接，有 3 个入口参数，依次为要连接的数据库的 URL 地址、用户名和密码，返回值类型为 java.sql.Connection
setLoginTimeout(int seconds)	静态方法，用来设置每次等待建立数据库连接的最长时间
setLogWriter(java.io.PrintWriter out)	静态方法，用来设置日志的输出对象
println(String message)	静态方法，用来输出指定消息到当前的 JDBC 日志流

7.2.3 数据库连接接口 Connection

数据库连接接口 Connection

java.sql.Connection 接口负责与特定数据库进行连接，在连接的上下文中可以执行 SQL 语句并返回结果，还可以通过 getMetaData()方法获得由数据库提供的相关信息，如数据表、存储过程和连接功能等。Connection 接口提供的常用方法如表 7-2 所示。

表 7-2 Connection 接口提供的常用方法

方法名称	功能描述
createStatement()	创建并返回一个 Statement 实例，通常在执行无参数的 SQL 语句时创建该实例
prepareStatement()	创建并返回一个 PreparedStatement 实例，通常在执行包含参数的 SQL 语句时创建该实例，并对 SQL 语句进行预编译处理
prepareCall()	创建并返回一个 CallableStatement 实例，通常在调用数据库存储过程时创建该实例
setAutoCommit()	设置当前 Connection 实例的自动提交模式，默认值为 true，即自动将更改同步到数据库中，如果设为 false，则需要通过执行 commit()或 rollback()方法手动将更改同步到数据库中
getAutoCommit()	查看当前的 Connection 实例是否处于自动提交模式，如果是则返回 true，否则返回 false
setSavepoint()	在当前事务中创建并返回一个 Savepoint 实例，前提是当前的 Connection 实例不处于自动提交模式，否则将抛出异常
releaseSavepoint()	从当前事务中移除指定的 Savepoint 实例
setReadOnly()	设置当前 Connection 实例的读取模式，默认为非只读模式，即不能在事务当中执行该操作，否则将抛出异常。其有一个 Boolean 类型的入口参数，设为 true 表示开启只读模式，设为 false 则表示关闭只读模式

续表

方法名称	功能描述
isReadOnly()	查看当前的 Connection 实例是否为只读模式，如果是则返回 true，否则返回 false
isClosed()	查看当前的 Connection 实例是否被关闭，如果被关闭则返回 true，否则返回 false
commit()	将从上一次提交或回滚以来进行的所有更改同步到数据库，并释放 Connection 实例当前拥有的所有数据库锁定
rollback()	取消当前事务中的所有更改，并释放当前 Connection 实例拥有的所有数据库锁定；该方法只能在非自动提交模式下使用，如果在自动提交模式下执行该方法将抛出异常；该方法有一个入口参数为 Savepoint 实例的重载方法，用来取消 Savepoint 实例之后的所有更改，并释放对应的数据库锁定
close()	立即释放 Connection 实例占用的数据库和 JDBC 资源，即关闭数据库连接

7.2.4 执行 SQL 语句接口 Statement

执行 SQL 语句接口 Statement

java.sql.Statement 接口用来执行静态的 SQL 语句，并返回执行结果。对于 INSERT、UPDATE 和 DELETE 语句，调用 executeUpdate(String sql)方法，而 SELECT 语句则调用 executeQuery(String sql)方法，并返回一个永远不能为 null 的 ResultSet 实例。Statement 接口提供的常用方法如表 7-3 所示。

表 7-3 Statement 接口提供的常用方法

方法名称	功能描述
executeQuery(String sql)	用于执行指定的静态 SELECT 语句，并返回一个永远不能为 null 的 ResultSet 实例
executeUpdate(String sql)	用于执行指定的静态 INSERT、UPDATE 或 DELETE 语句，并返回一个 int 类型的值，表示同步更新记录的条数
clearBatch()	用于清除位于 Batch 中的所有 SQL 语句，如果驱动程序不支持批量处理则抛出异常
addBatch(String sql)	用于将指定的 SQL 语句添加到 Batch 中，String 类型的入口参数通常为静态的 INSERT 语句或 UPDATE 语句，如果驱动程序不支持批量处理则抛出异常
executeBatch()	执行 Batch 中的所有 SQL 语句，如果全部执行成功，则返回由更新计数组成的数组，数组元素的顺序与 SQL 语句的添加顺序对应。 数组元素的取值有以下几种情况：①大于或等于零的数，说明 SQL 语句执行成功，表示影响数据库中行数的更新计数；②–2，说明 SQL 语句执行成功，但未得到受影响的行数；③–3，说明 SQL 语句执行失败，仅在执行失败后继续执行后面的 SQL 语句时出现。如果驱动程序不支持批量处理，或者未能成功执行 Batch 中的 SQL 语句，则抛出异常
close()	立即释放 Statement 实例占用的数据库和 JDBC 资源，即关闭 Statement 实例

7.2.5 执行动态 SQL 语句接口 PreparedStatement

执行动态 SQL 语句接口 PreparedStatement

java.sql.PreparedStatement 接口继承 Statement 接口，是 Statement 接口的扩展，用来执行动态的 SQL 语句，即包含参数的 SQL 语句。通过 PreparedStatement 实例执行的动态 SQL 语句将被预编译并保存到 PreparedStatement 实例中，以实现反复且高效地执行。

需要注意的是，在通过 setXxx()方法为 SQL 语句中的参数赋值时，必须使用与输入参数已定义的 SQL 类型兼容的方法，或通过 setObject()方法设置各种类型的输入参数。PreparedStatement 接口的使用方法如下。

```
PreparedStatement ps = connection
    .prepareStatement("select * from table_name where id>? and (name=? or name=?)");
ps.setInt(1, 1);
```

```
ps.setString(2, "wgh");
ps.setObject(3, "sk");
ResultSet rs = ps.executeQuery();
```

PreparedStatement 接口提供的常用方法如表 7-4 所示。

表 7-4　PreparedStatement 接口提供的常用方法

方法名称	功能描述
executeQuery()	执行包含参数的动态 SELECT 语句，并返回一个永远不能为 null 的 ResultSet 实例
executeUpdate()	执行包含参数的动态 INSERT、UPDATE 或 DELETE 语句，并返回一个 int 型数值，表示同步更新记录的条数
clearParameters()	清除当前所有参数的值
close()	立即释放 Statement 实例占用的数据库和 JDBC 资源，即关闭 Statement 实例

7.2.6　访问结果集接口 ResultSet

访问结果集接口 ResultSet

java.sql.ResultSet 接口类似于一个数据表，通过该接口的实例可以获得检索结果集，以及对应数据表的相关信息，如列名和数据类型等。ResultSet 实例通过执行查询数据库的语句生成。

ResultSet 实例具有指向其当前数据行的指针。最初，指针指向第一行记录的前方，通过 next()方法可以将指针移动到下一行，若没有下一行则返回 false，可以通过 while 循环来迭代 ResultSet 结果集。在默认情况下 ResultSet 对象不可以更新，只有一个只可以向前移动的指针，因此只能迭代一次，并且只能按照从第一行到最后一行的顺序进行。如果需要，可以生成可滚动和可更新的 ResultSet 对象。

ResultSet 接口提供了从当前行检索不同类型列值的 getXxx()方法，它们均有两个重载方法，可以通过列的索引编号或列的名称进行检索。通过列的索引编号进行检索较为高效，列的索引编号从 1 开始。对于不同的 getXxx()方法，JDBC 驱动程序尝试将基础数据转换为与 getXxx()方法对应的 Java 类型，并返回适当的 Java 类型的值。

在 JDBC 2.0 API（JDK 1.2）之后，该接口添加了一组更新方法 updateXxx()（均有两个重载方法），可以通过列的索引编号或列的名称来更新当前行的指定列，或者初始化要插入行的指定列，但是该方法不会将操作同步到数据库，需要执行 updateRow()或 insertRow()方法完成同步操作。

ResultSet 接口提供的常用方法如表 7-5 所示。

表 7-5　ResultSet 接口提供的常用方法

方法名称	功能描述
first()	将指针移动到第一行；如果结果集为空则返回 false，否则返回 true；如果结果集类型为 TYPE_FORWARD_ONLY 将抛出异常
last()	将指针移动到最后一行；如果结果集为空则返回 false，否则返回 true；如果结果集类型为 TYPE_FORWARD_ONLY 将抛出异常
previous()	将指针移动到上一行；如果存在上一行则返回 true，否则返回 false；如果结果集类型为 TYPE_FORWARD_ONLY 将抛出异常
next()	将指针移动到下一行；指针最初位于结果集的第一行之前，第一次调用该方法时指针将移动到第一行；如果存在下一行则返回 true，否则返回 false
close()	立即释放 ResultSet 实例占用的数据库和 JDBC 资源，关闭 ResultSet 对象关联的 Statement 对象时也执行此操作

7.3 连接数据库

连接数据库

在对数据库进行操作时，首先需要连接数据库。在 JSP 中连接数据库大致可以分为加载 JDBC 驱动程序、创建数据库连接、执行 SQL 语句、获得查询结果和关闭连接 5 个步骤，下面进行详细介绍。

7.3.1 加载 JDBC 驱动程序

首先加载要连接数据库的驱动程序到 Java 虚拟机（Java Virtual Machine，JVM）中，通过 java.lang.Class 类的静态方法 forName(String className)实现。例如，加载 MySQL 驱动程序的代码如下。

```
try {
     Class.forName("com.mysql.cj.jdbc.Driver");
} catch (ClassNotFoundException e) {
     System.out.println("加载数据库驱动时抛出异常，内容如下：");
     e.printStackTrace();
}
```

通常将负责加载驱动程序的代码放在 static 块中，这样做的好处是只有 static 块所在的类第一次被加载时才加载数据库驱动程序，避免重复加载驱动程序，浪费计算机资源。

7.3.2 创建数据库连接

java.sql.DriverManager 类是 JDBC 的管理层，负责建立和管理数据库连接。通过 DriverManager 类的静态方法 getConnection(String url, String user, String password)可以建立数据库连接，3 个入口参数依次为要连接的数据库路径、登录用户名和密码，该方法的返回值类型为 java.sql.Connection，典型代码如下。

```
Connection conn = DriverManager.getConnection(
    "jdbc:mysql://localhost/db_database24?characterEncoding=UTF-8&serverTimezone=
UTC&useSSL=false", "root", "root");
```

在上面的代码中，连接的是本地的 MySQL 数据库，数据库名称为 db_database24、登录用户为 root、密码为 root。

连接数据库时，如果出现错误，可以通过 AIGC 工具找到问题所在。比如，在通义千问大模型工具中上传连接数据库出错的图片，它会自动为你提供可能的解决方案。

7.3.3 执行 SQL 语句

建立数据库连接的目的是与数据库进行通信，实现方式为执行 SQL 语句，但是仅通过 Connection 实例并不能执行 SQL 语句，还需要通过 Connection 实例创建 Statement 实例，Statement 实例又分为以下 3 种类型。

（1）Statement 实例：该类型的实例只能用来执行静态的 SQL 语句。

（2）PreparedStatement 实例：该类型的实例增加了执行动态 SQL 语句的功能。

（3）CallableStatement 实例：该类型的实例增加了执行数据库存储过程的功能。

7.3.4 获得查询结果

通过 Statement 接口的 executeUpdate()或 executeQuery()方法，可以执行 SQL 语句并返回执行结果。如果执行的是 executeUpdate()方法，将返回一个 int 类型的数值，代表影响数据库记录的条数，即插入、修改或删除记录的条数；如果执行的是 executeQuery()方法，将返回一个 ResultSet 类型的结果集，其中不仅包含所有满足查询条件的记录，还包含相应数据表的相关信息，例如列的名称、数据类型和列的数量等。

7.3.5 关闭连接

在建立 Connection、Statement 和 ResultSet 实例时，均需占用一定的数据库和 JDBC 资源，所以每次访问数据库结束后，应该通过 close()方法及时销毁这些实例，释放它们占用的资源。close()方法建议按照以下顺序调用。

```
resultSet.close();
statement.close();
connection.close();
```

7.4 数据库操作技术

在开发 Web 应用程序时，经常需要对数据库进行操作，最常用的数据库操作包括查询、添加、修改或删除数据库中的数据。这些操作既可以通过静态的 SQL 语句实现，也可以通过动态的 SQL 语句实现，还可以通过存储过程实现，具体采用哪种实现方式要根据实际情况而定。

7.4.1 查询操作

查询操作

JDBC 提供了两种实现数据查询方法，一种是通过 Statement 对象执行静态的 SQL 语句；另一种是通过 PreparedStatement 对象执行动态的 SQL 语句。由于 PreparedStatement 类是 Statement 类的扩展，PreparedStatement 对象中包含一条预编译的 SQL 语句，该 SQL 语句可能包含一个或多个参数，这样应用程序可以动态地为其赋值，所以 PreparedStatement 对象执行的速度比 Statement 对象快。在执行较多的 SQL 语句时，建议使用 PreparedStatement 对象。

下面两个实例分别应用这两种方法实现数据查询。

【例 7-1】 使用 Statement 查询天下淘商城网站的用户账户信息

应用 Statement 对象从数据表 tb_user 中查询 username 字段值为 admin 的数据，代码如下。

```
<%@ page language="java" import="java.sql.*" pageEncoding="UTF-8"%>
<%
    try {
        Class.forName("com.mysql.cj.jdbc.Driver");
    } catch (ClassNotFoundException e) {
        System.out.println("加载数据库驱动时抛出异常，内容如下：");
        e.printStackTrace();
    }
    Connection conn = DriverManager.getConnection(
"jdbc:mysql://localhost:3306/db_database24?characterEncoding=UTF-8&serverTimezone=UTC
&useSSL=false","root", "root");
```

```
    Statement stmt = conn.createStatement();
    ResultSet rs = stmt
            .executeQuery("select * from tb_user where username='admin'");
    while (rs.next()) {
        out.println("用户名: " + rs.getString(2) + "     密码: " + rs.getString(3));
    }
    rs.close();
    stmt.close();
    conn.close();
%>
```

【例 7-2】 使用 PrepareStatement 类查询天下淘商城网站的用户账户信息

应用 PrepareStatement 对象从数据表 tb_user 中查询 username 字段值为 admin 的数据，代码如下。

```
<%@ page language="java" import="java.sql.*" pageEncoding="UTF-8"%>
<%
    try {
        Class.forName("com.mysql.jdbc.Driver");
    } catch (ClassNotFoundException e) {
        System.out.println("加载数据库驱动时抛出异常，内容如下：");
        e.printStackTrace();
    }
    Connection conn = DriverManager.getConnection(
"jdbc:mysql://localhost:3306/db_database24?characterEncoding=UTF-8&serverTimezone=UTC
&useSSL=false","root", "root");
    PreparedStatement pStmt = conn
            .prepareStatement("select * from tb_user where username=?");
    pStmt.setString(1, "admin");
    ResultSet rs = pStmt.executeQuery();
    while (rs.next()) {
        out.println("用户名: " + rs.getString(2) + "     密码: " + rs.getString(3));
    }
    rs.close();
    pStmt.close();
    conn.close();
%>
```

如果要实现模糊查询，可以使用 like 关键字，例如，要查询 username 字段中包含 w 的数据可以使用 SQL 语句 select * from tb_user where username like '%w%'或 select * from tb_user where username like ?实现。其中，使用后一方法时，需要将实际值设置为“%w%”并绑定到占位符“?”上。

7.4.2 添加操作

添加操作

同查询操作相同，JDBC 也提供了两种实现数据添加操作的方法，一种是通过 Statement 对象执行静态的 SQL 语句；另一种是通过 PreparedStatement 对象执行动态的 SQL 语句。

通过 Statement 对象和 PreparedStatement 对象实现数据添加操作的方法同实现数据查询操作基本相同，区别在于执行的 SQL 语句，实现数据添加操作采用的是 executeUpdate()方法，而实现数据查询操作使用的是 executeQuery()方法。实现数据添加操作使用 INSERT 语句，其语法格式如下。

```
Insert [INTO] table_name[(column_list)] values(data_values)
```

各参数说明如表 7-6 所示。

表 7-6　INSERT 语句的参数说明

参数	描述
[INTO]	可选项，无特殊含义，可以将它用在 INSERT 关键字和目标表表名之间
table_name	要添加数据的数据表名称
column_list	表中的字段列表，表示向表中哪些字段插入数据；如果是多个字段，字段之间用逗号分隔；不指定 column_list，则默认向数据表中的所有字段插入数据
data_values	要添加的数据列表，各个数据之间使用逗号分隔；数据列表中的个数、数据类型必须和字段列表中的字段个数、数据类型一致；对于 column_list（如果已指定）或表中的每个列，都必须有一个数据值；必须用圆括号将值列表括起来；如果 data_values 中的值与表中相应列的顺序不相同，或者未包含表中所有列的值，那么必须使用 column_list 明确地指定存储每个传入值的列
values	引入要插入的数据列表

【例 7-3】 使用 Statement 类添加新用户账户信息。

使用 Statement 对象向数据表 tb_user 中添加数据的关键代码如下。

```
    Statement stmt=conn.createStatement();
    int rtn= stmt.executeUpdate("insert into tb_user (username, password) values('hope',
'111')");
```

【例 7-4】 使用 PreparedStatement 类添加新用户账户信息。

使用 PreparedStatement 对象向数据表 tb_user 中添加数据的关键代码如下。

```
    PreparedStatement pStmt = conn.prepareStatement("insert into tb_user (username, password)
values(?,?)");
    pStmt.setString(1,"dream");
    pStmt.setString(2,"111");
    int rtn= pStmt.executeUpdate();
```

7.4.3　修改操作

修改操作

JDBC 也提供了两种实现数据修改操作的方法，一种是通过 Statement 对象执行静态的 SQL 语句；另一种是通过 PreparedStatement 对象执行动态的 SQL 语句。

通过 Statement 对象和 PreparedStatement 对象实现数据修改操作的方法同实现数据添加操作基本相同，区别在于执行的 SQL 语句，实现数据修改操作使用的是 UPDATE 语句，其语法格式如下。

```
    UPDATE table_name
    SET <column_name>=<expression>
       […,<last column_name>=<last expression>]
    [WHERE<search_condition>]
```

各参数说明如表 7-7 所示。

表 7-7　UPDATE 语句的参数说明

参数	描述
table_name	需要更新数据的数据表名
SET	指定要更新的列或变量名称列表
column_name	含有要更改数据的列的名称；column_name 必须驻留于 UPDATE 子句所指定的表或视图中；标识列不能进行更新；如果指定了限定的列名称，限定符必须同 UPDATE 子句中的表或视图的名称相匹配
expression	变量、字面值、表达式或加上括号返回单个值的 subSELECT 语句；expression 返回的值将替换 column_name 中的现有值

续表

参数	描述
WHERE	指定条件来限定所更新的行
<search_condition>	为要更新的行指定需满足的条件，搜索条件也可以是连接所基于的条件，对搜索条件中可以包含的谓词数量没有限制

【例 7-5】 使用 Statement 类修改用户账户信息。

使用 Statement 对象修改数据表 tb_user 中 username 字段值为“hope”的记录，关键代码如下。

```
    Statement stmt=conn.createStatement();
    int rtn= stmt.executeUpdate("update tb_user set username='hope', password='222' where
username='dream'");
```

【例 7-6】 使用 PreparedStatement 类修改用户账户信息。

使用 PreparedStatement 对象修改数据表 tb_user 中 username 字段值为“hope”的记录，关键代码如下。

```
    PreparedStatement pStmt = conn.prepareStatement("update tb_user set username =?, password =?
where username =?");
    pStmt.setString(1,"dream");
    pStmt.setString(2,"111");
    pStmt.setString(3,"hope");
    int rtn= pStmt.executeUpdate();
```

说明：在实际应用中，经常是先将要修改的数据查询出来并显示到相应的表单中，然后将表单提交到相应处理页，在处理页中获取要修改的数据，最后才执行修改操作，完成数据修改。

7.4.4 删除操作

删除操作

实现数据删除操作也可以通过两种方法实现，一种是通过 Statement 对象执行静态的 SQL 语句；另一种是通过 PreparedStatement 对象执行动态的 SQL 语句。

通过 Statement 对象和 PreparedStatement 对象实现数据删除操作的方法同实现数据添加操作基本相同，区别在于执行的 SQL 语句，实现数据删除操作使用的是 DELETE 语句，其语法格式如下。

```
DELETE FROM <table_name >[WHERE<search condition>]
```

在上面的语法格式中，table_name 用于指定要删除数据的表的名称；<search_condition> 用于指定删除数据的限定条件。搜索条件对包含的谓词数量没有限制。

【例 7-7】 使用 Statement 类删除用户账户信息。

使用 Statement 对象从数据表 tb_user 中删除 username 字段值为“hope”的数据，关键代码如下。

```
Statement stmt=conn.createStatement();
int rtn= stmt.executeUpdate("delete tb_user where username ='hope'");
```

【例 7-8】 使用 PreparedStatement 类删除用户账户信息。

使用 PreparedStatement 对象从数据表 tb_user 中删除 username 字段值为“dream”的数

据，关键代码如下。

```
PreparedStatement pStmt = conn.prepareStatement("delete from tb_user where username =?");
pStmt.setString(1,"dream");
int rtn= pStmt.executeUpdate();
```

7.5 AIGC 辅助编程——调用 MySQL 存储过程

MySQL 的存储过程是一种以预编译的 SQL 语句集合的形式存储在数据库中的程序，可以通过指定名称和参数来调用执行。虽然本章没有介绍如何调用 MySQL 的存储过程，但是我们可以借助 AIGC 填补这个空白，以下是在 AIGC 平台上的对话示例。

【问题】

如何在 Java 中调用 MySQL 存储过程？

【AIGC 建议】

在 Java 中调用 MySQL 存储过程主要通过 JDBC API 实现。以下是详细的步骤和示例代码，展示如何在 Java 中调用 MySQL 的存储过程。

（1）加载 JDBC 驱动

首先需要加载 MySQL 的 JDBC 驱动。这通常通过 Class.forName("com.mysql.cj.jdbc.Driver")实现。

```
try {
    Class.forName("com.mysql.cj.jdbc.Driver");
} catch (ClassNotFoundException e) {
    e.printStackTrace();
}
```

（2）建立数据库连接

使用 DriverManager.getConnection()方法与数据库建立连接，需要提供数据库 URL、用户名和密码。

```
String url = "jdbc:mysql://localhost:3306/yourdatabase";
String user = "yourusername";
String password = "yourpassword";
Connection conn = null;
try {
    conn = DriverManager.getConnection(url, user, password);
} catch (SQLException e) {
    e.printStackTrace();
}
```

（3）准备调用和执行存储过程

通过 Connection 对象的 prepareCall()方法准备调用存储过程，然后通过 CallableStatement 对象设置参数并执行存储过程。对于输出参数，需要使用 registerOutParameter()方法注册。

示例：无输入参数的存储过程

假设有一个名为 simpleProcedure 的存储过程，它不接收任何参数，也不返回任何结果。

```
String sql = "{call simpleProcedure()}";
CallableStatement callableStatement = null;
try {
    callableStatement = conn.prepareCall(sql);
    callableStatement.execute();
```

```
} catch (SQLException e) {
    e.printStackTrace();
} finally {
    if (callableStatement != null) {
        try {
            callableStatement.close();
        } catch (SQLException e) {
            e.printStackTrace();
        }
    }
}
```

示例：有输入参数的存储过程

假设有一个名为 procedureWithParams 的存储过程，它接收两个输入参数和注册输出参数。

```
String sql = "{call procedureWithParams(?, ?, ?)}";
CallableStatement callableStatement = null;
try {
    callableStatement = conn.prepareCall(sql);
    callableStatement.setInt(1, 100); //设置第一个输入参数
    callableStatement.setString(2, "example"); //设置第二个输入参数
    callableStatement.registerOutParameter(3, Types.INTEGER); //注册输出参数
    callableStatement.execute();
    int outputValue = callableStatement.getInt(3); //获取输出参数的值
    System.out.println("Output Value: " + outputValue);
} catch (SQLException e) {
    e.printStackTrace();
} finally {
    if (callableStatement != null) {
        try {
            callableStatement.close();
        } catch (SQLException e) {
            e.printStackTrace();
        }
    }
}
```

（4）处理结果集（如果有）

如果存储过程返回结果集，可以通过 CallableStatement 对象的 getResultSet()方法获取结果集，并进行相应的处理。

```
ResultSet resultSet = callableStatement.getResultSet();
while (resultSet.next()) {
    //处理结果集中的数据
    int id = resultSet.getInt("id");
    String name = resultSet.getString("name");
    System.out.println("ID: " + id + ", Name: " + name);
}
```

（5）关闭资源

确保关闭所有打开的资源，包括 ResultSet、CallableStatement 和 Connection。

```
if (resultSet != null) {
    try {
        resultSet.close();
    } catch (SQLException e) {
        e.printStackTrace();
    }
}
if (callableStatement != null) {
    try {
```

```
            callableStatement.close();
        } catch (SQLException e) {
            e.printStackTrace();
        }
    }
    if (conn != null) {
        try {
            conn.close();
        } catch (SQLException e) {
            e.printStackTrace();
        }
    }
```

通过以上步骤，你可以在 Java 中成功调用 MySQL 存储过程。关键在于正确加载 JDBC 驱动、建立数据库连接、准备调用和执行存储过程以及处理结果集。这些步骤不仅适用于简单的存储过程调用，也适用于复杂的带有输入和输出参数的存储过程。

本章小结

本章首先介绍了 JDBC 技术及 JDBC 常用接口的应用，然后介绍了连接及访问数据库的方法，以及数据的查询、添加、修改和删除操作。这些技术都是应用 JSP 开发动态网站时必不可少的，读者应该重点掌握，并灵活应用。

上机指导

编写数据库连接工具类。

开发步骤如下。

（1）在本地安装 MySQL 数据库，将 root 密码设置为 root。

（2）在 Eclipse 中创建 Java 项目，并命名为 JDBCUtilProject。

（3）创建 JDBCUtil 类，代码如下。

```
import java.sql.Connection;
import java.sql.DriverManager;
import java.sql.ResultSet;
import java.sql.Statement;
public class JDBCUtil {
    /*使用静态代码块完成驱动程序的加载*/
    static {
        try {
            String driverName = "com.mysql.cj.jdbc.Driver";
            Class.forName(driverName);
        } catch (Exception e) {
            e.printStackTrace();
        }
    }
    /*提供连接的方法*/
    public static Connection getConnection() {
        Connection con = null;
        try {
            //连接指定的 MySQL 数据库，3 个参数分别表示数据库地址、账号、密码
    con=DriverManager.getConnection("jdbc:mysql://localhost:3306/test?characterEncoding=U
TF-8&serverTimezone=UTC&useSSL=false", "root", "root");
        } catch (Exception e) {
            e.printStackTrace();
```

```
        }
        return con;
    }
    /*关闭连接的方法*/
    public static void close(ResultSet rs, Statement stmt, Connection con) {
        try {
            if (rs != null)
                rs.close();
        } catch (Exception ex) {
            ex.printStackTrace();
        }
        try {
            if (stmt != null)
                stmt.close();
        } catch (Exception ex) {
            ex.printStackTrace();
        }
        try {
            if (con != null)
                con.close();
        } catch (Exception ex) {
            ex.printStackTrace();
        }
    }
}
```

（4）创建连接测试类 DaoTest，代码如下。

```
import java.sql.Connection;
import java.sql.ResultSet;
import java.sql.SQLException;
import java.sql.Statement;
public class DaoTest {
    Connection con;
    Statement stmt;
    ResultSet rs;
    public Connection getCon() {
        return con;
    }
    public Statement getStmt() {
        return stmt;
    }
    public ResultSet getRs() {
        return rs;
    }
    public DaoTest(Connection con) {
        this.con = con;
        try {
            stmt = con.createStatement();
        } catch (SQLException e) {
            e.printStackTrace();
        }
    }
    public void createTable() throws SQLException {
        stmt.executeUpdate("DROP TABLE IF EXISTS `jdbc_test` ");//删除相同名称的表
        String sql = "create table jdbc_test(id int,name varchar(100)) ";
        stmt.executeUpdate(sql);//执行SQL语句
        System.out.println("jdbc_test表创建完毕");
    }
    public void insert() throws SQLException {
        String sql1 = "insert into jdbc_test values(1,'tom') ";
        String sql2 = "insert into jdbc_test values(2,'张三') ";
        String sql3 = "insert into jdbc_test values(3,'999') ";
```

```
            stmt.addBatch(sql1);
            stmt.addBatch(sql2);
            stmt.addBatch(sql3);
            int[] results = stmt.executeBatch();//批量运行 SQL 语句
            for (int i = 0; i < results.length; i++) {
                System.out.println("第" + (i + 1) + "次插入返回" + results[0] + "条结果");
            }
        }
        public void select() throws SQLException {
            String sql = "select id,name from jdbc_test ";
            rs = stmt.executeQuery(sql);
            System.out.println("---数据库查询的结果----");
            System.out.println("id\tname");
            System.out.println("---------------------");
            while (rs.next()) {
                String id = rs.getString("id");
                String name = rs.getString("name");
                System.out.print(id + "\t" + name+"\n");
            }
        }
        public static void main(String[] args) {
            Connection con = JDBCUtil.getConnection();
            DaoTest dao = new DaoTest(con);
            try {
                dao.createTable();
                dao.insert();
                dao.select();
            } catch (SQLException e) {
                e.printStackTrace();
            } finally {
                JDBCUtil.close(dao.getRs(), dao.getStmt(), dao.getCon());
            }
        }
    }
```

（5）执行 DaoTest 类中的 main()函数，查看运行结果，如图 7-1 所示。

图 7-1 程序运行结果

习题

1. 简述通过 JDBC 连接数据库的基本步骤。
2. 执行动态 SQL 语句的接口是什么？
3. JDBC 提供的两种实现数据查询的方法分别是什么？
4. Statement 类中的 executeQuery ()和 executeUpdate()方法的区别是什么？

第8章 程序日志组件

本章要点

- 了解日志组件
- 了解日志组件的用途
- 掌握 Log4j2 日志组件的使用方法

在程序开发中，为了便于调试和跟踪系统行为，通常会使用 System.out.println 语句输出调试信息。程序日志由嵌入在代码中的语句产生，用以记录关键操作、异常、状态变更等重要信息。使用 Log4j2 日志组件不仅能够实现基本的日志记录功能，还能实现精细的日志级别管理、灵活的输出格式配置，以及高效的日志输出目的地选择。Log4j2 日志组件通过配置文件实现日志系统的动态调整，无须修改源代码，从而避免了使用大量的 System.out.println 语句，提升了日志管理的效率和规范性。本章将详细介绍 Log4j2 组件的配置与使用。

8.1 程序日志组件概述

Log4j2 是 Apache 软件基金会继 Log4j 之后推出的日志框架重大升级版本，相较原版 Log4j，Log4j2 在性能、可扩展性、配置灵活性等方面进行了显著改进和优化。通过使用 Log4j2，开发人员可以精确控制每条日志的输出格式、级别及生成过程，确保日志数据的高效捕获与精准记录。Log4j2 支持将日志信息发送至多种目的地，包括但不限于控制台、文件、数据库、远程服务器、邮件、各种云服务等。只需一个配置文件（如 properties、XML、JSON 或 YAML 格式等），即可轻松配置应用程序的日志行为，无须对源代码进行任何改动。

程序日志组件概述

此外，Log4j2 提供了跨语言接口，使得在 C、C++、.NET、PL/SQL 等非 Java 环境也能便捷地利用其强大的日志功能，实现与 Java 环境日志处理的一致性。借助丰富的第三方插件和 API，Log4j2 能够无缝集成到现代企业级技术栈中，如 J2EE、Spring Boot、微服务架构、云原生应用等，从而进一步提升分布式系统的日志管理和监控能力。

Log4j 主要由 Logger、Appender 和 Layout 三大组件构成。作为 Log4j 的进化版本，Log4j2 同样由 Logger、Appender 和 Layout 这三大核心组件构成，但其在功能、性能和配置方式上进行了显著优化。下面对这三大组件进行介绍。

1. Logger 组件

Log4j2 允许开发人员创建多个 Logger 实例，每个 Logger 实例拥有唯一的名称，用于标识其作用域和职责。Logger 之间的关系通过名称层级结构来体现。与 Log4j 类似，Log4j2 中存在一个特殊的根 Logger，它始终存在且无法通过名称直接访问，但可以通过 LogManager.getRootLogger()方法获取。其余 Logger 则可通过 LogManager.getLogger(String name)方法根据名称创建或获取。

在 Log4j2 中，Logger 组件的特性得到了增强，具体如下。

- 日志级别：除保留原有的 DEBUG、INFO、WARN、ERROR 和 FATAL 级别外，新增了 TRACE 级别，以支持更细粒度的调试信息输出。
- 日志过滤：支持使用 Filter 组件对 Logger 输出的日志进行精细化筛选，可根据自定义条件决定是否记录特定的日志事件。
- 异步日志记录：可以将 Logger 配置为异步模式，通过单独的线程池处理日志事件，显著提升日志记录的性能，特别是对于大量输出日志的场景。
- 日志上下文数据：Log4j2 引入了 ThreadContext（线程上下文）和 MDC（Mapped Diagnostic Context，映射调试上下文）方法，允许在日志消息中携带与当前线程相关的上下文信息，以便追踪和分析日志。

2. Appender 组件

Appender 在 Log4j2 中依然扮演着将日志信息发送到指定目的地的角色。Log4j2 支持更加广泛且丰富的 Appender 类型，具体如下。

- 控制台（Console）：将日志输出到标准输出流（stdout）或错误输出流（stderr）。
- 文件（File/RollingFile）：将日志写入文件，支持按大小、时间或自定义条件滚动日志文件。
- 数据库（JDBC/DBAppender）：将日志记录存储到数据库表中。
- Socket/UDP：通过网络发送日志到远程服务器或日志收集系统。
- HTTP/S：通过 HTTP 或 HTTPS 将日志推送到 RESTful API。
- NoSQL 数据库（MongoDB/CouchDB）：将日志存储在非关系数据库中。
- 云服务（AWS CloudWatch、Azure Event Hubs 等）：直接集成云服务商的日志服务，便于集中管理和分析日志。

与 Log4j 相比，Log4j2 的 Appender 具备以下优势。

- 多路复用：一个 Logger 可以关联多个 Appender，日志事件会被复制并发送到所有关联的 Appender 中，从而实现多目的地输出。
- 插件化架构：Appender 以插件形式存在，易于扩展和定制，第三方开发者可以编写自定义 Appender，以对接特定系统或服务。
- 高效缓冲：某些 Appender（如 AsyncAppender）支持缓冲机制，将日志事件暂存于内存队列，待满足一定条件（如队列满、定时触发或异步线程空闲）后再批量写入目标，有效减少了 I/O 操作次数，提升了性能。

3. Layout 组件

Layout 在 Log4j2 中负责定义日志信息的格式化输出规则，确保日志内容以可读、易解析的形式呈现。Log4j2 提供了多种内置的 Layout 组件，具体如下。

- PatternLayout：使用占位符（pattern）指定日志格式，支持丰富的转换模式，如时间戳、线程名、日志级别、Logger 名称、消息内容等。

- JsonLayout：以 JSON 格式输出日志，便于日志数据的结构化处理和分析。
- XmlLayout：以 XML 格式输出日志，适用于需要遵循特定 XML schema 的应用场景。
- HTMLLayout：将日志内容格式化为 HTML，以便在网页或报告中展示。
- RFC5424Layout：遵循 RFC 5424 标准，生成 Syslog 兼容的消息格式。

相较 Log4j，Log4j2 的 Layout 具有以下特点。

- 模板化：部分 Layout 组件（如 PatternLayout）支持使用模板引擎定制更复杂的日志格式。
- 国际化：支持多语言环境，可以通过配置 Locale 和 MessageFormat 实现日志信息的本地化输出。
- 事件对象序列化：某些 Layout 组件（如 JsonLayout）可以直接序列化 LogEvent 对象，包含完整的日志上下文信息，为日志分析工具提供丰富的数据源。

综上所述，Log4j2 在保留 Log4j 核心组件的基础上，对其进行了全面的升级和扩展，提供了更强大、灵活的日志处理能力，以满足现代分布式、高并发应用程序的多样化日志需求。

在介绍这 3 个组件之前，为方便讲解本章内容，创建一个 Log4j2 组件的配置文件 log4j2.properties。程序代码如下。

```
# Root Logger
rootLogger.level=DEBUG
rootLogger.appenderRefs=console
rootLogger.appenderRef.console.ref=ConsoleAppender

# Specific Logger
logger.onelogger.name=onelogger
logger.onelogger.level=DEBUG
logger.onelogger.additivity=false
logger.onelogger.appenderRefs=console, file
logger.onelogger.appenderRef.console.ref=ConsoleAppender
logger.onelogger.appenderRef.file.ref=RollingFileAppender

logger.onelogger.newlogger.name=onelogger.newlogger
logger.onelogger.newlogger.additivity=false
logger.onelogger.newlogger.appenderRefs=console, file
logger.onelogger.newlogger.appenderRef.console.ref=ConsoleAppender
logger.onelogger.newlogger.appenderRef.file.ref=RollingFileAppender

# Appenders
appender.console.type=Console
appender.console.name=ConsoleAppender
appender.console.layout.type=PatternLayout
appender.console.layout.pattern=%t %p - %m%n

appender.file.type=RollingFile
appender.file.name=RollingFileAppender
appender.file.fileName=c:/log.htm
appender.file.filePattern=c:/log-%i.htm
appender.file.policies.type=SizeBasedTriggeringPolicy
appender.file.policies.size=10KB
appender.file.strategy.type=DefaultRolloverStrategy
appender.file.strategy.max=3
appender.file.layout.type=HTMLLayout
```

8.2 Logger 组件

在 Log4j2 中，Logger 组件作为日志记录器，是整个框架的核心组成部分。Log4j2 定义了 7 种日志级别，按照重要程度递增排列依次为 TRACE、DEBUG、INFO、WARN、ERROR、FATAL 和 OFF，这些日志级别及其描述如表 8-1 所示。当输出日志信息时，只有级别高于或等于配置中指定阈值的日志才会被记录，这种设计使得开发人员能够在不修改源代码的情况下，通过调整配置轻松控制在不同场景下应记录哪些级别的日志信息。

表 8-1 7 种日志级别及其描述

日志级别	消息类型	描述
TRACE	Object	输出最为详细的调试信息，级别最低
DEBUG	Object	输出常规调试级别的日志信息
INFO	Object	输出正常运行过程中的重要信息
WARN	Object	输出包含潜在问题或非错误条件的警告信息
ERROR	Object	输出应用程序运行过程中遇到的错误
FATAL	Object	输出导致系统崩溃或不可恢复的严重错误事件
OFF	Object	关闭所有日志输出

8.2.1 日志输出

在程序中，使用 Logger 类提供的方法输出不同级别的日志信息。Log4j2 会根据配置的当前日志级别决定是否记录特定级别的日志。各日志级别的对应输出方法如下。

日志输出

TRACE：使用 Logger 类的 trace()方法输出日志信息。

语法格式如下。

```
logger.trace("Object message");
```

message：输出的日志信息，如 logger. trace ("跟踪日志");。

DEBUG：使用 Logger 类的 debug()方法输出日志信息。

语法格式如下。

```
logger.debug(Object message)
```

message：输出的日志信息，如 logger. debug ("调试日志");。

INFO：使用 Logger 类的 info()方法输出日志信息。

语法格式如下。

```
logger.info(Object message)
```

message：输出的日志信息，如 logger. info ("消息日志");。

WARN：使用 Logger 类的 warn()方法输出日志信息。

语法格式如下。

```
logger.warn(Object message)
```

message：输出的日志信息，如 logger. warn ("警告日志");。

ERROR：使用 Logger 类的 error()方法输出日志信息。

语法格式如下。

```
logger.error(Object message)
```

message：输出的日志信息，如 logger.error("数据库连接失败");。

FATAL：使用 Logger 类的 fatal()方法输出日志信息。

语法格式如下。

```
logger.fatal(Object message)
```

message：输出的日志信息，如 logger.fatal("内存不足");。

配置日志

8.2.2 配置日志

与 Log4j 有所不同，在 Log4j2 中使用 properties 格式配置日志时，其语法和结构有所变化。以下是将 Log4j 配置升级为 Log4j2 properties 格式的示例。

```
status = WARN
appenders = fileAppender

appender.fileAppender.type = File
appender.fileAppender.name = FileAppender
appender.fileAppender.fileName = logs/onelogger.log
appender.fileAppender.layout.type = PatternLayout
appender.fileAppender.layout.pattern=%d{yyyy-MM-ddHH:mm:ss.SSS}[%t] %-5level %logger
{36} - %msg%n

loggers = onelogger
logger.onelogger.name = onelogger
logger.onelogger.level = DEBUG
logger.onelogger.appenderRefs = fileAppender
logger.onelogger.appenderRef.fileAppender.ref = FileAppender

rootLogger.level = ERROR
```

解析如下。

status = WARN 设置 Log4j2 内部日志系统的日志级别为 WARN。

appenders = fileAppender 定义配置中包含的 Appender 列表，此处只有一个名为 fileAppender 的 Appender。

appender.fileAppender.*配置名为 fileAppender 的 File Appender，包括其类型、名称、输出文件路径、布局类型和布局模式的定义。

loggers = onelogger 定义配置中包含的 Logger 列表，此处只有一个名为 onelogger 的 Logger。

logger.onelogger.*配置名为 onelogger 的 Logger，设置其名称为 onelogger、日志级别为 DEBUG。通过 appenderRefs 和 appenderRef 指定该 Logger 与 fileAppender 关联，使其日志输出到指定文件。

rootLogger.level = ERROR 设置根 Logger 的日志级别为 ERROR，这意味着所有未显式配置 Logger 的代码产生的日志事件，只有等于或低于 ERROR 级别的才会被记录。

8.3 Appender 组件

Appender 组件

在 Log4j2 配置中定义 Logger 日志时，需要指定日志的输出目标为实现 Appender 接口的对象。Log4j2 提供了多种 Appender 实现类，它们能够将日志输出到各类目的地，包括但不限于灵活的文件、控制台、网络流、邮件、远程服务器等。Appender 接口的实现类如表 8-2 所示。

表 8-2　Appender 接口的实现类

类名	描述
ConsoleAppender	输出日志到控制台，支持标准输出（stdout）和错误输出（stderr）
FileAppender	将日志写入指定的本地文件
RollingFileAppender	在文件达到一定大小、时间间隔或其他条件时，自动创建新文件以继续写入日志，支持日志文件的滚动和归档
OutputStreamAppender	以流的形式输出日志信息到任意目的地，如网络套接字、进程间通信管道等
SmtpAppender	当特定的日志事件发生时（如错误或严重错误），发送电子邮件进行通知
SocketAppender	将日志事件发送到远程日志服务器的网络套接字节点
SocketAppenderBase（含子类）	提供多种基于网络传输的日志 Appender，如 TCP、UDP、SSL/TLS 等，可用于向远程服务器群组发送日志事件
SyslogAppender	将日志消息发送到远程 Syslog 服务器，遵循 RFC 5424、RFC 3164 等标准

以 ConsoleAppender 为例，在配置日志输出到控制台时，使用 Log4j2 的配置方式如下。

```
# 配置根 Logger
status = WARN

# 定义 ConsoleAppender
appender.console.type = Console
appender.console.name = ConsoleAppender
appender.console.target = SYSTEM_OUT
appender.console.layout.type = PatternLayout
appender.console.layout.pattern = %d{HH:mm:ss.SSS} [%t] %-5level %logger{36} - %msg%n

# 设置所有 Logger（包括根 Logger）默认使用 ConsoleAppender 作为输出目标
rootLogger.level = WARN
rootLogger.appenderRef.console.ref = ConsoleAppender
```

上述配置定义了一个名为 ConsoleAppender 的控制台 Appender，并将其设置为所有 Logger（包括根 Logger）的默认输出目标。

对于以文件形式备份日志信息，可以使用 Log4j2 的 RollingFileAppender。以 RollingFileAppender 为例，配置日志输出文件为 log.htm、文件大小限制为 10KB、文件最大备份数量为 3，关键配置代码如下。

```
# 配置根 Logger
status = WARN

# 定义 ConsoleAppender
appender.console.type = Console
appender.console.name = ConsoleAppender
appender.console.target = SYSTEM_OUT
appender.console.layout.type = PatternLayout
appender.console.layout.pattern = %d{HH:mm:ss.SSS} [%t] %-5level %logger{36} - %msg%n

# 定义 RollingFileAppender
appender.rolling.type = RollingFile
appender.rolling.name = RollingFileAppender
appender.rolling.fileName = c:/log.htm
appender.rolling.filePattern = c:/log_%i.htm
appender.rolling.layout.type = PatternLayout
```

```
appender.rolling.layout.pattern = %d{HH:mm:ss.SSS} [%t] %-5level %logger{36} - %msg%n
appender.rolling.policies.type = Policies
appender.rolling.policies.size.type = SizeBasedTriggeringPolicy
appender.rolling.policies.size.size = 10 KB
appender.rolling.strategy.type = DefaultRolloverStrategy
appender.rolling.strategy.max = 3

# 设置所有 Logger(包括根 Logger)默认使用 ConsoleAppender 作为输出目标,并添加 RollingFileAppender
rootLogger.level = WARN
rootLogger.appenderRef.console.ref = ConsoleAppender
rootLogger.appenderRef.rolling.ref = RollingFileAppender
```

上述配置定义了一个名为 RollingFileAppender 的滚动文件 Appender，设置了日志文件的路径、滚动规则、触发策略和最大备份数量，这样，日志信息不仅会输出到控制台，还会被写入指定的文件，并在文件大小超过 10KB 时自动滚动创建新文件，且最多保留 3 个备份文件，超出数量的旧文件将被新备份文件替换。

8.4 Layout 组件

Layout 组件

Appender 必须将一个与之关联的 Layout 组件附加在其上，它可以根据用户的个人习惯格式化日志并输出。Layout 的子类如表 8-3 所示。

表 8-3　Layout 的子类

类名	描述
HtmlLayout	将日志以 HTML 格式布局输出，适用于生成可浏览的网页日志
PatternLayout	将日志根据指定的转换模式（Pattern）格式化并输出，如果没有指定，则采用默认模式
SimpleLayout	将日志以一种非常简单的方式格式化，输出日志级别、一个破折号和日志信息
TTCCLayout	（无直接对应）TTCC 布局包含线程信息、时间戳、日志级别和日志信息。Log4j2 推荐使用 PatternLayout 结合适当的 Pattern 实现类似功能

在配置 Log4j2 Layout 时，通常在配置文件中为 Appender 定义其关联的 Layout 类型、属性及转换模式。以下是一个使用 properties 格式配置 Log4j2 Layout 的示例。

```
# 定义 ConsoleAppender 关联 PatternLayout，并设置转换模式
appender.console.type = Console
appender.console.name = ConsoleAppender
appender.console.layout.type = PatternLayout
appender.console.layout.pattern = %t %p - %m%n

# 定义 RollingFileAppender 关联 HtmlLayout
appender.rolling.type = RollingFile
appender.rolling.name = RollingFileAppender
appender.rolling.layout.type = HtmlLayout

# 设置所有 Logger(包括根 Logger)默认使用 ConsoleAppender 作为输出目标,并添加 RollingFileAppender
rootLogger.level = WARN
rootLogger.appenderRef.console.ref = ConsoleAppender
rootLogger.appenderRef.rolling.ref = RollingFileAppender
```

在这个示例中，ConsoleAppender 关联了 PatternLayout 并设置了转换模式为%t %p - %m%n，以输出包含线程名称、日志级别和日志信息的日志。RollingFileAppender 则关联了 HtmlLayout，生成 HTML 格式的日志文件。定义转换模式的转换字符如表 8-4 所示。

表 8-4　定义转换模式的转换字符

转换字符	描述
%c	日志名称
%C	日志操作所在类的名称（不包含扩展名）
%d	产生日志的时间和日期
%F	日志操作所在类的源文件（.java 文件）名称
%l	输出日志事件发生的位置，日志操作代码所在类的名称连接以“.”字符分隔的方法名，其后的“( )”中包含日志操作代码所在的源文件名称以“:”连接所在行号。例如 Test.main(Test.java:19)
%L	只包含日志操作代码所在源代码的行号
%m	除了输出日志信息，不包含任何信息
%M	只输出日志操作代码所在源文件中的方法名，如 main
%n	日志信息中的换行符
%p	以大写形式输出日志的级别
%r	产生日志所耗费的时间（以毫秒为单位）
%t	输出日志信息的线程名称
%%	输出%符号

8.5 应用日志调试程序

应用日志调试程序

【例 8-1】 在显示用户注册信息页面时，分别输出日志信息到控制台和日志文件中。其中日志文件以 HTML 格式存储在 C 盘的 log.htm 文件中，文件大小超过 10KB 时自动备份日志，然后创建新的日志文件，最多只能备份 3 个日志文件。程序运行效果如图 8-1 所示。

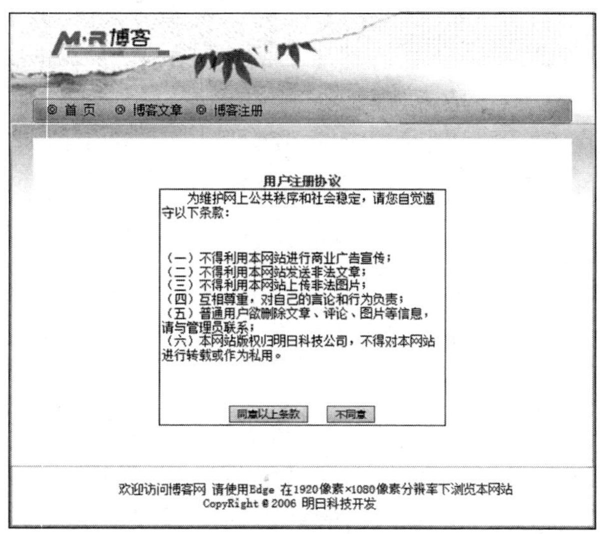

图 8-1　程序运行效果

程序实现步骤如下。

（1）创建 Log4j 的日志配置文件 log4j.properties，代码如下。

```
# Root Logger
rootLogger.level=DEBUG
```

```
rootLogger.appenderRefs=console
rootLogger.appenderRef.console.ref=ConsoleAppender

# Specific Logger
logger.onelogger.name=onelogger
logger.onelogger.level=DEBUG
logger.onelogger.additivity=false
logger.onelogger.appenderRefs=console, file
logger.onelogger.appenderRef.console.ref=ConsoleAppender
logger.onelogger.appenderRef.file.ref=RollingFileAppender

logger.onelogger.newlogger.name=onelogger.newlogger
logger.onelogger.newlogger.additivity=false
logger.onelogger.newlogger.appenderRefs=console, file
logger.onelogger.newlogger.appenderRef.console.ref=ConsoleAppender
logger.onelogger.newlogger.appenderRef.file.ref=RollingFileAppender

# Appenders
appender.console.type=Console
appender.console.name=ConsoleAppender
appender.console.layout.type=PatternLayout
appender.console.layout.pattern=%t %p - %m%n

appender.file.type=RollingFile
appender.file.name=RollingFileAppender
appender.file.fileName=c:/log.htm
appender.file.filePattern=c:/log-%i.htm
appender.file.policies.type=SizeBasedTriggeringPolicy
appender.file.policies.size=10KB
appender.file.strategy.type=DefaultRolloverStrategy
appender.file.strategy.max=3
appender.file.layout.type=HTMLLayout
```

（2）创建 log.jsp 文件，调用 Logger 类的各种日志方法输出不同级别的日志信息，这些日志信息会分别输出到控制台和日志文件中。程序代码如下。

```
<%@page import="org.apache.logging.log4j.core.config.Configurator"%>
<%@page pageEncoding="utf-8" contentType="text/html; charset=utf-8"%>
<%@page import="org.apache.logging.log4j.*"%>
<jsp:directive.page import="java.util.Date" />
<HTML><HEAD><TITLE>注册协议</TITLE>
<META http-equiv=Content-Type content="text/html; charset=gb2312">
<STYLE type=text/css>
body {
    FONT-SIZE: 9pt; FONT-FAMILY: 宋体
}
</style>
</HEAD>
<BODY>
<%
Logger onelogger = LogManager.getLogger("onelogger");
Logger newlogger = LogManager.getLogger("onelogger.newLogger");
String path = getServletContext().getRealPath("log4j2.properties");
Configurator.initialize(null, path);
onelogger.debug("调试: \t 当前日期是" + new Date().toLocaleString()
        + "Log4j2 初始化完毕");
%>
<TABLE style="WIDTH: 755px" cellSpacing=0 cellPadding=0 width=757>
  <TR>
    <TD colSpan=3>
      <TABLE
      style="BACKGROUND-IMAGE: url(images/head.jpg); WIDTH: 755px; HEIGHT: 150px"
```

```
        cellSpacing=0 cellPadding=0>
          <TR><TD
            style="VERTICAL-ALIGN: text-top; WIDTH: 80px; HEIGHT: 115px; TEXT-ALIGN: right"
            colSpan=5></TD></TR>
          <TR>
            <TD>      ◎ 首 页
               ◎ 博客文章  ◎ 博客注册</TD>
          </TR>
             </TABLE>
      </TD>
    </TR>
    <TR>
      <TD
      style="BACKGROUND-IMAGE: url(images/bg.jpg); VERTICAL-ALIGN: middle; HEIGHT: 450px;
TEXT-ALIGN: center"
      vAlign=center colSpan=3>
        <TABLE style="WIDTH: 224px" height=304 cellSpacing=0 cellPadding=0 align=center>
          <TBODY>
          <TR>
            <TD style="WIDTH: 368px; HEIGHT: 21px; TEXT-ALIGN: center"
              height=29><STRONG><SPAN
            style="COLOR: #993300">用户注册协议</SPAN></STRONG></TD></TR>
          <TR>
            <TD style="WIDTH: 368px; HEIGHT: 302px" rowSpan=2>
            <%onelogger.debug("开始读取注册协议信息"); %>
              <TABLE
              style="BORDER-RIGHT: black thin solid; BORDER-TOP: black thin solid;
               BORDER-LEFT: black thin solid; WIDTH: 369px;
               BORDER-BOTTOM: black thin solid" align=center>
                <TR>
                    <TD width="354" colSpan=4
                    rowSpan=4 style="HEIGHT: 15px; TEXT-ALIGN: left">    
为维护网上公共秩序和社会稳定，请您自觉遵守以下条款： <BR>
                <p>（一）不得利用本网站进行商业广告宣传； <br>
                    （二）不得利用本网站发送非法文章；<br>
                    （三）不得利用本网站上传非法图片； <br>
                    （四）互相尊重，对自己的言论和行为负责； <br>
                    （五）普通用户欲删除文章、评论、图片等信息，请与管理员联系；<br>
                    （六）本网站版权归明日科技公司，不得对本网站进行转载或作为私用。</p>
                <p><br>
                    <br>
                </p></TD>
                  </TR>
                <TR></TR>
                <TR></TR>
                <TR></TR>
                <TR>
                  <TD style="HEIGHT: 8px; TEXT-ALIGN: center" colSpan=4>
                  <INPUT id=Button1  type=submit value=同意以上条款>
                      <INPUT id=Button2 type=submit value=不同意></TD>
                    </TR>
                    <%onelogger.debug("注册协议信息读取完毕"); %>
                  </TABLE>
                </TD></TR><TR></TR></TBODY></TABLE></TD></TR>
    <TR>
      <TD align=middle background=images/footer.jpg colSpan=3
        height=82>
        <%onelogger.info("读取版权消息"); %>
        欢迎访问博客网 请使用 Edge 在 1920 像素×1080 像素分辨率下浏览本网站<BR>
             CopyRight @ 2006 明日科技开发
        <%onelogger.info("版权消息读取完毕"); %></TD>
    </TR></TBODY></TABLE>
```

```
<%onelogger.error("数据库关闭失败");
onelogger.fatal("系统内存不足，无法继续完成注册。");%>
</BODY>
</HTML>
```

运行程序后，控制台中输出的日志如图 8-2 所示。

```
Problems  Servers  Terminal  Data Source Explorer  Properties  Console ×  Progress  JUnit
Tomcat v9.0 Server at localhost [Apache Tomcat] D:\Java\jdk-17\bin\javaw.exe  (2024年3月26日 上午9:21:29) [pid: 3888]
3月 26, 2024 9:21:32 上午 org.apache.coyote.AbstractProtocol start
信息: 开始协议处理句柄["http-nio-8080"]
3月 26, 2024 9:21:32 上午 org.apache.catalina.startup.Catalina start
信息: [490]毫秒后服务器启动
http-nio-8080-exec-6 DEBUG - 调试:        当前日期是2024年3月26日 上午9:21:34Log4j2初始化完毕
http-nio-8080-exec-6 DEBUG - 开始读取注册协议信息
http-nio-8080-exec-6 DEBUG - 注册协议信息读取完毕
http-nio-8080-exec-6 INFO - 读取版权消息
http-nio-8080-exec-6 INFO - 版权消息读取完毕
http-nio-8080-exec-6 ERROR - 数据库关闭失败
http-nio-8080-exec-6 FATAL - 系统内存不足，无法继续完成注册。
```

图 8-2　日志输出到控制台的结果

程序运行后在 C 盘生成的 log.htm 日志文件内容如图 8-3 所示。

Log session start time Tue Mar 26 09:28:10 CST 2024

Time	Thread	Level	Logger	Message
3855	http-nio-8080-exec-3	DEBUG	onelogger	调试：　当前日期是2024年3月26日 上午9:21:34Log4j2初始化完毕
3872	http-nio-8080-exec-3	DEBUG	onelogger	开始读取注册协议信息
3872	http-nio-8080-exec-3	DEBUG	onelogger	注册协议信息读取完毕
3873	http-nio-8080-exec-3	INFO	onelogger	读取版权消息
3873	http-nio-8080-exec-3	INFO	onelogger	版权消息读取完毕
3873	http-nio-8080-exec-3	**ERROR**	onelogger	数据库关闭失败
3873	http-nio-8080-exec-3	**FATAL**	onelogger	系统内存不足，无法继续完成注册。

图 8-3　生成的日志文件内容

8.6 AIGC 辅助编程——动态创建和管理 Logger 父子关系

Logger 的父子关系是日志记录框架中的一个重要概念，它允许开发者通过配置 Logger 组件来控制日志的输出和处理方式。在 Logger 的父子关系中，子 Logger 会继承父 Logger 的配置。这意味着子 Logger 会继承父 Logger 的日志级别、Appender（输出目的地）以及其他相关配置。虽然本章没有介绍如何通过编程方式动态地创建和管理 Logger 的父子关系，但是可以借助 AIGC 填补这个空白，以下是在 AIGC 平台上的对话示例。

【问题】

通过编程方式动态地创建和管理 Logger 的父子关系。

【AIGC 建议】

在 Java 中，可以使用 Log4j 库来动态地创建和管理 Logger 的父子关系。以下是一个示例，展示了如何通过编程方式实现这一点。

```java
import org.apache.log4j.Logger;
import org.apache.log4j.Level;
import org.apache.log4j.ConsoleAppender;
import org.apache.log4j.SimpleLayout;
public class LoggerExample {
   public static void main(String[] args) {
```

```
        //创建根 Logger
        Logger rootLogger = Logger.getRootLogger();
        rootLogger.setLevel(Level.DEBUG);
        //创建控制台 Appender
        ConsoleAppender consoleAppender = new ConsoleAppender();
        consoleAppender.setLayout(new SimpleLayout());
        consoleAppender.activateOptions();
        //将 Appender 添加到根 Logger
        rootLogger.addAppender(consoleAppender);
        //创建父 Logger
        Logger parentLogger = Logger.getLogger("com.example.parent");
        parentLogger.setLevel(Level.INFO);
        //创建子 Logger 并设置父 Logger
        Logger childLogger = Logger.getLogger("com.example.parent.child");
        childLogger.setParent(parentLogger);
        //测试日志输出
        rootLogger.debug("This is a debug message from root logger.");
        parentLogger.info("This is an info message from parent logger.");
        childLogger.warn("This is a warning message from child logger.");
    }
}
```

在这个示例中，我们首先创建了一个根 Logger，并将其级别设置为 DEBUG。然后，我们创建了一个控制台 Appender，并将其添加到根 Logger 中。接下来，我们创建了一个父 Logger，并将其级别设置为 INFO。最后，我们创建了一个子 Logger，并通过调用 setParent()方法将其父 Logger 设置为之前创建的父 Logger。这样，子 Logger 就继承了父 Logger 的配置。

【追加问题】

Java Web 应用程序中如何动态配置 Logger?

【AIGC 建议】

在 Java Web 应用程序中，动态配置 Logger 可以帮助你在运行时调整日志记录的行为，而无须重启应用程序。这通常使用外部配置文件或管理控制台来实现。以下是一些常见的方法。

1．使用 Log4j2 和 XML 配置文件

Log4j2 是一个流行的日志框架，支持动态配置。你可以使用 XML 配置文件来定义日志记录器，并在运行时重新加载该配置文件。

（1）添加依赖：确保你的项目中包含 Log4j2 的依赖。例如，如果你使用的是 Maven，可以在 pom.xml 中添加以下依赖。

```
<dependency>
    <groupId>org.apache.logging.log4j</groupId>
    <artifactId>log4j-core</artifactId>
    <version>2.x.x</version>
</dependency>
<dependency>
    <groupId>org.apache.logging.log4j</groupId>
    <artifactId>log4j-api</artifactId>
    <version>2.x.x</version>
</dependency>
```

（2）创建 Log4j2 配置文件：创建一个名为 log4j2.xml 的文件，并将其放在类路径（例如 src/main/resources）下。

```
<?xml version="1.0" encoding="UTF-8"?>
<Configuration status="WARN">
    <Appenders>
```

```
        <Console name="Console" target="SYSTEM_OUT">
            <PatternLayout pattern=
                "%d{HH:mm:ss.SSS} [%t] %-5level %logger{36} - %msg%n"/>
        </Console>
    </Appenders>
    <Loggers>
        <Root level="info">
            <AppenderRef ref="Console"/>
        </Root>
    </Loggers>
</Configuration>
```

（3）动态重新加载配置：在代码中，你可以使用 Configurator 类来重新加载配置文件。

```
import org.apache.logging.log4j.LogManager;
import org.apache.logging.log4j.core.config.Configurator;

public class Log4j2DynamicConfig {
    public static void main(String[] args) {
        //初始配置
        Configurator.initialize(null, "path/to/log4j2.xml");

        //动态改变日志级别
        Configurator.setLevel("com.example", Level.DEBUG);

        //重新加载配置文件
        Configurator.reconfigure();
    }
}
```

2．使用 SLF4J 和 Logback

SLF4J 是一个简单的日志门面，可以与多种日志实现一起使用，包括 Logback。Logback 也支持动态配置。

（1）添加依赖：确保你的项目中包含 SLF4J 和 Logback 的依赖。例如，如果你使用的是 Maven，可以在 pom.xml 中添加以下依赖。

```
<dependency>
    <groupId>ch.qos.logback</groupId>
    <artifactId>logback-classic</artifactId>
    <version>1.2.x</version>
</dependency>
<dependency>
    <groupId>org.slf4j</groupId>
    <artifactId>slf4j-api</artifactId>
    <version>1.7.x</version>
</dependency>
```

（2）创建 Logback 配置文件：创建一个名为 logback.xml 的文件，并将其放在类路径（例如 src/main/resources）下。

```
<configuration>
    <appender name="STDOUT" class="ch.qos.logback.core.ConsoleAppender">
        <encoder>
            <pattern>%d{HH:mm:ss.SSS} [%thread] %-5level %logger{36} - %msg%n</pattern>
        </encoder>
    </appender>
    <root level="info">
        <appender-ref ref="STDOUT"/>
    </root>
</configuration>
```

（3）动态重新加载配置：在代码中，你可以使用 JoranConfigurator 类来重新加载配置文件。

```
import ch.qos.logback.classic.LoggerContext;
import ch.qos.logback.classic.joran.JoranConfigurator;
import ch.qos.logback.core.util.StatusPrinter;
import org.slf4j.LoggerFactory;

public class LogbackDynamicConfig {
    public static void main(String[] args) {
        LoggerContext context = (LoggerContext) LoggerFactory.getILoggerFactory();
        try {
            JoranConfigurator configurator = new JoranConfigurator();
            configurator.setContext(context);
            context.reset(); //清除当前配置
            configurator.doConfigure("path/to/logback.xml"); //加载新配置
        } catch (Exception e) {
            e.printStackTrace();
        }
        StatusPrinter.printInCaseOfErrorsOrWarnings(context);
    }
}
```

这些方法可以帮助你在 Java Web 应用程序中实现动态配置 Logger，从而更灵活地控制日志输出。

本章小结

本章讲解了 Java 中常用的 Log4j2 日志组件，这个组件可以将后台的日志按照指定的格式进行展示或保存。

上机指导

上机指导

使用 Log4j2 组件将控制台异常日志保存到文件中。

开发步骤如下。

（1）创建名为 Log4j2Test 的 Java 项目。

（2）在 src 目录下创建 log4j2.properties 配置文件，文件代码如下。

```
# 配置根 Logger
status = DEBUG

# 定义 FileAppender
appender.file.type = File
appender.file.name = R
appender.file.fileName = console.log
appender.file.append = true
appender.file.layout.type = PatternLayout
appender.file.layout.pattern = %n%d:%m%n

# 设置根 Logger 作为输出目标
rootLogger.appenderRef.file.ref = Rayout
```

（3）创建 LogTest 类，关键代码如下。

```
import org.apache.logging.log4j.LogManager;
import org.apache.logging.log4j.Logger;
import org.apache.logging.log4j.core.config.Configurator;
public class LogTest {
    public static void main(String[] args) {
        Logger logger = LogManager.getLogger("myLogTest");//创建 logger 实例
        Configurator.initialize(null, "src/log4j2.properties");//加载配置文件
                String a = null;
        try {
            System.out.println("Log4j2 测试");//在控制台输出文字，此内容不会写入日志
            a.equals("抛出空指针异常");//模拟空指针异常
        } catch (Exception e) {
            e.printStackTrace();
            logger.error("出现异常", e);//将异常日志保存到文件中
        }
    }
}
```

（4）运行 LogTest 类的 main()函数，在项目根目录下生成 console.log 日志文件，查看日志内容是否与控制台输出的异常相同。

习题

1. 如何让 Log4j2 在控制台输出日志内容?
2. 如何让 Log4j2 在指定的文件目录下生成日志文件?

第9章 Spring MVC 框架

本章要点

- 了解 Spring MVC
- 掌握处理器、映射器和适配器的配置
- 掌握前端控制器和视图解析器的配置
- 掌握请求映射和参数绑定
- 掌握拦截器的配置

Spring MVC 是一款基于 MVC 架构模式的轻量级 Web 框架，其目的是将 Web 开发模块化，对整体架构进行解耦，简化 Web 开发流程。Spring MVC 基于请求驱动，即使用请求/响应模型。由于 Spring MVC 遵循 MVC 架构规范，因此整体分为开发数据模型层（Model）、响应视图层（View）和控制层（Controller），可以让开发者设计出结构规整的 Web 层。

9.1 MVC 设计模式

MVC（Model-View-Controller，模型-视图-控制器）是一个存在于服务器表达层的模式。在 MVC 经典架构中，强制性地把应用程序的输入、处理和输出分开，将程序分成 3 个核心模块——模型、视图和控制器。

MVC 设计模式

1．模型

模型是 Web 应用的核心功能，包括业务逻辑层和数据库访问层（数据持久层）。在 Java Web 应用中，业务逻辑层一般由 JavaBean 或 EJB（Enterprise JavaBean，企业级 JavaBean）构建；数据访问层则通常应用 JDBC 或 Hibernate 构建，主要负责与数据库打交道，比如从数据库中取出数据、向数据库中保存数据等。

2．视图

视图主要是指用户看到并与之进行交互的界面，即 Java Web 应用程序的用户界面，一般由 JSP 和 HTML 构建。视图可以接收用户的输入，但并不包含任何实际的业务处理，只是将数据转交给控制器。在模型改变时，通过模型和视图之间的协议，视图得知这种改变并修改自己的显示。

3．控制器

控制器负责与用户进行交互，并将用户输入的数据导入模型。在 Java Web 应用中，当用户提交 HTML 表单时，控制器接收请求并调用相应的模型组件进行处理，之后调用相应的视图来显示模型返回的数据。

模型、视图、控制器之间的关系如图 9-1 所示。

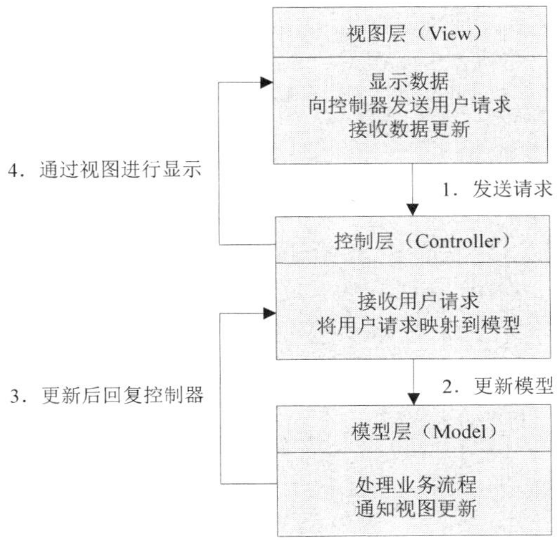

图 9-1　视图、模型、控制器之间的关系

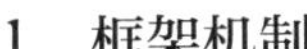

9.2 Spring MVC 框架概述

Spring MVC
框架概述

9.2.1　Spring MVC 与 Struts2 的区别

Spring MVC 与 Struts2 的区别主要体现在以下 6 个方面。

1．框架机制

（1）Struts2 采用 Filter（Struts Prepare And Execute Filter）实现。

（2）Spring MVC 采用 Servlet（Dispatcher Servlet）实现。

2．拦截机制

（1）Struts2

- Struts2 框架是类级别的拦截，每请求一次就会创建一个 Action 实例。在与 Spring 整合时，Struts2 的 ActionBean 的注入作用域是原型模式（prototype），这是为了避免出现线程并发问题。然后通过 setter 和 getter 把 request 中的数据注入 Action 的属性。
- Struts2 中，一个 Action 对应一个 request 和 response 上下文，可以通过属性接收参数。
- Struts2 中 Action 的一个方法对应一个 URL，而其类属性却被所有方法共享，这意味着无法用注解或其他方式标识其属性方法。

（2）Spring MVC

- Spring MVC 是基于方法的拦截，每个请求对应一个方法上下文。因此，每个方法基本上是独立的，拥有自己专属的 request、response 数据。同时每个方法又和一个 URL 对应，参数直接注入方法，是方法所独有的。处理结果通过 ModelMap 返回给框架。

- 在 Spring 整合时，Spring MVC 的 Controller Bean 默认采用单例模式，因此默认情况下，Spring 只会创建一个 Controller 实例来处理所有的请求。由于 Controller 中通常没有共享的属性，所以这种设计线程是安全的，如果要改变默认的作用域，需要添加@Scope 注解进行修改。

3．性能方面

（1）Spring MVC 实现了零配置，由于 Spring MVC 是基于方法的拦截机制，它只需要加载一次单例模式的 Bean 注入。

（2）Struts2 是类级别的拦截，每次请求都要创建一个新的 Action 实例，并需要加载所有的属性值注入，所以 Spring MVC 的开发效率和性能要高于 Struts2。

4．配置方面

Spring MVC 和 Spring 可以无缝集成，因此 Spring MVC 在项目的管理和安全性方面相比 Struts2 更具优势，当然 Struts2 也可以通过不同的目录结构和相关配置达到与 Spring MVC 一样的效果，但是需要在.xml 文件中进行大量配置。

5．设计思想

Struts2 更加符合面向对象编程思想，而 Spring MVC 则更加谨慎，是在 Servlet 上进行了扩展。

6．集成方面

（1）SpringMVC 支持 Ajax 交互，开发非常便捷。例如，在控制器方法上添加@ResponseBody 注解（或直接使用@RestController），即可将返回值自动转换为 JSON/XML 格式响应，无须手动处理 HTTP 响应流。

（2）Struts2 需要通过额外插件（如 struts2-json-plugin）或手动编写代码来实现 Ajax 支持。例如，在 struts.xml 中配置 JSON 结果类型，或自行处理 HTTP 响应输出，开发流程相对烦琐。

9.2.2 Spring MVC 的结构体系

Spring MVC 框架的结构体系如图 9-2 所示。

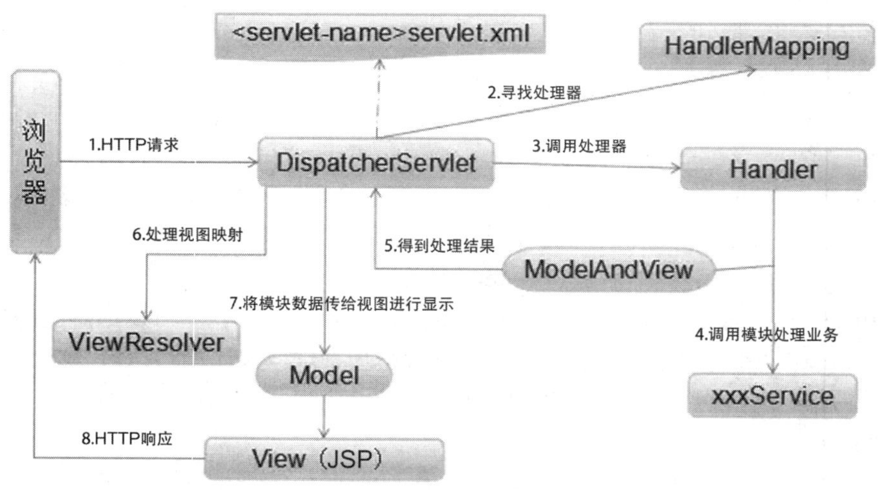

图 9-2 Spring MVC 框架的结构体系

原理解释如下。

1．HTTP 请求

客户端发出 HTTP 请求，Web 应用服务器接收这个请求，如果请求匹配 DispatcherServlet 的请求映射路径，就将之转发给 DispatcherServlet 处理。

2．寻找处理器

DispatcherServlet 接收请求后，将根据请求的信息（包括 URL、HTTP 方法、请求报文头、请求参数、cookie 等）及 HandlerMapping 的配置找到处理请求的控制器。

3．调用处理器

DispatcherServlet 把请求交给处理器。

4．调用模块处理业务

处理器调用服务层方法处理业务逻辑。

5．得到处理结果

处理器的返回结果为 ModelAndView。

6．处理视图映射

DispatcherServlet 查询一个或多个 ViewResolver 视图解析器，找到 ModelAndView 指定的视图。

7．将模块数据传给视图进行显示

8．HTTP 响应

将结果显示到客户端。

Spring MVC 环境搭建

9.3 Spring MVC 环境搭建

下面来搭建 Spring MVC 的工作环境。首先在 Eclipse 中创建一个名为 SpringMVCTest 的 Web 项目；然后在 src 文件夹下创建 com.mr.controller 和 com.mr.entity 两个包，用于存放控制器类和 Java 实体类；接着在 WebContent/WEB-INF 目录下创建一个名为 SpringMVC.xml 的配置文件；最后在 WebContent/WEB-INF 目录下创建一个名为 jsp 的文件夹，用来放置 JSP 文件。WEB-INF 目录下，数据 WebProject 的私有文件夹是无法直接通过路径访问的，保证了视图的安全性。

创建好的 Spring MVC 环境测试目录结构如图 9-3 所示。

图 9-3 Spring MVC 环境测试目录结构

9.3.1 添加 jar 包

本书使用 Spring MVC 5.3.33，核心的 jar 包为 spring-webmvc-5.3.33.jar，是 Spring MVC 实现 MVC 结构的重要依赖，其余 jar 包与 Spring 的 IoC（Inversion of Control，控制反转）、AOP（Aspect-Oriented Programming，面向方面的程序设计）、Bean 的管理、数据库连接，以及上下文管理有着紧密的联系。把需要添加的 jar 包放在 WebContent/WEB-INF/lib 目录下，需要添加的 jar 包如图 9-4 所示。

在一般的 Servlet 开发模式中，请求会被映射到 web.xml 文件中，然后通过 servlet-mapping 匹配到对应的 Servlet 配置上，进而调用相应的 Servlet 类来处理请求并反馈结果。

当使用 Spring MVC 框架开发时，就需要将所有符合条件的请求拦截到 Spring MVC 的专有 Servlet 上，让 Spring MVC 框架进行下一步处理。这里需要在测试工程的 web.xml 文件中添加 Spring MVC 的前端控制器，用于拦截符合配置的 URL 请求。具体代码如下。

lib
spring-aop-5.3.33.jar
spring-aspects-5.3.33.jar
spring-beans-5.3.33.jar
spring-context-5.3.33.jar
spring-core-5.3.33.jar
spring-expression-5.3.33.jar
spring-instrument-5.3.33.jar
spring-jdbc-5.3.33.jar
spring-orm-5.3.33.jar
spring-test-5.3.33.jar
spring-tx-5.3.33.jar
spring-web-5.3.33.jar
spring-webmvc-5.3.33.jar

图 9-4　需要添加的 jar 包

```
<?xml version="1.0" encoding="UTF-8"?>
<web-app
    version="2.5"
    xmlns="http://java.sun.com/xml/ns/javaee"
    xmlns:xsi="http://www.w3.org/2001/XMLSchema-instance"
    xsi:schemaLocation="http://java.sun.com/xml/ns/javaee
        http://java.sun.com/xml/ns/javaee/web-app_2_5.xsd">
    <welcome-file-list>
        <welcome-file>index.jsp</welcome-file>
    </welcome-file-list>
    <!-- Spring MVC 前端控制器 -->
    <servlet>
        <servlet-name>Spring MVC</servlet-name>
<servlet-class>org.springframework.web.servlet.DispatcherServlet</servlet-class>
       <init-param>
             <param-name>contextConfigLocation</param-name>
             <param-value>/WEB-INF/SpringMVC.xml</param-value>
        </init-param>
    </servlet>
    <servlet-mapping>
        <servlet-name>Spring MVC</servlet-name>
        <url-pattern>/*</url-pattern>
    </servlet-mapping>
</web-app>
```

<servlet-mapping>标签中定义了 URL 是/，也就是说所有的 URL 请求都将被拦截，然后映射到 Spring MVC 配置上。其中，实现类为 DispatcherServlet，即 Spring MVC 的前端控制器类。<init-param>标签中放置了 DispatcherServlet 需要的初始化参数，配置的是 contextConfigLocation 上下文参数变量，其加载文件为编译目录下的 SpringMVC.xml。

说明：<servlet-class>标签后的内容是固定写法，它是 Spring MVC 封装好的一个类。

9.3.2　编写核心配置文件 SpringMVC.xml

接下来编写核心配置文件 SpringMVC.xml。在 SpringMVC.xml 文件中添加 XML 的版本声明和一个包含 Spring 标签声明规则的<beans>标签，将所有数据配置在该标签中。<beans>标签的内层可以有多个<bean>标签。

```
<?xml version="1.0" encoding="UTF-8"?>
<beans  xmlns="http://www.springframework.org/schema/beans"
        xmlns:xsi="http://www.w3.org/2001/XMLSchema-instance"
        xmlns:context="http://www.springframework.org/schema/context"
        xmlns:mvc="http://www.springframework.org/schema/mvc"
        xsi:schemaLocation="http://www.springframework.org/schema/beans
             http://www.springframework.org/schema/beans/spring-beans-4.0.xsd
             http://www.springframework.org/schema/context
             http://www.springframework.org/schema/context/spring-context-4.0.xsd
             http://www.springframework.org/schema/mvc
             http://www.springframework.org/schema/mvc/spring-mvc-4.0.xsd">
</beans>
```

由图 9-2 可知，当请求到达前端控制器 DispatcherServlet 时，DispatcherServlet 会请求处理器映射器（HandlerMapping）寻找相关的 Handler 对象。打开 Spring MVC 源代码，在有关 Handler 对象的包下有多种处理器映射器，如图 9-5 所示。

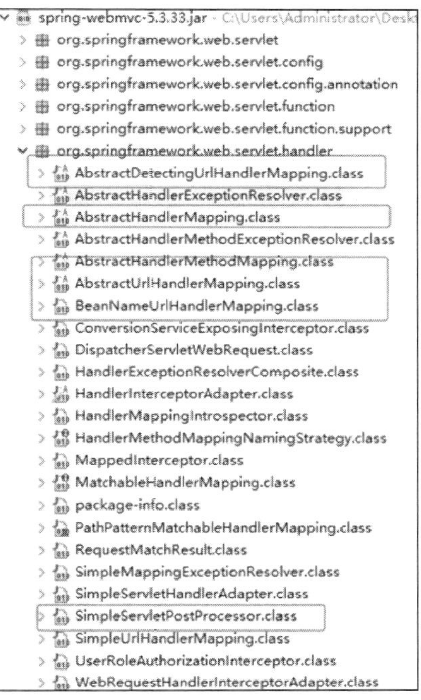

图 9-5　Spring MVC 常用处理器映射器

在 SpringMVC.xml 配置文件中添加处理器映射器，代码如下。

```
<bean class="org.springframework.web.servlet.
handler.BeanNameUrlHandlerMapping"/>
```

Spring MVC 拥有多种处理器映射器，它们都实现了 HandlerMapping 接口。上面配置的处理器映射器为 BeanNameUrlHandlerMapping 类，其映射规则是将 bean 的 name 作为 URL 值进行查找。

当处理器映射器返回了 Handler 的执行链之后，前端控制器会请求处理器适配器（HandlerAdapter）调用相关的 Handler 处理器。其原理是前端控制器根据处理器映射器传来的 Handler 与配置的处理器适配器进行匹配，找到可以处理此 Handler 类型的处理器适配器，该处理器适配器会调用对应的模块处理业务，用 Java 的映射机制去执行具体的 Controller 方法以获得 ModelAndView 对象。

在 SpringMVC.xml 文件中配置一个处理器适配器。在 Spring MVC 中，常用的处理器适配器有 HttpRequestHandlerAdapter、SimpleControllerHandlerAdapter、AnnotationMethodHandlerAdapter。这里配置的处理器适配器是 SimpleControllerHandlerAdapter。

主要配置如下。

```
<bean class="org.springframework.web.servlet.mvc.SimpleControllerHandlerAdapter"/>
```

SimpleControllerHandlerAdapter 支持所有实现了 Controller 接口的 Handler 控制器。

这里要说明的是，无论哪种适配器，都实现了处理器适配器（HandlerAdapter）接口。

当处理器处理完相关业务后，会返回一个视图对象（ModelAndView），该视图对象中包含需要跳转的视图信息和需要在视图上显示的数据，此时前端控制器会请求视图解析器（ViewResolver）来帮助其解析视图对象，并返回相关的、绑定有相应数据的视图（View）。常用的视图解析器有 XMLViewResolver（根据 XML 配置文件解析视图），ResourceBundleViewResolver（根据 properties 资源集解析视图），以及 InternalResourceViewResolver（根据模板名称和位置解析视图），这里使用默认的 InternalResourceViewResolver 视图解析器。主要配置如下。

```
<bean class="org.springframework.web.servlet.view.InternalResourceViewResolver">
</bean>
```

配置了视图解析器后，会根据 Handler 控制器的方法执行之后返回的视图对象中的视图具体位置，加载相应的页面并绑定反馈数据。

说明：<bean>标签中还可以配置视图类型、视图前后缀等信息，后面会详细讲解。

9.3.3 编写 Handler 处理器和视图

由于使用的处理器适配器是 SimpleControllerHandlerAdapter，所以 Handler 只需实现 Controller 接口即可。

在 com.mr.controller 包下创建一个控制器类，用于加载“吃了么”外卖系统的用户信息列表。新建一个名为 FruitsController 的类，让其实现 Controller 接口和 handleRequest()方法，具体逻辑代码如下。

```
    package com.mr.controller;
    import java.util.ArrayList;
    import java.util.List;
    import javax.servlet.http.HttpServletRequest;
    import javax.servlet.http.HttpServletResponse;
    import org.springframework.web.servlet.ModelAndView;
    import org.springframework.web.servlet.mvc.Controller;
    import com.mr.entity.Users;
    public class UsersController implements Controller {
        @Override
        public ModelAndView handleRequest(HttpServletRequest arg0, HttpServletResponse arg1)
throws Exception {
            //TODO Auto-generated method stub
            List<Users> listU = UsersService();
            ModelAndView mav = new ModelAndView();
            mav.addObject("listU", listU);
            mav.setViewName("/WEB-INF/jsp/usersList.jsp");
            return mav;
        }
        //模拟 Service 类的方法
        public List<Users> UsersService(){
            List<Users> list = new ArrayList<>();
            Users u = new Users();
            u.setName("Steven");
            u.setAge(30);
            u.setTel("138********");
            Users u1 = new Users();
            u1.setName("MR");
            u1.setAge(10);
            u1.setTel("12345678");
            list.add(u);
            list.add(u1);
            return list;
        }
    }
```

上述代码模拟了一个 Service 类的方法 UsersService()，该方法返回一个用户列表，然后在 handleRequest()方法中调用 UsersService()方法，获取用户信息列表，之后创建一个 ModelAndView 对象，将需要绑定到页面的数据通过 addObject()方法添加到 ModelAndView 对象中，最后通过 setViewName()方法指定需要跳转的页面。

Users 类在 com.mr.entity 包下创建的代码如下。

```
    package com.mr.entity;
    public class Users {
        private String name;
        private int age;
        private String tel;
        public String getName() {
            return name;
```

```
    }
    public void setName(String name) {
        this.name = name;
    }
    public int getAge() {
        return age;
    }
    public void setAge(int age) {
        this.age = age;
    }
    public String getTel() {
        return tel;
    }
    public void setTel(String tel) {
        this.tel = tel;
    }
}
```

在工程/WEB-INF/jsp 路径下创建名为 usersList.jsp 的 JSP 文件，具体内容如下。

```
<%@ page language="java" contentType="text/html; charset=UTF-8"
   pageEncoding="UTF-8"%>
<%@ taglib prefix="c" uri="http://java.sun.com/jsp/jstl/core"%>
<!DOCTYPE html>
<html>
<head>
<meta charset="UTF-8">
<title>Insert title here</title>
</head>
<body>
    <table>
        <Tr>
            <td>姓名</td><td>年龄</td><td>电话</td>
        </Tr>
        <c:forEach items="${listU }" var="list">
            <tr>
                <td>${list.name }</td><td>${list.age }</td><td>${list.tel }</td>
            </tr>
        </c:forEach>
    </table>
</body>
</html>
```

这里使用了 JSTL 的<c>标签，用来将服务器端数据 listU 绑定到前端页面，并将不同的属性设置在表单中的不同位置。

⚠ **注意**：由于使用了 JSTL 库，因此还需要在 lib 文件夹下继续加上两个 jar 包：jstl-1.2.jar 和 commons-logging-1.2.jar。

由于配置的处理器映射器为 BeanNameUrlHandlerMapping，接收到用户请求后，它会将 bean 的 name 作为 URL 值进行查找，因此还需要在 SpringMVC.xml 配置文件中配置一个可以被 URL 映射的 Handler 的 bean，供处理器映射器查找，代码如下。

```
<bean name="/getAllUser" class="com.mr.controller.UsersController"/>
```

至此，Spring MVC 的开发环境及测试案例全部配置完毕，在浏览器中访问 http://localhost:8080/Spring MVCTest/getAllUser。

在请求结果页面中看到图 9-6 所示的内容，表明 Spring MVC 开发环境配置成功。

http://localhost:8080/SpringMVCTest/getAllUser

姓名 年龄 电话
Steven 30 138********
MR 10 12345678

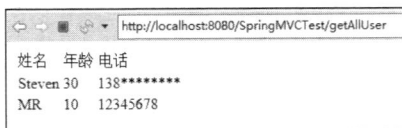

图 9-6 Spring MVC 开发环境测试结果

⚠ **注意**：这里用到的 Controller 开发模式仅作为本节教程演示，并不是 Spring MVC 框架主流的开发模式，之后会为大家介绍常用的 Controller 开发模式。

9.4 处理器映射器和处理器适配器

处理器映射器和处理器适配器

在 Spring 3.1 之前，Spring MVC 默认加载的处理器映射器和处理器适配器分别为 DefaultAnnotationHandlerMapping 和 AnnotationMethodHandlerAdapter，均位于 Spring MVC 的核心包中。

在 Spring 3.1 之后，DefaultAnnotationHandlerMapping 和 AnnotationMethodHandlerAdapter 已经被列为过时的处理器映射器和处理器适配器，Spring MVC 增加了新的基于注解的映射器和适配器，分别为 RequestMappingHandlerMapping 和 RequestMappingHandlerAdapter，均位于 Spring MVC 的核心包中，如图 9-7 所示。

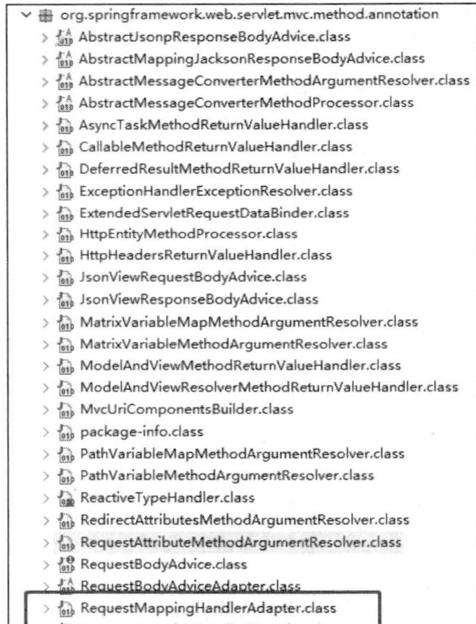

图 9-7 Spring 3.1 之后默认的适配器和映射器

在核心配置文件 SpringMVC.xml 中配置基于注解的适配器和映射器，有两种配置方式。

第一种配置方式如下：

```
<!-- 注解映射器 -->
<bean class="org.springframework.web.serv.et.
mvc.method.annotation.RequestMappingHandlerMapping"/>
<!-- 注解适配器 -->
<bean class="org.springframework.web.servlet.
mvc.method.annotation.RequestMappingHandlerAdapter"/>
```

第二种配置方式是使用<mvc:annotation-driven/>标签。该标签是一种简写模式，通常采用默认配置代替一般的手动配置。具体来说，annotation-driven 标签能够自动注册映射器和适配器（Spring 3.1 ~ Spring 5 使用的是 RequestMappingHandlerMapping 及 RequestMappingHandlerAdapter，Spring 3.1 之前使用的是 DefaultAnnotationHandlerMapping 和 AnnotationMethodHandlerAdapter）。除此之外，annotation-driven 还提供了多种数据绑定的支持功能，包括但不限于对@NumberFormat 注解的支持、对@DateTimeFormat 注解的支持、对@Valid 验证注解的支持，以及实现了 XML（通过 JAXB）和 JSON 格式数据的读写操作支持。在实际开发过程中，为了提升开发效率，这种基于 annotation-driven 标签的配置方法被广泛采用。代码如下。

```
<mvc:annotation-driven></mvc:annotation-driven>
```

由于使用的是基于注解的映射器和适配器，因此不需要在 XML 文件中配置任何信息，也不需要实现任何接口，只需要在作为Handler处理器的Java类中添加相应的注解即可。代码如下。

```
package com.mr.controller;
import java.util.ArrayList;
import java.util.List;
import javax.servlet.http.HttpServletRequest;
import javax.servlet.http.HttpServletResponse;
import org.springframework.stereotype.Controller;
import org.springframework.web.bind.annotation.RequestMapping;
import org.springframework.web.servlet.ModelAndView;
import com.mr.entity.Users;
@Controller
public class UsersController {
    @RequestMapping("/getAllUser")
    public ModelAndView getAllUser() throws Exception {
        //TODO Auto-generated method stub
        List<Users> listU = UsersService();
        ModelAndView mav = new ModelAndView();
        mav.addObject("listU", listU);
        mav.setViewName("/WEB-INF/jsp/usersList.jsp");
        return mav;
    }
    //模拟Service的内部类
    public List<Users> UsersService(){
        List<Users> list = new ArrayList<>();
        Users u = new Users();
        u.setName("Steven");
        u.setAge(30);
        u.setTel("138********");
        Users u1 = new Users();
        u1.setName("MR");
        u1.setAge(10);
        u1.setTel("12345678");
        list.add(u);
        list.add(u1);
        return list;
    }
}
```

在UsersController类上方声明@Controller注解，表明该类是一个Handler控制器类，可以被注解的适配器识别。在UsersController类中，getAllUser()方法上使用了@RequestMapping()注解，该注解指定了一个URL，将该URL与该方法绑定，当有相关的URL请求时，就会触发该方法的调用，注解的映射器便也能找到该方法。

为了让注解的映射器和适配器找到注解的Handler，可以在SpringMVC.xml中添加如下配置。

```
<bean class="com.mr.controller.UsersController"/>
```

配置完成后重新部署工程，启动Tomcat服务器，访问地址http://localhost:8080/9-4/getAllUser，结果如图9-8所示。

图9-8　使用注解的适配器和映射器的测试结果

⚠ **注意：如果手动配置适配器和映射器，那么必须保证基于注解的适配器和映射器是成对配置的，不然会出错。**

9.5 前端控制器和视图解析器

在整个 Spring MVC 的请求过程中，最核心的处理器是前端控制器，它会根据 web.xml 文件的配置拦截用户的请求，并加载 SpringMVC.xml 配置文件，然后调用一系列模块处理用户的请求。在得到 Handler 控制器处理的结果后，视图解析器 ViewResolver 会对返回的封装有视图和绑定参数的对象进行解析，获取即将展示结果的视图实体，最终将返回的数据显示在视图实体上。

前端控制器和视图解析器

也就是说，前端控制器与视图解析器在 Spring MVC 中一个居前，一个居后。前端控制器负责分发用户的请求，处理一系列核心逻辑。视图解析器负责呈现含有反馈数据的页面信息。

9.5.1 前端控制器

在 Spring MVC 的请求过程中，一开始的请求处理类就是前端控制器。那么，请求为什么会被发送到前端控制器中呢？让我们回头看看 web.xml 中的一段配置。

```
<servlet-mapping>
  <servlet-name>Spring MVC</servlet-name>
  <url-pattern>/</url-pattern>
</servlet-mapping>
<servlet>
  <servlet-name>Spring MVC</servlet-name>
  <servlet-class>org.springframework.web.servlet.DispatcherServlet</servlet-class>
  <init-param>
    <param-name>contextConfigLocation</param-name>
    <param-value>/WEB-INF/SpringMVC.xml</param-value>
  </init-param>
</servlet>
```

上面的配置的作用是所有进入应用程序的请求都将被导向名为 Spring MVC 的 Servlet 进行处理。通过<servlet-name>标签指定了使用的 Servlet 的名称为 Spring MVC。这个 Servlet 实际是由 Spring MVC 框架提供的一个内部 Servlet，也被称为前端控制器。它负责接收所有的 HTTP 请求，并根据请求的 URL 和其他信息将请求分发给相应的处理器。

此外，还需要设置一个初始化参数 contextConfigLocation，其值为 SpringMVC.xml。当 Spring MVC 框架启动时，它会加载这个文件中的配置，并根据这些配置来创建和管理相关的组件。

通过上面的配置，可以将所有请求拦截到名为 Spring MVC 的 Servlet 配置中，并且初始化 SpringMVC.xml 配置文件，从而调用前端控制器。

DispatcherServlet 类下的所有方法及含义如表 9-1 所示。

表 9-1　DispatcherServlet 类下的所有方法及含义

方法名	方法含义
onRefresh()	初始化上下文对象后，回调该方法，完成 Spring MVC 中默认实现类的初始化
initStrategies()	对 MVC 的其他部分进行初始化，如映射器、适配器、多媒体解析器、位置解析器、主体解析器、异常解析器、请求到视图名解析器、视图解析器及 FlashMapManager 等组件

续表

方法名	方法含义
initMultipartResolver()	初始化多媒体解析器，在 initStrategies()方法中调用
initLocaleResolver()	初始化位置解析器，在 initStrategies()方法中调用
initThemeResolver()	初始化主体解析器，在 initStrategies()方法中调用
initHandlerMappings()	初始化映射器，在 initStrategies()方法中调用
initHandlerAdapters()	初始化适配器，在 initStrategies()方法中调用
initHandlerExceptionResolvers()	初始化异常解析器，在 initStrategies()方法中调用
initRequestToViewNameTranslator()	初始化请求到视图名解析器，在 initStrategies()方法中调用
initViewResolvers()	初始化视图解析器，在 initStrategies()方法中调用
initFlashMapManager()	初始化 FlashMapManager，在 initStrategies()方法中调用
getThemeSource()	获取主体资源
getMultipartResolver()	获取多媒体资源
getDefaultStategy()	获取默认的策略配置
getDefaultStrategies()	获取默认的策略配置 List 集合
createDefaultStrategy()	通过上下文对象和相关对象的 class 类型，创建默认的策略配置
doService()	处理 request 请求。无论是通过 POST 方法还是 GET 方法提交的 request，最终都由 doService()处理
doDispatch()	处理拦截，转发请求，调用处理器获得结果，并绘制结果视图，在 doService()方法中调用
applyDefaultViewName()	用于设置默认视图名称，当 ModelAndView 对象没有配置具体视图时，系统会跳转到该默认视图
processDispatchResult()	处理分配结果
buildLocaleContext()	创建本地上下文对象
checkMultipart()	用于检查当前请求是否是一个 multipart request 类型的请求
cleanupMultipart()	清除多媒体请求信息，在 doDispatch()方法中调用
getHandler()	获取具体要执行的 Handler 处理器的方法
noHandlerFound()	处理在没有匹配到正确的 Handler 处理器时的逻辑
gethandlerAdapter()	获取处理器适配器对象
processHandlerException()	处理 Handler 处理器中抛出的异常
render()	完成视图的渲染工作
getDefaultViewName()	获取默认视图名称，在 applyDefaultViewName()方法中调用
resolveViewName()	将 ModelAndView 中的 view 定义为 view name，进而解析为 view 实例，在 render()方法中调用
triggerAfterCompletion()	从当前开始逆向调用每个拦截器的 afterCompletion()方法，并且捕获它的异常。在调用 Handler 之前会调用其配置的每个 HandlerInterceptor 拦截器的 preHandler()方法，若有拦截器返回 false，则调用 triggerAfterCompletion()方法，并且立即返回，不再向下执行。若所有拦截器全部返回 true 且没有出现异常，则调用 Handler 返回 ModelAndView 对象。在 doDispatch()方法中调用
trggerAfterCompletionWithError()	相当于带有 Error 对象的 triggerAfterCompletion()方法，在 doDispatch()方法中调用
restoreAttributesAfterInclude()	恢复 request 请求参数的快照信息。在 doService()方法中调用

表 9-1 展示了前端控制器的所有方法及作用，但并不需要全部掌握，了解核心的处理方法即可。

9.5.2 视图解析器

接下来讲解 Spring MVC 处理流程的最后一个模块，视图解析器（ViewResolver）。

前面流程中最终返回给用户的视图为具体的View对象，该对象中包含Model中的反馈数据。而视图解析器的作用就是把逻辑上的视图名称解析为真正的视图，即将逻辑视图的名称解析为具体的View对象，让View对象去处理视图，并将带有返回数据的视图反馈给浏览器。

Spring MVC有多个视图解析器类，下面介绍一些常用的视图解析器类。

1. AbstractCachingViewResolver

AbstractCachingViewResolver是Spring框架中的一个抽象类，继承该抽象类的具体视图解析器（如InternalResourceViewResolver）会默认启用视图缓存机制。该抽象类的工作原理如下：当解析视图时，首先从缓存中查找；若缓存命中，则直接返回缓存的视图对象；若缓存未命中，则创建新的视图对象，返回前将其存入缓存以供后续复用。通过这种缓存优化，继承AbstractCachingViewResolver的子类能够显著减少重复解析视图的开销，从而提升整体性能。

2. UrlBasedViewResolver

UrlBasedViewResolver 是对视图解析器的一种简单实现，它继承抽象类AbstractCachingViewResolver，是一种通过拼接资源文件的URI路径来展示视图的一种解析器，它通过prefix属性指定视图资源所在路径的前缀信息，通过suffix属性指定视图资源所在路径的后缀信息。当ModelAndView对象返回具体的视图名称时，它会将prefix和suffix属性与具体视图名称拼接，得到视图资源文件的具体加载路径，从而加载真正的视图文件并反馈给用户。

UrlBasedViewResolver支持返回的视图名称中含有redirect:及forword:前缀，即支持视图重定向和转发设置。

UrlBasedViewResolver视图解析器在Spring MVC配置文件中的配置示例如下。

```
<bean class="org.springframework.web.servlet.view.UrlBasedViewResolver">
  <property name="prefix" value="/WEB-INF/jsp"/>
  <property name="suffix" value=".jsp"/>
  <property name="viewClass"
       value="org.springframework.web.servlet.view.InternalResourceView"/>
</bean>
```

在使用UrlBasedViewResolver时，除了要配置prefix属性和suffix属性外，还需要配置一个viewClass属性，用于指定解析成哪种视图。上面的示例配置中使用的是InternalResourceView，用于展示JSP。在Java Web开发中，存放在/WEB-INF/目录下的内容不能直接通过HTTP请求访问，这是出于安全性考虑。因此，通常会把JSP文件放置在WEB-INF目录下，而InternalResourceView可以通过在服务器内部跳转来很好地解决这个问题。

3. InternalResourceViewResolver

InternalResourceViewResolver（内部资源视图解析器）是日常开发中最常用的视图解析器类型，它是UrlBasedViewResolver的子类，拥有UrlBasedViewResolver的一切特性。

InternalResourceViewResolver 自身的特点是，它会把返回的视图名称自动解析为InternalResourceView类型的对象，而InternalResourceView类对象会把Controller处理器方法返回的模型属性都存放到对应的request属性中，然后通过RequestDispatcher在服务器端把请求重定向到目标URL地址。也就是说，当使用InternalResourceViewResolver进行视图解析的时候，无须再单独指定viewClass属性，详细配置如下。

```
<bean class="org.springframework.web.servlet.view.InternalResourceViewResolver">
    <property name="prefix" value="/WEB-INF/jsp"/>
    <property name="suffix" value=".jsp"/>
</bean>
```

在上面的配置中，当 Controller 处理器方法返回一个名为 login 的视图时，InternalResourceViewResolver 会将 login 解析成一个 InternalResourceView 类型的对象，然后将返回的 model 模型的属性信息存放到对应的 HttpServletRequest 属性中，最后利用 RequestDispatcher 在服务器端把请求转发到/WEB-INF/jsp/login.jsp 上。

4．XmlViewResolver

XmlViewResolver 也继承 AbstractCachingViewResolver 抽象类，具有缓存视图页面的能力。使用 XmlViewResolver 时需要添加一个.xml 配置文件，用于定义视图的 Bean 对象。当获得 Controller 处理器方法返回的视图名称后，XmlViewResolver 会到指定的配置文件中寻找对应 name 的视图的配置，然后解析并处理该视图。

XmlViewResolver 的配置文件默认为/WEB-INF/views.xml，详细配置如下。如果不想使用默认值，可以在 SpringMVC.xml 文件中配置 XmlViewResolver 时指定其 location 属性，在 value 中指定配置文件。

```
<bean class="org.springframework.web.servlet.view.XmlViewResolver">
    <property name="location" value="/WEB-INF/views.xml"/>
    <property name="order" value="1"/>
</bean>
```

该配置设置了一个 order 属性，它的作用是在配置多种类型的视图解析器时，指定该视图解析器处理视图的优先级，order 值越小优先级越高。特别要说明的是，order 属性在所有实现 Ordered 接口的视图解析器中都可使用。

views.xml 文件配置如下。

```
<?xml version="1.0" encoding="UTF-8"?>
<beans xmlns="http://www.springframework.org/schema/beans"
       xmlns:xsi="http://www.w3.org/2001/XMLSchema-instance"
       xmlns:context="http://www.springframework.org/schema/context"
       xmlns:mvc="http://www.springframework.org/schema/mvc"
       xsi:schemaLocation="http://www.springframework.org/schema/beans
            http://www.springframework.org/schema/beans/spring-beans-4.0.xsd
            http://www.springframework.org/schema/context
            http://www.springframework.org/schema/context/spring-context-4.0.xsd
            http://www.springframework.org/schema/mvc
            http://www.springframework.org/schema/mvc/spring-mvc-4.0.xsd">

       <bean id="usersList" class="org.springframework.web.servlet.view.
InternalResourceView">
            <property name="url" value="/WEB-INF/jsp/usersList.jsp"/>
       </bean>
</beans>
```

views.xml 配置文件遵循的 DTD 规则和 Spring 的 bean 工厂配置文件相同，bean 中的标签规范也与 SpringMVC.xml 中的 bean 相关的规范相同，所以在上面的配置中添加了一个 id 为 internalResource 的 InternalResourceView 视图类型的 bean 配置，并配置了 URL 的映射参数。当 Controller 返回一个名称为 usersList 的视图时，XmlViewResolver 会在 views.xml 配置文件中寻找相关的 bean 配置中包含该 id 的视图配置，并遵循 bean 配置的 View 视图类型进行视图解析，将最终的视图页面呈现给用户。

5．BeanNameViewResolver

该视图解析器与 XmlViewResolver 解析器的配置模式类似，也是用返回的视图名称去匹配 bean 配置，但与 XmlViewResolver 解析器不同的是，XmlViewResolver 将 bean 配置文件配置在外部的 XML 文件中，而 BeanNameViewResolver 则将视图的 bean 配置信息一起配置在 SpringMVC.xml 文件中。BeanNameViewResolver 要求视图的 Bean 对象都定义在 Spring 的配置文件中。

9.6 请求映射与参数绑定

请求映射与参数绑定

前面学习了 Spring MVC 的环境搭建、前端控制器、处理器映射器和处理器适配器，以及视图解析器等内容，接下来学习 Handler 处理器模块。

Handler 处理器在 Spring MVC 中占据着重要位置，主要负责请求的处理和结果的返回，扮演着 MVC 架构中的控制层 Controller 的角色。本节将详细讲解控制层 Controller 的开发规范，包括注解的使用、参数的绑定等。

9.6.1 Controller 与 RequestMapping

前面讲解处理器映射器和适配器时，讲到了有一种默认的注解的处理器映射器和适配器配置，即 annotation-driven 标签，它会自动注册处理器映射器和适配器，除此之外还提供数据绑定功能。

这种配置在日常开发中是最常用的，使用 Spring MVC 提供的默认注解配置，可以省去许多开发配置，提高开发效率。

在配置了注解的处理器映射器和适配器的情况下，使用@Controller 注解去标识一个类，表明该类是一个 Handler 控制器类。配置 component-scan 标签后，当 Spring 初始化 bean 信息时，会扫描所有标注了@Controller 注解的类，并将其当作 Handler 来加载。

提示：可以在@Controller 注解上指定一个请求域，表示整个 Controller 的服务请求路径在该域下访问。

Spring MVC 的控制层是基于方法开发的，被注解的 Handler 必须在类中实现处理请求逻辑的方法，并使用注解标注处理的 URL 路径。在@Controller 中，编写的方法需要标注@RequestMapping 注解，表明该方法是一个处理前端请求的方法。

@RequestMapping 注解用于指定控制器能够处理的 URL 请求。它可以被应用于类级别或方法级别。在类级别使用时，它提供了一个基础的 URL 请求映射，即一个前置路径。在方法级别使用时，它进一步细化了 URL 映射，相对于类定义的 URL 进行寻址；如果类上没有定义@RequestMapping，则方法上的 URL 将相对于 Web 应用的根目录进行处理。

使用@RequestMapping 注解时，如果要为其指定一个 URL 映射名，则指定其 value 属性的值即可，如映射路径为/getAllUser，对应代码如下。

```
@RequestMapping(value="/getAllUser")
```

若不在@RequestMapping 注解中配置其他属性，可以省去 value 属性名，直接编写一个代表 URL 映射信息的字符串，@RequestMapping 会默认匹配该字符串为 value 属性的值，如下所示。

```
@RequestMapping("/getAllUser")
```

但要注意的是，如果@RequestMapping 注解中还配置了其他属性，则 value 属性名不可省略。

下面是一个使用@RequestMapping 注解的例子，这里只为其中的方法设置了@RequestMapping 注解。

```
@Controller
public class UsersController {
    @RequestMapping("/getAllUser")
    public ModelAndView getAllUser() throws Exception {
        //TODO Auto-generated method stub
        ModelAndView mav = new ModelAndView();
        mav.setViewName("usersList");
        return mav;
    }
}
```

假设工程名称为 9-6.1，那么 getAllUser()方法将要处理的 URL 请求路径是 http://localhost:8080/9-6.1/getAllUser。

如果在类的定义前也添加@RequestMapping 注解，就会为整个 Handler 类的@RequestMapping 注解的 URL 映射信息添加一个前缀路径，示例如下。

```
@Controller
@RequestMapping("usersController")
public class UsersController {
    @RequestMapping("/getAllUser")
    public ModelAndView getAllUser() throws Exception {
        //TODO Auto-generated method stub
        ModelAndView mav = new ModelAndView();
        mav.setViewName("usersList");
        return mav;
    }
}
```

这里的 getAllUser()方法处理的 URL 请求路径变为 http://localhost:8080/9-6.1/usersController/getAllUser。

使用@RequestMapping 注解的属性还可以限定请求方法、请求参数、请求头。

对于请求方法，使用@RequestMapping 注解的 method 属性可以指定请求类型为 GET 或 POST，如下所示。

```
@Controller
@RequestMapping("usersController")
public class UsersController {
    @RequestMapping(value="/getAllUser", method=RequestMethod.GET)
    public ModelAndView getAllUser() throws Exception {
        //TODO Auto-generated method stub
        ModelAndView mav = new ModelAndView();
        mav.setViewName("usersList");
        return mav;
    }
}
```

上述配置中，使用 RequestMethod 枚举类来表示接收 GET 请求类型。

对于请求参数，使用@RequestMapping 注解的 param 属性可以指定参数名类型，如下所示。

```
@Controller
@RequestMapping("usersController")
public class UsersController {
    @RequestMapping(value="/getAllUser", params="uId")
```

```
    public ModelAndView getAllUser() throws Exception {
        //TODO Auto-generated method stub
        ModelAndView mav = new ModelAndView();
        mav.setViewName("usersList");
        return mav;
    }
}
```

该配置表示，当一个 URL 请求中不含有名称为 uId 的参数时，getAllUser()方法就拒绝接收此次请求。

对于请求头，使用@RequestMapping 的 headers 属性可以指定请求头类型，如下所示。

```
@RequestMapping(value="/test", headers="Content-Type:text/html;charset=UTF-8")
    public ModelAndView test() {
        ModelAndView mav = new ModelAndView();
        System.out.println("只接收类型为 text/html、编码格式是 UTF-8 的请求");
        mav.setViewName("success");
        return mav;
    }
```

该配置表示，只有当请求头中的 Content-Type 为 text/html;charset 为 UTF-8 时，getAllUser()方法才会处理此次请求。

9.6.2 参数绑定过程

在 Spring MVC 中，通过参数绑定可以将客户端请求的数据绑定到 Controller 处理器方法的形参上。

当用户发送请求时，根据 Spring MVC 的请求处理流程，前端控制器会请求处理器映射器返回一个处理器，然后请求处理器适配器执行相应的 Handler 处理器。此时，处理器映射器会调用 Spring MVC 提供的参数绑定组件将请求的数据绑定到 Controller 处理器方法对应的形参上。

关于 Spring MVC 的参数绑定组件，早期版本中使用 PropertyEditor，其只能将字符串转换为 Java 对象，而后期版本中使用的 Converter 可以进行任意类型的转换。Spring MVC 提供了多种类型的 Converter 转换器，用户也可以自行定义。

Spring MVC 中有默认支持的类型，这些类型可以直接在 Controller 类的方法中定义，在参数绑定过程中遇到这些类型就直接进行绑定，其默认支持的类型如表 9-2 所示。

表 9-2 Spring MVC 参数绑定默认支持的类型

类名	作用
HttpServletRequest	通过 request 对象获取请求信息
HttpServletResponse	通过 response 对象处理相应信息
HttpSession	通过 session 对象得到 session 中存放的对象
Model/ModelMap	Model 是一个接口，ModelMap 是一个接口实现，用于将 model 数据填充到 request 域

9.6.3 简单类型参数绑定

Spring MVC 中还可以自定义简单类型的参数绑定，这些类型也可以直接在 Controller 类的方法中定义，在处理信息时，以 key 的名称寻找 Controller 类的方法中具有相同名称的形参并进行绑定。

例如下面这段代码。

```
@Controller
@RequestMapping("usersController")
public class UsersController {
    @RequestMapping(value="/test")
    public void getAllUser(Integer uId) throws Exception {
        //TODO Auto-generated method stub
        System.out.println(uId);
    }
}
```

页面代码如下。

```
<body>
<a href="usersController/test?uId=123">无注解参数绑定</a>
</body>
```

提交请求后可以在控制台上看到图 9-9 所示的结果。

```
信息: FrameworkServlet 'SpringMVC': initialization completed in 1382 ms
123
```

图 9-9　程序运行结果（1）

打开 index.jsp 文件，单击<a>标签，uId 的值会随着请求传到 Controller 处理器中。

可以使用注解为请求参数指定别名。注解@RequestParam 可以对自定义简单类型的参数进行绑定，即如果使用@RequestParam 就无须设置 Controller 方法的形参名称与请求传入的参数名称一致。

下面通过一个小例子来讲解请求参数名与 Controller 方法里的形参名不一样该如何处理，代码如下。

```
@RequestMapping("/testRequestParam")
    public void testRequestParam(@RequestParam(value="id")Integer u_id) {
        System.out.println(u_id);
    }
```

JSP 文件代码如下。

```
<a href="usersController/testRequestParam?id=456">使用注解参数绑定</a>
```

程序运行结果如图 9-10 所示。

```
信息: FrameworkServlet 'SpringMVC': initialization completed in 1366 ms
456
```

图 9-10　程序运行结果（2）

当 Controller 方法中有多个形参时，如果请求中未包含其中某个形参，程序会报错，因此使用该参数时要进行空校验。如果要求绑定的参数不能为空，可使用@RequestParam 注解中的 required 属性来指定该参数是否必须传入，属性值为 false 时指定参数不用必须传入，如果不特意声明 required 属性，它的默认值为 true。

可以使用@RequestParam 注解中的 defaultValue 属性来指定参数的默认值，示例如下。

```
//使用默认值绑定参数
@RequestMapping("/testRequestParam")
public void testdefaultValue(@RequestParam(value="id", defaultValue="1")Integer u_id){
        System.out.println(u_id);
```

```
}
<a href="usersController/testRequestParam?id1=456">使用默认值绑定</a>
```

程序运行结果如图 9-11 所示。

```
信息: FrameworkServlet 'SpringMVC': initialization completed in 1405 ms
1
```

图 9-11　程序运行结果（3）

在上面的例子中，如果请求中没有 id 参数，或者 id 参数值为空，处理器适配器会使用参数绑定组件将 id 的默认值 defaultValue 取出并赋给形参 u_id。

9.6.4　包装类型参数绑定

本小节将讲解 Spring MVC 处理包装类的方式。用一个小例子来讲解如何对包装类进行参数绑定，需求很简单，就是通过用户名来查询该用户的相关信息。

新建一个用户模糊查询页面。在 WebContent/WEB-INF/jsp/路径下编写名为 selUser.jsp 的文件，包含一个用户名搜索框，搜索结果以 table 列表的形式显示，代码如下。

```
<%@ page language="java" contentType="text/html; charset=UTF-8"
    pageEncoding="UTF-8"%>
<%@ taglib prefix="c" uri="http://java.sun.com/jsp/jstl/core"%>
<!DOCTYPE html>
<html>
<head>
<meta charset="UTF-8">
<title>Insert title here</title>
</head>
<body>
    <form action="usersController/selUser">
        用户名:<input type="text" name="uName"/>
        <input type="submit" value="提交"/>
    </form>
    <hr>
    <h3>搜索结果</h3>
    <table>
        <Tr>
            <td>姓名</td><td>年龄</td><td>电话</td>
        </Tr>
        <c:forEach items="${listU }" var="list">
            <tr>
                <td>${list.name }</td><td>${list.age }</td><td>${list.tel }</td>
            </tr>
        </c:forEach>
    </table>
</body>
</html>
```

可以看到搜索区域是包含在 form 表单中的，其中要请求的 action 地址为要在 Controller 方法中编写的模糊搜索方法对应的 URL 地址 usersController/selUser，name 指定的名称为 Users 包装类的属性名，这种形式将会被 Spring MVC 的处理器适配器解析，用于创建具体的实体类，并将相关的属性值通过 set()方法绑定到包装类中。

在 Controller 包下创建名为 UserController 的类，给该类添加代表控制器的注解 @Controller，然后创建一个方法 selUser()，并指定方法的参数为 Users（实体类），由于是模糊查询，因此将返回一个 List 集合。方法的逻辑就是将前端页面传来的 Users 实体类传递给 Service 的模糊查询方法，并得到结果。

Users 实体类的代码如下。

```
package com.mr.entity;
public class Users {
    private String name;
    private int age;
    private String tel;
    public String getName() {
        return name;
    }
    public void setName(String name) {
        this.name = name;
    }
    public int getAge() {
        return age;
    }
    public void setAge(int age) {
        this.age = age;
    }
    public String getTel() {
        return tel;
    }
    public void setTel(String tel) {
        this.tel = tel;
    }
}
```

Controller 方法的代码如下。

```
package com.mr.controller;
import java.util.ArrayList;
import java.util.List;
import javax.servlet.http.HttpServletRequest;
import javax.servlet.http.HttpServletResponse;
import org.springframework.stereotype.Controller;
import org.springframework.web.bind.annotation.RequestMapping;
import org.springframework.web.servlet.ModelAndView;
import com.mr.entity.Users;
@Controller
@RequestMapping("usersController")
public class UsersController {
    @RequestMapping("/selUser")
    public ModelAndView getAllUser(Users users) throws Exception {
        //TODO Auto-generated method stub
        List<Users> listU = null;
        if(users ==null||users.getName()==null||users.getName().equals("")) {
            listU = UsersService();
        }else {
            listU = setUser(users);
        }
        ModelAndView mav = new ModelAndView();
        mav.addObject("listU", listU);
        mav.setViewName("/WEB-INF/jsp/usersList.jsp");
        return mav;
    }
    //模拟 Service 内部类的所有查询方法
    public List<Users> UsersService(){
        List<Users> list = new ArrayList<>();
        Users u = new Users();
        u.setName("Steven");
        u.setAge(30);
```

```
        u.setTel("138********");
        Users u1 = new Users();
        u1.setName("MR");
        u1.setAge(10);
        u1.setTel("12345678");
        list.add(u);
        list.add(u1);
        return list;
    }
    //模拟 Service 内部类的模糊查询方法
    public List<Users> setUser(Users users){
        //获取查询条件 Users 对象中的 name 属性值
        String uName = users.getName();
        //获取模拟数据库中 Users 表的所有数据
        List<Users> listU = UsersService();
        //创建一个空对象，用于保存返回值
        Users users1 = null;
        //创建一个空集合，用于保存所有符合条件的 Users 对象
        List<Users> selU = new ArrayList<>();
        //将查询条件与数据库表中的所有 name 字段值进行比较
        for(int i=0;i<listU.size();i++) {
            if(listU.get(i).getName().contains(uName)) {
                users1 = listU.get(i);
                selU.add(users1);
            }
        }
        return selU;
    }
}
```

可以看到，该查询包装类中 Users 类作为属性。进行查询时，指定 input 的 name 属性为“包装对象.属性”的形式，当 input 标签内容作为参数传到后台时，程序会自动把值赋给包装类对象的对应属性。

当前端页面发出请求后，处理器适配器会解析这种格式的 name，将该参数当作查询包装类的成员参数绑定起来，作为 Controller 方法的形参。这样在 Controller 方法中就可以通过查询包装类获取其包装的其他类的对象。

⚠ **注意：** 因为搜索条件中可能会含有中文信息，所以如果查询失败，可以在程序中打断点跟踪一下，查看中文数据传到后台是否发生乱码。如果中文数据到后台出现乱码现象，可以配置一个过滤器，对传输的数据格式进行统一转码。一般会在 web.xml 文件中设置 Spring MVC 的转码过滤器来解决乱码问题，代码如下。

```
<filter>
  <filter-name>CharacterEncodingFilter</filter-name>
  <filter-class>org.springframework.web.filter.CharacterEncodingFilter</filter-class>
  <init-param>
      <param-name>encoding</param-name>
      <param-value>UTF-8</param-value>
  </init-param>
</filter>
<filter-mapping>
  <filter-name>CharacterEncodingFilter</filter-name>
  <url-pattern>/*</url-pattern>
</filter-mapping>
```

9.6.5 集合类型参数绑定

要是前端请求的数据是批量的，就要求 Web 端处理请求，同时获取这些批量请求的参

数。批量的请求参数在 Java 中一般是以数组或集合的形式接收的，Spring MVC 提供了接收和解析数据及集合类型参数的机制。当前端请求的参数为批量数据时，处理器适配器会根据批量数据的类型，以及 Controller 方法形参定义的类型进行数据绑定，使得前端请求数据绑定到相应的数组或集合参数上。

1．数组类型的请求参数

JSP 文件中可能出现类似复选框的表单，让用户选择一个或多个数据进行操作，其代码如下。

```
<%@ page language="java" contentType="text/html; charset=UTF-8"
    pageEncoding="UTF-8"%>
<%@ taglib prefix="c" uri="http://java.sun.com/jsp/jstl/core" %>
<!DOCTYPE html>
<html>
<head>
<meta charset="UTF-8">
<title>Insert title here</title>
</head>
<body>
<form action="getArrayTest">
    <table>
        <tr>
            <td>选择</td>
            <td>名称</td>
            <td>年龄</td>
            <td>电话</td>
        </tr>
        <c:forEach items="${listU }" var="list">
            <tr>
                <td><input type="checkbox" name="id" value="${list.id }"/></td>
                <td>${list.name }</td>
                <td>${list.age }</td>
                <td>${list.tel }</td>
            </tr>
        </c:forEach>
    </table><br/>
    <input type="submit" value="批量提交"/>
</form>
</body>
</html>
```

程序运行结果如图 9-12 所示。

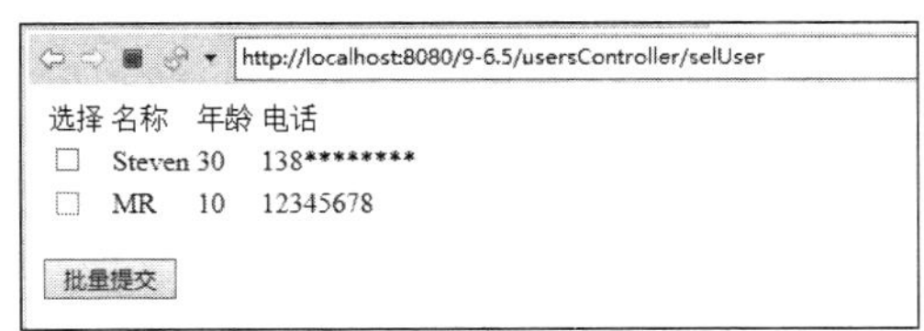

图 9-12 包含复选框的页面

在 Web 端使用一个名称为 id 的形参去接收批量请求参数，代码如下。

```
@RequestMapping("/getArrayTest")
public void arrayTest(int[] id) {
    for(int i=0;i<id.length;i++) {
        System.out.println("id["+i+"]"+id[i]);
    }
}
```

当在前端页面中选择所有的复选框后，单击“批量提交”按钮，可以在控制台看到图 9-13 所示的效果。

```
信息: FrameworkServlet 'SpringMVC': initialization completed in 1423 ms
id[0]1
```

图 9-13　获取数组类型数据的结果

这说明 Web 端获取了前端多个用户的 id 数据，即通过数组形式成功绑定了前端传过来的批量数据。

⚠ **注意**：如果不在 Controller 方法中添加参数注解，那么实体类和 Controller 方法的形参，以及页面 input 的 name 属性必须保持一致。

2．List 类型的请求参数

当需要将页面中的批量数据通过 SpringMVC 绑定到 Web 端的 List 类型对象时，前端表单中每组数据的<input>标签的 name 属性应遵循“集合名[下标].属性名”的格式（例如 users[0].name）。请求提交后，SpringMVC 的处理器适配器（HandlerAdapter）会根据此命名格式，自动将请求参数解析为对应的 List 集合对象。代码如下。

```
<%@ page language="java" contentType="text/html; charset=UTF-8"
    pageEncoding="UTF-8"%>
<%@ taglib prefix="c" uri="http://java.sun.com/jsp/jstl/core" %>
<!DOCTYPE html>
<html>
<head>
<meta charset="UTF-8">
<title>Insert title here</title>
</head>
<body>
<form action="getArrayTest2">
     <table>
          <tr>
               <td>姓名</td>
               <td>年龄</td>
               <td>电话</td>
          </tr>
          <c:forEach items="${listU }" var="list" varStatus="status">
               <tr>
                    <td><input name="listU[${status.index }].name" value="${list.name }"></td>
                    <td><input name="listU[${status.index }].age" value="${list.age }"></td>
                    <td><input name="listU[${status.index }].tel" value="${list.tel }"></td>
              </tr>
          </c:forEach>
     </table><br/>
     <input type="submit" value="提交测试"/>
</form>
</body>
</html>
```

可以看到，每行 name 参数都使用“集合名[下标].属性”的形式，当 form 表单被提交之后，会将该批量数据转化为 Controller 方法对应的包装类参数，对应与该包装类参数的集合名相同的属性对象。如下面的 Controller 处理方法。

```
package com.mr.controller;
import java.util.ArrayList;
import java.util.List;
import javax.servlet.http.HttpServletRequest;
import javax.servlet.http.HttpServletResponse;
```

```
import org.springframework.stereotype.Controller;
import org.springframework.web.bind.annotation.RequestMapping;
import org.springframework.web.servlet.ModelAndView;
import com.mr.entity.ListQryModel;
import com.mr.entity.Users;
@Controller
@RequestMapping("usersController2")
public class UsersController2 {
    @RequestMapping("/selUser2")
    public ModelAndView getAllUser() throws Exception {
        //TODO Auto-generated method stub
        List<Users> listU = UsersService();
        ModelAndView mav = new ModelAndView();
        mav.addObject("listU", listU);
        mav.setViewName("/WEB-INF/jsp/usersList2.jsp");
        return mav;
    }
    @RequestMapping("/getArrayTest2")
    public void arrayTest(ListQryModel listQryModel) {
        List<Users> list =listQryModel.getListU();
        for(int i=0;i<list.size();i++) {
            System.out.println("list["+i+"].name="+list.get(i).getName());
        }
    }
    //模拟 Service 内部类的所有查询方法
    public List<Users> UsersService() {
        List<Users> list = new ArrayList<>();
        Users u = new Users();
        u.setId(1);
        u.setName("Steven");
        u.setAge(30);
        u.setTel("138********");
        Users u1 = new Users();
        u1.setId(2);
        u1.setName("MR");
        u1.setAge(10);
        u1.setTel("12345678");
        list.add(u);
        list.add(u1);
        return list;
    }
    //模拟 Service 内部类的模糊查询方法
    public List<Users> setUser(Users users) {
        //获取查询条件 Users 对象中 name 的属性值
        String uName = users.getName();
        //获取模拟数据库中 Users 表的所有数据
        List<Users> listU = UsersService();
        //创建一个空对象，用于保存返回值
        Users users1 = null;
        //创建一个空集合，用于保存所有符合条件的 Users 对象
        List<Users> selU = new ArrayList<>();
        //将查询条件与数据库表中的所有 name 字段值进行比较
        for (int i = 0; i < listU.size(); i++) {
            if (listU.get(i).getName().contains(uName)) {
                users1 = listU.get(i);
                selU.add(users1);
            }
        }
        return selU;
    }
}
```

使用 ListQryModel 包装类作为形参，用来接收前端传递的 List 类型的数据。在 ListQryModel 包装类中定义以下信息。

```
package com.mr.entity;
import java.util.List;
public class ListQryModel {
    private List<Users> listU;
    public List<Users> getListU() {
        return listU;
    }
    public void setListU(List<Users> listU) {
        this.listU = listU;
    }
}
```

⚠ **注意**：包装类中定义的 List 集合属性，其名称一定要与 JSP 文件中 input 的 name 属性定义的“集合名[下标]”中的集合名保持一致，这样处理器适配器才可以正确绑定该 List 集合。

提交表单后，运行结果如图 9-14 所示。

```
信息: FrameworkServlet 'SpringMVC': initialization completed in 1433 ms
list[0].name=Steven
list[1].name=MR
```

图 9-14　获取 List 类型数据的结果

Controller 包装类的属性成功获取了前端的请求参数，这说明 List 类型的数据获取成功。

⚠ **注意**：form 表单的 List 元素的 name 属性名称要和 Controller 相关方法的 List 形参对象的名称保持一致。

3．Map 类型的请求参数

当想把页面中的批量数据通过 Spring MVC 转换为 Web 端的 Map 类型的对象时，每组数据的 input 的 name 属性使用“Map 名['key 值']”的形式。当请求传递到 Web 端时，处理器适配器会根据 name 的格式将请求参数解析为相应的 Map 集合，代码如下。

```
<%@ page language="java" contentType="text/html; charset=UTF-8"
    pageEncoding="UTF-8"%>
<!DOCTYPE html>
<html>
<head>
<meta charset="UTF-8">
<title>Insert title here</title>
</head>
<body>
    <form action="getArrayTest3">
        <table>
            <tr>
                <td>名称</td>
                <td>年龄</td>
                <td>电话</td>
            </tr>
            <tr>
                <td><input name="userMap['name']" value="LILY" /></td>
                <td><input name="userMap['age']" value="18" /></td>
```

```
                <td><input name="userMap['tel']" value="130********" /></td>
            </tr>
        </table>
        <br /> <input type="submit" value="批量提交" />
    </form>
</body>
</html>
```

这里每个 input 参数都使用了“Map 名['key 值']”的形式。这种形式的数据被提交时，会被处理器适配器解析为 Controller 对应方法中含有相同 Map 名称的 Map 类型属性的包装类参数。如下面的 Controller 处理方法。

```
package com.mr.controller;
import java.util.ArrayList;
import java.util.List;
import java.util.Map;
import javax.servlet.http.HttpServletRequest;
import javax.servlet.http.HttpServletResponse;
import org.springframework.stereotype.Controller;
import org.springframework.web.bind.annotation.RequestMapping;
import org.springframework.web.servlet.ModelAndView;
import com.mr.entity.MapQryModel;
import com.mr.entity.Users;
@Controller
@RequestMapping("usersController3")
public class UsersController3 {
    @RequestMapping("/selUser3")
    public ModelAndView getAllUser() throws Exception {
        //TODO Auto-generated method stub
        List<Users> listU = UsersService();
        ModelAndView mav = new ModelAndView();
        mav.addObject("listU", listU);
        mav.setViewName("/WEB-INF/jsp/usersList3.jsp");
        return mav;
    }
    @RequestMapping("/getArrayTest3")
    public void arrayTest(MapQryModel mapQryModel) {
        Map<String, Object> userMap = mapQryModel.getUserMap();
        for(String key:userMap.keySet()) {
            System.out.println("userMap["+key+"]="+userMap.get(key));
        }
    }
    //模拟 Service 内部类的所有查询方法
    public List<Users> UsersService() {
        List<Users> list = new ArrayList<>();
        Users u = new Users();
        u.setId(1);
        u.setName("Steven");
        u.setAge(30);
        u.setTel("138********");
        Users u1 = new Users();
        u1.setId(2);
        u1.setName("MR");
        u1.setAge(10);
        u1.setTel("12345678");
        list.add(u);
        list.add(u1);
        return list;
    }
    //模拟 Service 内部类的模糊查询方法
    public List<Users> setUser(Users users) {
```

```
        //获取查询条件 Users 对象中 name 的属性值
        String uName = users.getName();
        //获取模拟数据库中 Users 表的所有数据
        List<Users> listU = UsersService();
        //创建一个空对象，用于保存返回值
        Users users1 = null;
        //创建一个空集合，用于保存所有符合条件的 Users 对象
        List<Users> selU = new ArrayList<>();
        //将查询条件与数据库表中的所有 name 字段值进行比较
        for (int i = 0; i < listU.size(); i++) {
            if (listU.get(i).getName().contains(uName)) {
                users1 = listU.get(i);
                selU.add(users1);
            }
        }
        return selU;
    }
}
```

这里使用了 MapQryModel 包装类作为接收请求参数的对象。在 MapQryModel 包装类中，定义了映射用的 Map 属性，其名称与“Map 名['key 值']”中的 Map 名称保持一致，如下所示。

```
package com.mr.entity;
import java.util.Map;
public class MapQryModel {
    private Map<String, Object> userMap;
    public Map<String, Object> getUserMap() {
        return userMap;
    }
    public void setUserMap(Map<String, Object> userMap) {
        this.userMap = userMap;
    }
}
```

提交表单后，程序运行结果如图 9-15 所示。

```
信息: FrameworkServlet 'SpringMVC': initialization completed in 1549 ms
userMap[age]=18
userMap[name]=LILY
userMap[tel]=130********
```

图 9-15　获取 Map 类型数据的结果

⚠ **注意**：form 表单的 Map 元素的 name 属性名称要和 Controller 相关方法的 Map 形参名，以及对应的 key 值保持一致。

9.7 拦截器

Spring MVC 提供了 Interceptor 拦截器机制，用于请求的预处理和后处理。在 Spring MVC 中定义拦截器有两种方法：一种是实现 HandlerInterceptor 接口，或继承实现了 HandlerInterceptor 接口的类；另一种是实现 Spring 的 WebRequestInterceptor 接口，或继承实现了 WebRequestInterceptor 接口的类。这些拦截器都是在 Handler 处理器的执行周期内进行拦截操作的，下面分别介绍这两种拦截器接口，并讲解拦截器登录控制。

拦截器

9.7.1 HandlerInterceptor 接口

如果要实现 HandlerInterceptor 接口，就要实现其 3 个方法，分别是 preHandle()、postHandle()和 aftenCompletion()。

preHandle(WebRequest request)方法在 Handler()方法之前执行，返回值为 Boolean 类型，如果返回 false，表示拦截请求，不再向下执行；而如果返回 true，表示放行，继续向下执行。此方法可以对请求进行判断，决定程序是否继续执行，或者用于进行一些前置初始化的预处理。

postHandle(WebRequest request, ModelMap model)方法在 Handler()方法之后、返回 ModelAndView 之前执行。此方法多用于统一处理返回的视图，例如，将公用的模型数据添加到视图，或者根据其他情况自定义公用的视图。

afterCompletion(WebRequest request，Exception ex)方法在 Handler()方法之后执行，适合进行统一的异常或日志处理操作。

这里需要注意的是，由于 preHandle()方法决定了程序是否继续执行，因此 postHandle()及 afterCompletion()方法只能在当前 Interceptor 的 preHandle()方法的返回值为 true 时执行。

实现了 HandlerInterceptor 接口之后，需要在 Spring 的类加载配置文件中配置拦截器的实现类，才能使拦截器起到拦截效果。HandlerInterceptor 类的加载配置有两种方式，分别是针对 HandlerMapping 配置和全局配置。

配置拦截器时，需要在某个 HandlerMapping 配置中将拦截器作为其参数配置进去，此后通过该 HandlerMapping 映射成功的 Handler 处理器就会使用配置好的拦截器。示例配置如下。

```
<bean class="org.springframework.web.servlet.handler.BeanNameUrlHandlerMapping">
        <property name="interceptors">
            <list>
                <ref bean="interceptor1"/>
                <ref bean="interceptor2"/>
            </list>
        </property>
    </bean>
    <bean id="interceptor1" class="com.mr.interceptor.HandlerInterceptorDemo1"/>
    <bean id="interceptor2" class="com.mr.interceptor.HandlerInterceptorDemo2"/>
```

这里为 BeanNameUrlHandlerMapping 处理器映射器配置了一个 interceptors 拦截器链，该拦截器链中包含两个拦截器，即 interceptor1 和 interceptor2，具体的实现分别对应下面 id 为 interceptor1 和 interceptor2 的 bean 配置

此配置的优点是针对具体的处理器映射器进行拦截操作，缺点是如果使用多个处理器映射器，就要在多处添加拦截器的配置信息，比较烦琐。

针对全局配置，只需要在 Spring 的类加载配置文件中添加<mvc:interceptors>标签，在该标签中配置的拦截器可以起到全局拦截器的作用，这是因为该配置会将拦截器注入每个 HandlerMapping 处理器映射器中，示例配置如下。

```
<mvc:interceptors>
        <mvc:interceptor>
            <mvc:mapping path="/**"/>
            <bean class="com.mr.interceptor.HandlerInterceptorDemo1"/>
        </mvc:interceptor>
```

```
        <mvc:interceptor>
            <mvc:mapping path="/**"/>
            <bean class="com.mr.interceptor.HandlerInterceptorDemo2"/>
        </mvc:interceptor>
    </mvc:interceptors>
```

在上面的配置中，可以在<mvc:interceptors>标签中配置多个 interceptor 拦截器，这些拦截器会按顺序执行。在每个拦截器中，可以定义相应的 URL 请求路径，可以是某个子域下的请求，也可以是/**的形式，表示拦截所有 URL。

9.7.2 WebRequestInterceptor 接口

HandlerInterceptor 接口主要进行请求前及请求后的拦截，而 WebRequestInterceptor 接口是针对请求的拦截器接口，该接口方法的参数中没有 response，所以该接口只进行请求数据的准备和处理。

WebRequestInterceptor 接口中定义了 3 个方法，分别是 preHandle()、postHandle()、afterCompletion()。这 3 个方法的作用在 9.7.1 小节中已经阐明，这里不做介绍了。

每个方法都含有 WebRequest 参数，WebRequest 的方法定义与 HTTPRequest、ServletRequest 基本相同，在 WebRequestInterceptor 中对 WebRequest 进行的所有操作都将同步至 HttpServletRequest，然后在当前请求中一直传递。

preHandle()方法也是在 Handler()方法之前执行，返回值类型为 Void，主要用于进行数据的前期准备，使用 setAttribute(name，value，scope)方法将需要准备的参数放到 WebRequest 的属性中。setAttribute()方法的第 3 个参数 scope 的类型为 Integer，在 WebRequest 的父接口 RequestAttributes 中为它定义了 3 个常量，如表 9-3 所示。

表 9-3 RequestAttributes 的 3 个常量及作用

常量名	真实值	作用
SCOPE_REQUEST	0	表示只能在 request 中访问
SCOPE_SESSION	1	如果环境允许，它表示一个局部的、隔离的 session，反之为普通的 session，并且在该 session 范围内可以访问
SCOPE_GLOBAL_SESSION	2	如果环境允许，它表示一个全局的、共享的 session，反之为普通的 session，并且在该 session 范围内可以访问

postHandle()方法也是在 Handler()方法之后、返回 ModelAndView 之前执行。postHandl()方法有一个数据模型 ModelMap，它是 Controller 处理之后返回的 Model 对象，可以通过改变 ModelMap 的属性来改变 Controller 最终返回的 Model 模型。

afterCompletion()方法也是在 Handler()方法之后执行，在 afterCompletion()方法中，可以将 WebRequest 参数中不需要的准备资源释放。

9.7.3 拦截器登录控制

下面通过一个示例来讲解如何使用拦截器完成登录控制，具体操作为拦截用户请求、判断用户是否已经登录。如果用户没有登录，则跳转到登录页面，如果用户已经登录就放行。

首先在 Web 工程下创建登录拦截器 LoginInterceptor，实现 HandlerInterceptor 接口及其 3 个方法。这里因为要判断用户的登录情况，所以以 preHandle()方法为主，具体代码如下。

```java
package com.mr.interceptor;
import javax.servlet.http.HttpServletRequest;
import javax.servlet.http.HttpServletResponse;
import org.springframework.web.servlet.HandlerInterceptor;
import org.springframework.web.servlet.ModelAndView;
public class LoginInterceptor implements HandlerInterceptor {
    @Override
    public boolean preHandle(HttpServletRequest request, HttpServletResponse response, 
Object handler)
            throws Exception {
        //TODO Auto-generated method stub
        String uri = request.getRequestURI();
        //判断当前请求地址是否是登录地址
        if(!uri.contains("Login")||uri.contains("login")) {
            //用户没登录
            if(request.getSession().getAttribute("users")!=null) {
                //用户已经登录过
                return true;
            }else {
                response.sendRedirect(request.getContextPath()+"/login");
            }
        }else {
            //请求登录
            return true;
        }
        //默认拦截
        return false;
    }
    @Override
    public void postHandle(HttpServletRequest request, HttpServletResponse response, 
Object handler, ModelAndView modelAndView) throws Exception {
        //TODO Auto-generated method stub
        HandlerInterceptor.super.postHandle(request, response, handler, modelAndView);
    }
    @Override
    public void afterCompletion(HttpServletRequest request, HttpServletResponse 
response, Object handler, Exception ex)
            throws Exception {
        //TODO Auto-generated method stub
        HandlerInterceptor.super.afterCompletion(request, response, handler, ex);
    }
}
```

这里要说明的是，用户登录成功之后，系统会将用户信息封装在 Users 对象中，并存储在全局的 session 中。上面的代码在 preHandle()方法中编写了控制用户登录权限的逻辑：首先判断请求是否是去往登录页面，如果是则直接返回 true；如果不是，则检测用户的 users 信息是否在 session 中，如果不在，说明用户没有登录，跳转至登录页面。如果 session 中包含 Users 对象，说明用户已经登录，返回 true。

编写完拦截器的逻辑后，需要在 Spring MVC 配置文件中配置该全局拦截器类，配置代码如下。

```xml
<?xml version="1.0" encoding="UTF-8"?>
<beans xmlns="http://www.springframework.org/schema/beans"
       xmlns:xsi="http://www.w3.org/2001/XMLSchema-instance"
       xmlns:context="http://www.springframework.org/schema/context"
       xmlns:mvc="http://www.springframework.org/schema/mvc"
       xsi:schemaLocation="http://www.springframework.org/schema/beans
           http://www.springframework.org/schema/beans/spring-beans-4.0.xsd
```

```
            http://www.springframework.org/schema/context
            http://www.springframework.org/schema/context/spring-context-4.0.xsd
            http://www.springframework.org/schema/mvc
            http://www.springframework.org/schema/mvc/spring-mvc-4.0.xsd">
    <!-- 配置视图解析器 -->
    <bean class="org.springframework.web.servlet.view.InternalResourceViewResolver">
        <property name="prefix" value="/WEB-INF/jsp/"/>
        <property name="suffix" value=".jsp"/>
    </bean>
    <mvc:annotation-driven></mvc:annotation-driven>
    <mvc:interceptors>
        <mvc:interceptor>
            <mvc:mapping path="/**"/>
            <bean class="com.mr.interceptor.LoginInterceptor"/>
        </mvc:interceptor>
    </mvc:interceptors>

    <!-- 指定控制器 -->
    <bean class="com.mr.controller.UsersController"/>
    <bean class="com.mr.controller.LoginController"/>
</beans>
```

创建一个 LoginController 类，编写一个名为 login 的方法，用于判断用户是否登录过，以及登录成功或失败的不同动作，代码如下。

```
package com.mr.controller;
import javax.servlet.http.HttpServletRequest;
import javax.servlet.http.HttpServletResponse;
import org.springframework.stereotype.Controller;
import org.springframework.ui.Model;
import org.springframework.web.bind.annotation.RequestMapping;
import com.mr.entity.Users;
@Controller
public class LoginController {
    @RequestMapping("/toLogin")
    public String login(Model model, HttpServletRequest request, HttpServletResponse
response, Users users) {
        if(request.getSession().getAttribute("users") != null) {
            return "selUser";
        }else if(users.getName()!= null&& !users.getName().equals("")) {
            //检测账号和密码
            boolean flag = checkUser(users);
            if(flag) {
                request.getSession().setAttribute("users", users);
                return "redirect: usersController/selUser";
            }else {
                model.addAttribute("errorMSG", "账号或密码错误");
                return "login";
            }

        }
        return "login";
    }
    public boolean checkUser(Users users) {
        if(users.getName().equals("Steven")&&users.getPwd().equals("123")) {
            return true;
        }
        return false;
    }
}
```

登录失败时，将错误信息 errorMSG 封装在 model 中，在 login.jsp 文件中将登录失败的错误信息展示给用户，代码如下。

```
<%@ page language="java" contentType="text/html; charset=UTF-8"
    pageEncoding="UTF-8"%>
<%@ taglib prefix="c" uri="http://java.sun.com/jsp/jstl/core"%>
<!DOCTYPE html>
<html>
<head>
<meta charset="UTF-8">
<title>Insert title here</title>
</head>
<body>
    <c:if test="${errorMSG != null}">
        <font color="red">${errorMSG }</font>
    </c:if>
    <form action="toLogin">
        <table>
            <Tr>
                <td>用户名：<input type="text" name="name" /></td>
            </Tr>
            <Tr>
                <td>密码：<input type="pwd" name="pwd" /></td>
            </Tr>
            <tr>
                <td><input type="submit" value="提交"/></td>
            </tr>
        </table>
    </form>
</body>
</html>
```

在浏览器中直接访问登录页面，此时请求会直接放行，登录页面如图 9-16 所示。输入账号和密码（由于没有书库，这里暂时假定账号为 mr、密码为 123）。当输入的账号或密码有误时，结果如图 9-17 所示。

图 9-16　登录页面

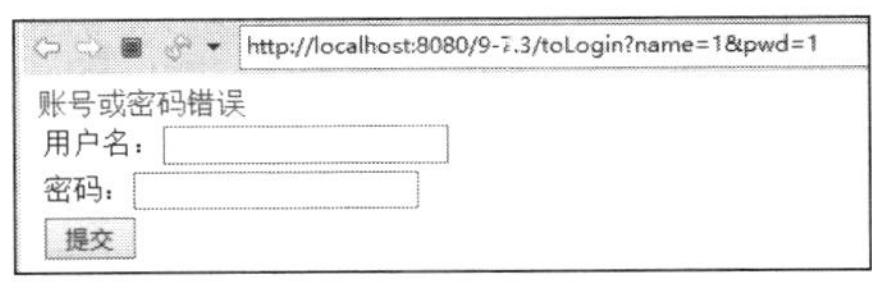

图 9-17　账号或密码输入错误

输入正确的账号和密码，单击“提交”按钮，跳转至列表页，如图 9-18 所示。

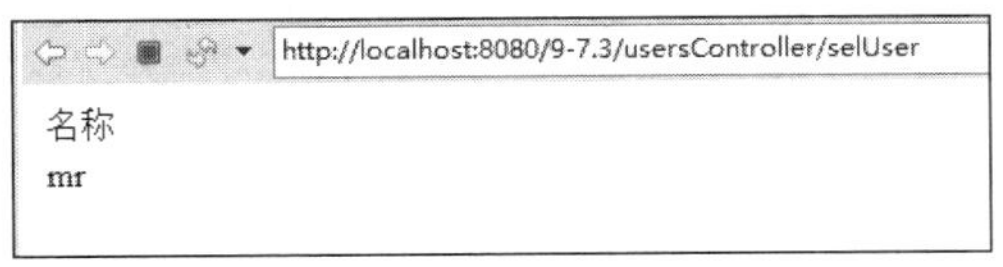

图 9-18　列表页

测试结果证明拦截器的配置是成功的。

9.8 AIGC 辅助编程——Spring MVC 上传文件和访问静态资源

通过前面的学习，读者已经基本熟悉了整个 Spring MVC 的开发流程和细节。在日常开发中，可能会遇到需要使用 Spring MVC 实现上传文件、访问静态资源等问题，下面将借用 AIGC 编写相关代码。

9.8.1 使用 Spring MVC 上传文件

以下是在 AIGC 平台上的对话示例。

【问题】

如何使用 Spring MVC 实现上传文件的功能？

【AIGC 建议】

在 Spring MVC 中上传文件是一个常见的需求，可以通过以下步骤实现。

（1）添加依赖

确保你的项目中包含必要的依赖。如果你使用的是 Maven，可以在 pom.xml 文件中添加以下依赖。

```
<dependency>
    <groupId>org.springframework</groupId>
    <artifactId>spring-webmvc</artifactId>
    <version>5.3.20</version> <!-- 请根据需要调整版本号 -->
</dependency>
<dependency>
    <groupId>commons-fileupload</groupId>
    <artifactId>commons-fileupload</artifactId>
    <version>1.4</version>
</dependency>
```

（2）配置 Spring MVC

在你的 Spring 配置文件（如 dispatcher-servlet.xml）中启用 Multipart 解析器。

```
<bean id="multipartResolver"
class="org.springframework.web.multipart.commons.CommonsMultipartResolver">
    <!-- 设置最大上传文件大小（单位：byte）-->
    <property name="maxUploadSize" value="10485760"/> <!-- 10MB -->
</bean>
```

（3）创建 Controller

编写一个控制器来处理文件上传请求。

```
import org.springframework.stereotype.Controller;
import org.springframework.web.bind.annotation.PostMapping;
import org.springframework.web.bind.annotation.RequestMapping;
import org.springframework.web.bind.annotation.RequestParam;
import org.springframework.web.multipart.MultipartFile;
import org.springframework.web.servlet.mvc.support.RedirectAttributes;
import java.io.File;
import java.io.IOException;
@Controller
@RequestMapping("/upload")
public class FileUploadController {
    @PostMapping("/file")
    public String handleFileUpload
(@RequestParam("file") MultipartFile file, RedirectAttributes redirectAttributes) {
        if (file.isEmpty()) {
            redirectAttributes.
            addFlashAttribute("message", "Please select a file to upload");
            return "redirect:/uploadStatus";
        }
        try {
```

```
            //获取文件名并保存到指定位置
            String fileName = file.getOriginalFilename();
            //修改为实际的保存路径
            String savePath = "/path/to/save/directory/" + fileName;
            File dest = new File(savePath);
            file.transferTo(dest);
            redirectAttributes.
            addFlashAttribute("message", "You successfully uploaded '" + fileName + "'");
        } catch (IOException e) {
            e.printStackTrace();
            redirectAttributes.addFlashAttribute
                    ("message", "Failed to upload '" + file.getOriginalFilename() + "'");
        }
        return "redirect:/uploadStatus";
    }
}
```

（4）创建视图

先创建一个简单的 HTML 表单来上传文件（uploadForm.html）。

```
<!DOCTYPE html>
<html lang="en">
<head>
    <meta charset="UTF-8">
    <title>File Upload</title>
</head>
<body>
    <h1>Upload a File</h1>
    <form method="POST" action="/upload/file" enctype="multipart/form-data">
        <input type="file" name="file"/>
        <button type="submit">Upload</button>
    </form>
</body>
</html>
```

再创建一个显示上传状态的页面（uploadStatus.html）。

```
<!DOCTYPE html>
<html lang="en">
<head>
    <meta charset="UTF-8">
    <title>Upload Status</title>
</head>
<body>
    <h1>Upload Status</h1>
    <p th:text="${message}"></p>
    <a href="/uploadForm">Go back</a>
</body>
</html>
```

（5）配置视图解析器

确保你的 Spring MVC 配置中包含视图解析器，例如 Thymeleaf 或 JSP。以下是使用 Thymeleaf 的示例。

```
<bean id="viewResolver" class="org.thymeleaf.spring5.view.ThymeleafViewResolver">
    <property name="templateEngine" ref="templateEngine"/>
</bean>
<bean id="templateEngine" class="org.thymeleaf.spring5.SpringTemplateEngine">
    <property name="templateResolver" ref="templateResolver"/>
</bean>

<bean id="templateResolver"
class="org.thymeleaf.templateresolver.ServletContextTemplateResolver">
```

```
    <property name="prefix" value="/WEB-INF/views/"/>
    <property name="suffix" value=".html"/>
    <property name="templateMode" value="HTML5"/>
</bean>
```

通过以上步骤，你就可以在 Spring MVC 中实现文件上传功能了。记得根据你的项目实际情况调整路径和配置。

【追加问题】

如何使用 Spring MVC 实现文件上传接口？

【AIGC 建议】

在 Spring MVC 中实现文件上传接口，可以通过以下步骤完成。

（1）添加依赖：确保你的项目中包含必要的依赖。如果你使用的是 Maven，可以在 pom.xml 文件中添加以下依赖。

```
<dependency>
    <groupId>org.springframework</groupId>
    <artifactId>spring-webmvc</artifactId>
    <version>5.3.20</version> <!-- 请根据需要调整版本号 -->
</dependency>
<dependency>
    <groupId>commons-fileupload</groupId>
    <artifactId>commons-fileupload</artifactId>
    <version>1.4</version>
</dependency>
```

（2）配置 Spring MVC：在你的 Spring 配置文件（如 dispatcher-servlet.xml）中启用 MultipartResolver。

```
<bean id="multipartResolver"
        class="org.springframework.web.multipart.commons.CommonsMultipartResolver">
    <!-- 设置最大上传文件大小为 5MB -->
    <property name="maxUploadSize" value="5242880"/>
</bean>
```

（3）创建 Controller：编写一个控制器来处理文件上传请求。

```
import org.springframework.http.HttpStatus;
import org.springframework.http.ResponseEntity;
import org.springframework.stereotype.Controller;
import org.springframework.web.bind.annotation.PostMapping;
import org.springframework.web.bind.annotation.RequestParam;
import org.springframework.web.multipart.MultipartFile;

import java.io.File;
import java.io.IOException;

@Controller
public class FileUploadController {

    //指定上传文件的目录
    private static final String UPLOAD_DIR = "/path/to/upload/directory";

    @PostMapping("/upload")
    public ResponseEntity<String> uploadFile
        (@RequestParam("file") MultipartFile file) {
        if (file.isEmpty()) {
            return new ResponseEntity<>
                ("Please select a file to upload", HttpStatus.BAD_REQUEST);
        }
```

```
        try {
            //获取文件名并保存到指定目录
            String fileName = file.getOriginalFilename();
            File dest = new File(UPLOAD_DIR + File.separator + fileName);
            file.transferTo(dest);

            return new ResponseEntity<>
                ("You successfully uploaded '" + fileName + "'", HttpStatus.OK);
        } catch (IOException e) {
            e.printStackTrace();
            return new ResponseEntity<>("Failed to upload '" +
                file.getOriginalFilename() + "'", HttpStatus.INTERNAL_SERVER_ERROR);
        }
    }
}
```

（4）运行应用：启动你的 Spring MVC 应用，然后你可以通过 HTTP 客户端（如 Postman）或前端页面发送 POST 请求到/upload 端点进行文件上传。

例如，使用 curl 命令行工具上传文件。

```
curl -F "file=@/path/to/your/file.txt" http://localhost:8080/upload
```

或者通过 HTML 表单上传文件。

```
<!DOCTYPE html>
<html lang="en">
<head>
    <meta charset="UTF-8">
    <title>File Upload</title>
</head>
<body>
    <h1>Upload a File</h1>
    <form method="POST" action="/upload" enctype="multipart/form-data">
        <input type="file" name="file"/>
        <button type="submit">Upload</button>
    </form>
</body>
</html>
```

通过以上步骤，你就可以在 Spring MVC 中实现一个简单的文件上传接口了。如果需要进一步定制或扩展功能，可以根据具体需求进行调整。

9.8.2 使用 Spring MVC 访问静态资源

以下是在 AIGC 平台上的对话示例。

【问题】

如何使用 Spring MVC 访问静态资源？

【AIGC 建议】

在 Spring MVC 中，访问静态资源（如 HTML、CSS、JavaScript 文件和图片）通常需要配置静态资源的映射。以下是一个简单的示例，展示如何在 Spring MVC 项目中配置和访问静态资源。

（1）项目结构

假设你的项目结构如下。

```
src/main/webapp
|-- resources
```

```
|   |-- static
|       |-- css
|           |-- style.css
|       |-- js
|           |-- script.js
|       |-- images
|           |-- logo.png
|-- WEB-INF
    |-- views
        |-- index.jsp
```

（2）Spring MVC 配置

首先，确保你已经配置了 Spring MVC 的 DispatcherServlet。通常这是通过 web.xml 文件来完成的。

```
<web-app>
    <servlet>
        <servlet-name>dispatcher</servlet-name>
        <servlet-class>
                org.springframework.web.servlet.DispatcherServlet
        </servlet-class>
        <init-param>
            <param-name>contextConfigLocation</param-name>
            <param-value>/WEB-INF/spring/dispatcher-config.xml</param-value>
        </init-param>
        <load-on-startup>1</load-on-startup>
    </servlet>
    <servlet-mapping>
        <servlet-name>dispatcher</servlet-name>
        <url-pattern>/</url-pattern>
    </servlet-mapping>
</web-app>
```

然后，在 dispatcher-config.xml 中配置静态资源的处理。

```
<beans xmlns="http://www.springframework.org/schema/beans"
      xmlns:xsi="http://www.w3.org/2001/XMLSchema-instance"
      xmlns:mvc="http://www.springframework.org/schema/mvc"
      xsi:schemaLocation="http://www.springframework.org/schema/beans
            http://www.springframework.org/schema/beans/spring-beans.xsd
            http://www.springframework.org/schema/mvc
            http://www.springframework.org/schema/mvc/spring-mvc.xsd">
    <!-- Enable Spring MVC -->
    <mvc:annotation-driven/>
    <!-- Configure static resource handling -->
    <mvc:resources mapping="/static/**" location="/resources/static/"/>
    <!-- View resolver -->
    <bean class=
        "org.springframework.web.servlet.view.InternalResourceViewResolver">
        <property name="prefix" value="/WEB-INF/views/"/>
        <property name="suffix" value=".jsp"/>
    </bean>
</beans>
```

（3）创建视图文件

在 WEB-INF/views 目录下创建一个 JSP 文件，例如 index.jsp。

```
<!DOCTYPE html>
<html lang="en">
<head>
    <meta charset="UTF-8">
```

```
    <title>Static Resource Example</title>
    <link rel="stylesheet"
    type="text/css"
    href="${pageContext.request.contextPath}/static/css/style.css">
</head>
<body>
    <h1>Welcome to Spring MVC!</h1>
    <img src="${pageContext.request.contextPath}/static/images/logo.png" alt="Logo">
    <script src="${pageContext.request.contextPath}/static/js/script.js"></script>
</body>
</html>
```

（4）运行项目

启动你的 Spring MVC 应用，并访问 http://localhost:8080/your-context-path/。你应该能够看到页面加载了 CSS 样式、图片和 JavaScript 脚本。

通过上述步骤，你可以在 Spring MVC 项目中配置和访问静态资源。关键部分是使用 <mvc:resources>标签来映射静态资源的位置，并在视图文件中正确引用这些资源。

本章小结

本章向读者介绍了一种非常流行的基于 MVC 模型的解决方案——Spring MVC 技术，包括 MVC 设计模式、Spring MVC 配置文件与拦截器组件等。对初学者来说，只有切实掌握 Spring MVC 框架体系，才能灵活地应用 Spring MVC 框架进行开发。

上机指导

应用 Spring MVC 框架实现一个简单的计算器。下面介绍其关键代码。

web.xml 配置文件的关键代码如下：

```
<?xml version="1.0" encoding="UTF-8"?>
<web-app xmlns:xsi="http://www.w3.org/2001/XMLSchema-instance"
        xmlns="http://java.sun.com/xml/ns/javaee"
        xsi:schemaLocation="http://java.sun.com/xml/ns/javaee
        http://java.sun.com/xml/ns/javaee/web-app_2_5.xsd" version="2.5">
  <welcome-file-list>
    <welcome-file>index.jsp</welcome-file>
  </welcome-file-list>
  <servlet>
    <servlet-name>Spring MVC</servlet-name>
<servlet-class>org.springframework.web.servlet.DispatcherServlet</servlet-class>
    <init-param>
      <param-name>contextConfigLocation</param-name>
      <param-value>/WEB-INF/SpringMVC.xml</param-value>
    </init-param>
  </servlet>
  <servlet-mapping>
    <servlet-name>Spring MVC</servlet-name>
    <url-pattern>/</url-pattern>
  </servlet-mapping>
  <filter>
     <filter-name>CharacterEncodingFilter</filter-name>
     <filter-class>org.springframework.web.filter.CharacterEncodingFilter</filter-class>
     <init-param>
         <param-name>encoding</param-name>
```

```
            <param-value>UTF-8</param-value>
        </init-param>
    </filter>
    <filter-mapping>
        <filter-name>CharacterEncodingFilter</filter-name>
        <url-pattern>/*</url-pattern>
    </filter-mapping>
</web-app>
```

SpringMVC.xml 配置文件的关键代码如下。

```
<?xml version="1.0" encoding="UTF-8"?>
<beans xmlns="http://www.springframework.org/schema/beans"
       xmlns:xsi="http://www.w3.org/2001/XMLSchema-instance"
       xmlns:context="http://www.springframework.org/schema/context"
       xmlns:mvc="http://www.springframework.org/schema/mvc"
       xsi:schemaLocation="http://www.springframework.org/schema/beans
            http://www.springframework.org/schema/beans/spring-beans-4.0.xsd
            http://www.springframework.org/schema/context
            http://www.springframework.org/schema/context/spring-context-4.0.xsd
            http://www.springframework.org/schema/mvc
            http://www.springframework.org/schema/mvc/spring-mvc-4.0.xsd">
    <!-- 配置视图解析器 -->
    <bean
    class="org.springframework.web.servlet.view.InternalResourceViewResolver">
        <property name="prefix" value="/WEB-INF/jsp/" />
        <property name="suffix" value=".jsp" />
    </bean>
    <bean class="com.mr.controller.SuanShuController"/>
    <mvc:annotation-driven></mvc:annotation-driven>
</beans>
```

计算实体类的关键代码如下。

```
package com.mr.entity;
public class JiSuan {
    private int numOne;
    private int numTwo;
    private String yunSuan;
    public int getNumOne() {
        return numOne;
    }
    public void setNumOne(int numOne) {
        this.numOne = numOne;
    }
    public int getNumTwo() {
        return numTwo;
    }
    public void setNumTwo(int numTwo) {
        this.numTwo = numTwo;
    }
    public String getYunSuan() {
        return yunSuan;
    }
    public void setYunSuan(String yunSuan) {
        this.yunSuan = yunSuan;
    }
}
```

在处理器类中添加注解，实现相应的计算功能，关键代码如下。

```
@Controller
public class SuanShuController {
```

```
    @RequestMapping("suan")
    public String suan(Model model,JiSuan jiSuan) {
        int numThree = 0;
        if(jiSuan.getYunSuan().equals("+")) {
            numThree = jiSuan.getNumOne()+jiSuan.getNumTwo();
        }else if(jiSuan.getYunSuan().equals("-")) {
            numThree = jiSuan.getNumOne()-jiSuan.getNumTwo();
        }else if(jiSuan.getYunSuan().equals("*")) {
            numThree = jiSuan.getNumOne()*jiSuan.getNumTwo();
        }else {
            numThree = jiSuan.getNumOne()/jiSuan.getNumTwo();
        }
        model.addAttribute("numThree", numThree);
        return "jieGuo";
    }
}
```

在前端 JSP 中绑定计算结果，关键代码如下。

```
<%@ page language="java" contentType="text/html; charset=UTF-8"
    pageEncoding="UTF-8"%>
<!DOCTYPE html>
<html>
<head>
<meta charset="UTF-8">
<title>Insert title here</title>
</head>
<body>
    计算结果为:${numThree}
</body>
</html>
```

习题

1. MVC 设计模式由哪几部分组成?
2. 简述映射器、适配器、前端控制器以及视图解析器的概念。
3. 简述 WEB-INF 目录下的资源有什么特点，该如何访问。
4. 在 Spring MVC 中定义拦截器有哪些方法？这些方法有什么特点?

第10章 MyBatis 技术

本章要点

- 了解 MyBatis
- 掌握 MyBatis 开发环境的搭建
- 掌握 MyBatis 配置文件
- 掌握 MyBatis 高级映射

MyBatis 的出现，帮助程序员提高了开发效率，它不像传统的 JDBC 开发模式，也不像 Hibernate 那样将 SQL 语句固态化，它更容易开发出高性能的程序，是目前比较成熟、使用率比较高的持久层框架。

10.1 初识 MyBatis

初识 MyBatis

10.1.1 MyBatis 简介

MyBatis 是一款优秀的持久层框架，它支持定制化 SQL、存储过程及高级映射。MyBatis 避免了几乎所有的 JDBC 代码和手动设置参数及获取结果集。MyBatis 支持使用简单的 XML 文件或注解来配置和映射原生信息，将接口和 POJO（Plain Old Java Object，普通的 Java 对象）映射成数据库中的记录。

10.1.2 MyBatis 整体架构

MyBatis 由数据源配置文件、SQL 映射配置文件、会话工厂与会话、执行器，以及底层封装对象组成。接下来对这些核心对象逐一进行讲解。

1．数据源配置文件

对于一个持久层框架，操作数据库当然是最重要的一步，MyBatis 采用数据库连接池的形式来配置与数据库连接的内容，这样一来，就不需要在每个类中都编写或者调用数据库连接信息了。

sqlMapConfig.xml 配置文件的大致内容如下。

```
<?xml version="1.0" encoding="UTF-8"?>
<!DOCTYPE configuration
PUBLIC "-//mybatis.org//DTD Config 3.0//EN"
"http://mybatis.org/dtd/mybatis-3-config.dtd">
<configuration>
```

```
        <environments default="development">
            <environment id="development">
                <!-- 使用 JDBC 事务管理 -->
                <transactionManager type="JDBC"/>
                <!-- 数据库连接池 -->
                <dataSource type="POOLED">
                    <property name="driver" value="com.mysql.cj.jdbc.Driver"/>
                    <property name="url" value="jdbc:mysql://localhost:3306/test?
characterEncoding=UTF-8&amp;serverTimezone=UTC&amp;useSSL=false"/>
                    <property name="username" value="root"/>
                    <property name="password" value="root"/>
                </dataSource>
            </environment>
        </environments>
    </configuration>
```

在后期 SSM（Spring+Spring MVC+MyBatis）三大框架整合的时候，将会使用 Spring 建立数据库连接池，此时就不用为 MyBatis 单独配置数据库连接池了。

2．SQL 映射配置文件

MyBatis 框架将 SQL 配置在单独的 Mapper.xml 文件（SQL 映射文件）中，简称 Mapper 文件。SQL 语句的所有操作将在这个配置文件中完成。

Mapper.xml 配置文件的大致内容如下。

```
<?xml version="1.0" encoding="UTF-8"?>
<!DOCTYPE mapper PUBLIC "-//mybatis.org//DTD Mapper 3.0//EN"
"http://mybatis.org/dtd/mybatis-3-mapper.dtd">
<mapper namespace="test">
    <select id="findUserById" parameterType="int" resultType="com.mr.entity.UsersBean">
        select * from users where id = #{id}
    </select>
</mapper>
```

在上述配置信息中，<select>标签中包含一段根据 id 进行数据查询的 SQL 语句，其中 parameterType 属性设置了该 SQL 语句的传入参数，也就是#{id}的数据类型；resultType 设置了该 SQL 语句的返回值类型，因为该 SQL 语句是查询所有，所以查询出来的信息也是 users 表对应的实体类类型。

将 Mapper 文件的路径告诉 MyBatis，让 MyBatis 框架顺利地找到 Mapper 文件并加载它，配置方式如下。

```
<mappers>
    <mapper resource="com.mr.mapper.Test-Mapper.xml"/>
</mappers>
```

3．会话工厂与会话

会话工厂（SqlSessionFacory）和会话（session）是 MyBatis 框架的核心对象，SqlSessionFactory 加载配置的数据库连接池配置文件，根据数据库配置信息产生可以连接数据库并与其进行交互的 SqlSession 会话实例类。

前面已经把 Mapper 文件的路径告诉了 MyBatis（通过<mappers>标签配置），SqlSessionFactory 也同时加载了 SQL 的配置信息，可以依照 Mapper 的 SQL 配置对数据库进行操作。

4．执行器

MyBatis 架构中的执行器（Executor）是执行 SQL 操作的核心组件，负责管理与数据库交互的事务，主要包括执行 SQL 语句、处理缓存、返回查询结果等。以下是对 MyBatis

中几种常见执行器的详细介绍。

SimpleExecutor（简单执行器）：每次执行 SQL 时都会创建一个新的 Statement 对象，在执行完之后立即关闭，没有缓存机制。

ReuseExecutor（重用执行器）：缓存已经执行过的 PreparedStatement 对象，如果遇到相同的 SQL 请求，它会复用之前创建的 PreparedStatement，避免了每次执行时都重新解析 SQL 语句和创建执行对象的开销。

BatchExecutor（批处理执行器）：将多个 SQL 操作合并成一个批量请求，减少了与数据库的交互次数，将所有的 SQL 语句累积在一个 PreparedStatement 中，然后一起提交。

CachingExecutor（缓存执行器）：作为二级缓存执行器，它基于 BaseExecutor 实现，并在其基础上增加了二级缓存的功能，它可以对 PreparedStatement 进行缓存，并提供可配置的缓存策略和缓存大小限制。

5．底层封装对象

MyBatis 架构中的底层封装对象主要包括以下几种。

Executor：MyBatis 底层自定义的执行器接口，负责直接与数据库进行交互，执行 SQL 操作。

MappedStatement：MyBatis 的核心对象之一，是对 SQL 语句和相关配置信息的封装，每一个表的增删改查操作对应一个 MappedStatement 对象。

SqlSession：MyBatis 提供的操作数据库的会话接口，类似于 JDBC 中的 Connection，但它不只是一个简单的连接，还包含执行 SQL 所需的所有方法和配置信息。

Configuration：MyBatis 的全局配置文件对象，用于存储和管理 MyBatis 的各种配置信息，如数据库连接信息、事务管理、缓存配置、类型别名等。

10.1.3 MyBatis 运行流程

MyBatis 的整个运行流程也是紧紧围绕数据库连接池配置文件 sqlMapConfig.xml，以及 SQL 映射配置文件 Mapper.xml 展开的。

MyBatis 的运行流程如图 10-1 所示。

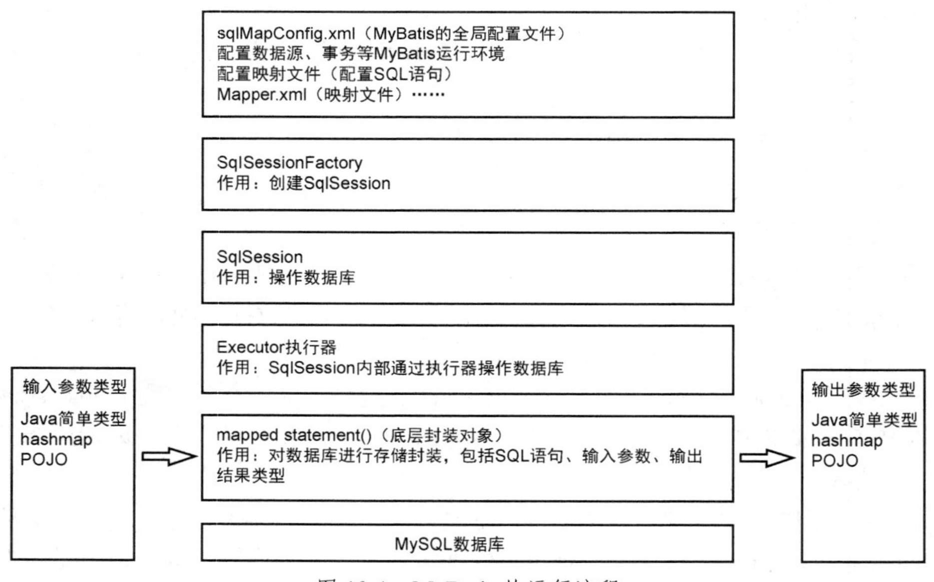

图 10-1　MyBatis 的运行流程

10.2 搭建 MyBatis 开发环境

前面介绍了传统 JDBC 开发模式的缺陷、MyBatis 的基础知识以及整体架构情况，相信大家对学习 MyBatis 已经有了大致的方向。本节讲解 MyBatis 开发环境的搭建。

搭建 MyBatis 开发环境

10.2.1 数据库准备

首先需要准备要操作的数据库，这里使用 MySQL 数据库。安装好 MySQL 及图形化管理工具之后，打开图形化管理工具（这里使用 Navicat for MySQL）。创建一个连接，在左侧空白区域单击鼠标右键，在打开的快捷菜单中选择“新建”命令，填写连接名和密码。在这里设置连接名为 localhost（本地连接）、密码为 root，单击左下角的“连接测试“按钮，如果成功会看到连接成功提示框，如图 10-2 所示。

双击刚才新建的连接 localhost，可以看到在此连接下已经有了一些默认的数据库，展开 test 数据库，如图 10-3 所示。

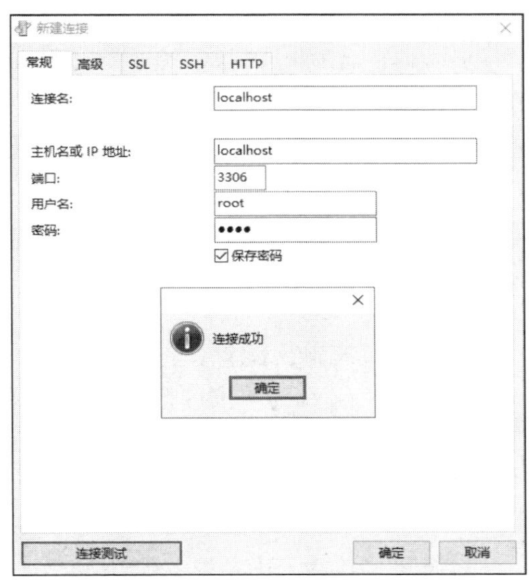

图 10-2 新建连接

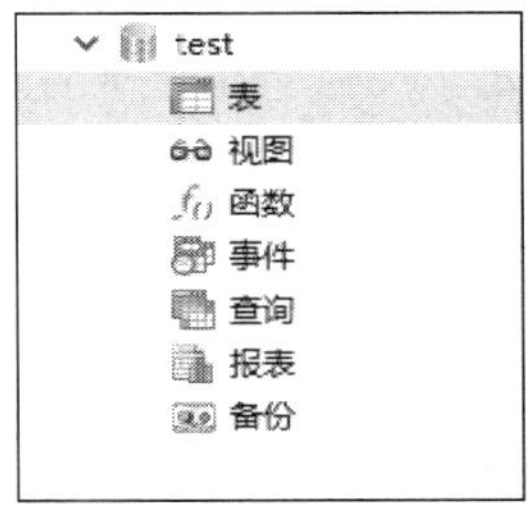

图 10-3 test 数据库

选择“表”，单击鼠标右键，在弹出的快捷菜单中选择“新建表”命令，新建一个名为 Users 的数据表，如图 10-4 所示。

往表里插入几条数据，用于后续进行程序测试。

```
INSERT into users VALUES
(0,'张三','111','男','1111@126.com','河南省','郑州市','1991-01-01'),
(0,'李四','222','男','2222@163.com','河北省','石家庄市','1992-02-02'),
(0,'刘丽','333','女','3333@qq.com','吉林省','长春市','1993-03-03'),
(0,'李丽','444','女','4444@sina.com','辽宁省','大连市','1994-04-04');
```

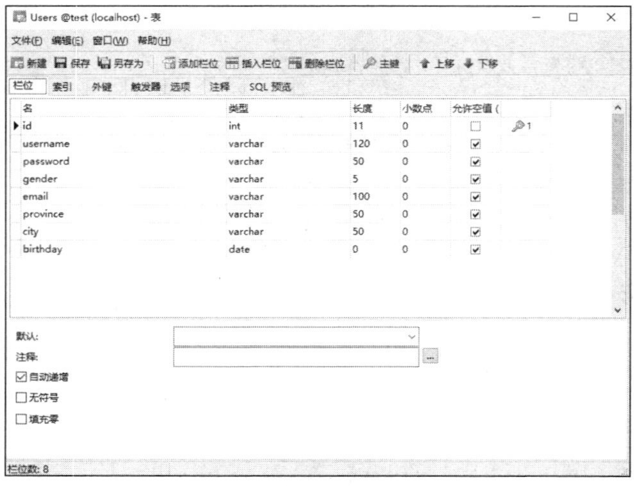

图 10-4　Users 表

10.2.2　搭建 MyBatis 环境

打开 Eclipse 开发工具，创建一个名为 MyBatisFirstDemo 的 Web 工程。

这里使用的 MyBatis 的核心 jar 包为 mybatis-3.4.6.jar。除了引入这个 jar 包以外，还要准备 MyBatis 的其他依赖 jar 包，并且还要为数据库连接提供驱动建立日志输出环境，MyBatisFirstDemo 工程所需的 jar 包如图 10-5 所示。

为工程准备开发需要的目录结构。目录结构一般分为源代码目录、配置文件目录和测试目录。

src 文件夹一般是存放源代码的地方，该工程的代码主要分为数据库连接、持久层对象、测试主程序三大块。在 src 目录下创建 3 个文件夹，分别是 com.mr.datasource、com.mr.entity、com.mr.test。

配置文件目录用于放置数据库连接池配置文件、日志输出配置文件和 Mapper 配置文件。创建一个名为 sqlMapConfig.xml 的 XML 空白文件，作为数据库连接池配置文件。然后创建一个名为 com.mr.mapper 的包，在该包下创建一个名为 Users-Mapper.xml 的空白 XML 文件，作为处理 Users 数据的 SQL 映射文件。最后创建一个名为 log4j2 的 properties 空白属性文件，作为日志输出环境的配置文件。

工程目录结构如图 10-6 所示。

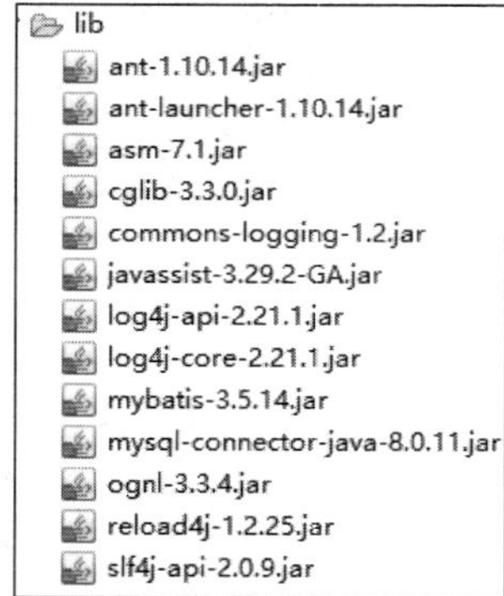

图 10-5　MyBatisFirstDemo 工程所需的 jar 包

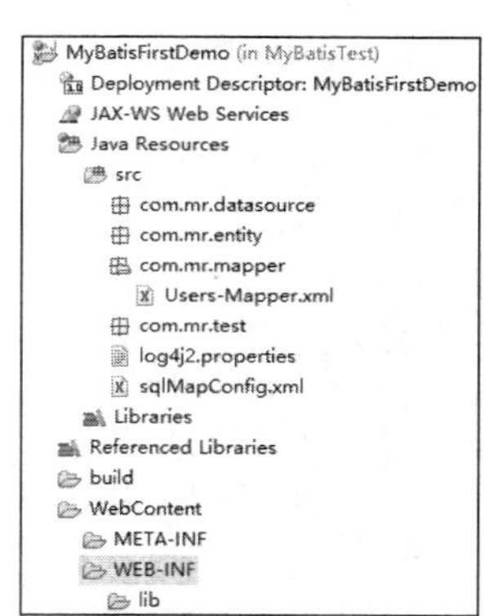

图 10-6　工程目录结构

10.2.3 编写日志输出环境配置文件

日志是每个项目必备的功能，无论是开发中还是后期项目上线都对查找问题有很大帮助。现在比较常用的日志工具是 log4j2。接下来为 log4j2 日志输出环境配置参数文件，首先，在项目中创建一个名为 log4j2.properties 的空白文件，配置信息如下。

```
# Global logging configuration
rootLogger.level=DEBUG
rootLogger.appenderRefs=stdout
rootLogger.appenderRef.stdout.ref=ConsoleAppender

# Console output
appender.stdout.type=Console
appender.stdout.name=ConsoleAppender
appender.stdout.layout.type=PatternLayout
appender.stdout.layout.pattern=%5p [%t] - %m%n
```

各部分内容解释如下。

1．root Logger

rootLogger.level=DEBUG：设置根 Logger 的日志级别为 DEBUG。

rootLogger.appenderRefs=stdout：指定根 Logger 关联的 Appender 名称列表。

rootLogger.appenderRef.stdout.ref=ConsoleAppender：映射根 Logger 到名为 ConsoleAppender 的 Appender。

2．Console Appender

appender.stdout.type=Console：设置名为 stdout 的 Appender 类型为 Console。

appender.stdout.name=ConsoleAppender：指定 Appender 的名称。

appender.stdout.layout.type=PatternLayout：设置 Appender 的布局（Layout）类型为 PatternLayout。

appender.stdout.layout.pattern=%5p [%t] - %m%n：设置 PatternLayout 的转换模式（Conversion Pattern）。格式信息配置元素的含义大致如下。

%m：输出代码中指定的消息。

%p：输出优先级，即 DEBUG、INFO、WARN、ERROR、FATAL。

%r：输出自应用启动到输出该日志信息所耗费的时间，单位为毫秒。

%c：输出所有类目，通常就是所在类的全名。

%t：输出产生该日志事件的线程名。

%n：输出一个回车换行符，Windows 操作系统为 rn、UNIX 操作系统为 n。

%d：输入日志时的日期和时间，默认格式为 ISO8601，也可以指定其他格式，比如%d{yyyy MMM dd HH:mm:ss,SSS}，输出结果格式为 2018 年 12 月 05 日 10:50:34,921。

%l：输出日志事件的发生位置，包括类名、发生的线程名，以及在代码中的行号。

[QC]：日志信息的开头，可以为任意字符，一般为项目简称。

10.2.4 编写数据库连接池配置文件

首先创建一个名为 sqlMapConfig.xml 的空白文件，然后在 XML 文件代码的头部加上如下声明信息。

```
<!DOCTYPE configuration
PUBLIC "-//mybatis.org//DTD Config 3.0//EN"
"http://mybatis.org/dtd/mybatis-3-config.dtd">
```

在<configuration>标签中添加<setting>标签，用来指定日志输出格式 logImpl 为 Log4j2。

在<environments>标签中添加<environment>标签，用于配置数据库环境。添加<transactionManager>标签，用于配置 MyBatis 的事务管理逻辑。添加<dataSource>标签，在其中用<property>标签来配置每个属性。

sqlMapConfig.xml 配置文件的内容如下。

```
<?xml version="1.0" encoding="UTF-8"?>
<!DOCTYPE configuration
PUBLIC "-//mybatis.org//DTD Config 3.0//EN"
"http://mybatis.org/dtd/mybatis-3-config.dtd">
<configuration>
    <settings>
        <setting name="logImpl" value="LOG4J2"/>
    </settings>
    <environments default="development">
        <environment id="development">
            <transactionManager type="JDBC"/>
            <dataSource type="POOLED">
                <property name="driver" value="com.mysql.cj.jdbc.Driver"/>
                <property name="url" value="jdbc:mysql://localhost:3306/test?
characterEncoding=UTF-8&amp;serverTimezone=UTC&amp;useSSL=false"/>
                <property name="username" value="root"/>
                <property name="password" value="root"/>
            </dataSource>
        </environment>
    </environments>
</configuration>
```

10.2.5 编写 SQL 映射配置文件

将所有 Mapper 配置文件存放到名为 com.mr.mapper 的包下，然后创建一个名为 UsersMapper.xml 的文件。

打开 Mapper 配置文件，参考配置 sqlMapConfig.xml 文件的方式，给 Mapper 文件定义 DTD 文档类型。

```
<!DOCTYPE mapper
PUBLIC "-//mybatis.org//DTD Config 3.0//EN"
"http://mybatis.org/dtd/mybatis-3-mapper.dtd">
```

编写配置文件的正文。首先简单介绍一下该配置文件的结构，在声明 DTD 文档类型时需要添加一对<mapper>标签，其中有一个属性是 namespace，该属性有重要作用；然后在<mapper>标签中写 SQL 语句，SQL 语句主要分为增、删、改、查四大功能，所以它们对应的标签是<insert>、<delete>、<update>、<select>。我们现在要实现的是查询功能，所以用<select>标签。

SQL 映射配置文件的大致内容如下：

```
<?xml version="1.0" encoding="UTF-8"?>
<!DOCTYPE mapper
PUBLIC "-//mybatis.org//DTD Config 3.0//EN"
"http://mybatis.org/dtd/mybatis-3-mapper.dtd">
<mapper namespace="test">
```

```
    <select id="findUserById" parameterType="int" resultType="com.mr.entity.Users">
        select * from users where id=#{id}
    </select>
</mapper>
```

这段代码定义了一个根据 id 查询用户信息的 SQL 语句。在 SQL 语句的末尾，使用了#{id}作为占位符，其中的 id 是输入参数的名称。由于查询条件是基于 id 的值，而 id 是 int 类型，因此将 parameterType 指定为 int。

该 SQL 语句的作用是从 Users 表中查询一条包含所有列的数据。查询结果会通过 MyBatis 的自动映射机制映射到 com.mr.entity.Users 的 JavaBean 中。因此，resultType 被设置为 com.mr.entity.Users，表示返回的结果是一个 Users 对象。通过这种方式，操作 Users 对象就等同于操作 users 表中的数据。

编写完 SQL 映射配置文件之后，为了能让 MyBatis 资源文件加载类解析 Mapper 文件，需要把 Mapper 文件的路径配置在全局配置文件 sqlMapConfig.xml 中（sqlMapConfig.xml 文件的</environments>和</configuration>标签的中间位置）。

```
<mappers>
        <mapper resource="com/mr/mapper/Users-Mapper.xml"/>
</mappers>
```

至此，所有配置文件准备完毕。

10.2.6 编写 Java 类

编写 3 个类，分别是实体类、数据库交互类以及测试类。

在 com.mr.entity 包下创建一个名为 Users 的 JavaBean。

```
package com.mr.entity;

import java.util.Date;

public class Users {

    private int id;
    private String userName;
    private String password;
    private String gender;
    private String email;
    private String province;
    private String city;
    private Date birthday;
    public int getId() {
        return id;
    }
    public void setId(int id) {
        this.id = id;
    }
    public String getUserName() {
        return userName;
    }
    public void setUserName(String userName) {
        this.userName = userName;
    }
    public String getPassword() {
        return password;
    }
    public void setPassword(String password) {
```

```
        this.password = password;
    }
    public String getGender() {
        return gender;
    }
    public void setGender(String gender) {
        this.gender = gender;
    }
    public String getEmail() {
        return email;
    }
    public void setEmail(String email) {
        this.email = email;
    }
    public String getProvince() {
        return province;
    }
    public void setProvince(String province) {
        this.province = province;
    }
    public String getCity() {
        return city;
    }
    public void setCity(String city) {
        this.city = city;
    }
    public Date getBirthday() {
        return birthday;
    }
    public void setBirthday(Date birthday) {
        this.birthday = birthday;
    }
    public Users(int id, String userName, String password, String gender, String email,
String province, String city,
            Date birthday) {
        super();
        this.id = id;
        this.userName = userName;
        this.password = password;
        this.gender = gender;
        this.email = email;
        this.province = province;
        this.city = city;
        this.birthday = birthday;
    }
    public Users() {
        super();
        //TODO Auto-generated constructor stub
    }

}
```

该 JavaBean 中创建了 Users 表的所有属性信息、多种方法，以及一个无参和一个有参的构造方法。

接下来编写数据库交互类，因为如果我们直接实现具体功能，需要在每个方法里都创建 MyBatis 核心对象，比较烦琐，所以直接把这两个对象提取出来封装到一个类中方便以后使用。这里创建一个可以获取 SqlSession 的类，名为 DataConnection，代码如下。

```
package com.mr.datasource;

import java.io.InputStream;

import org.apache.ibatis.io.Resources;
```

```
import org.apache.ibatis.session.SqlSession;
import org.apache.ibatis.session.SqlSessionFactory;
import org.apache.ibatis.session.SqlSessionFactoryBuilder;

public class DataConnection {

    private String resource ="sqlMapConfig.xml";
    private SqlSessionFactory sqlSessionFactory;
    private SqlSession sqlSession;

    public SqlSession getSqlSession() throws Exception{
        InputStream inputStream = Resources.getResourceAsStream(resource);
        //创建会话工厂，传入 MyBatis 配置文件
        sqlSessionFactory = new SqlSessionFactoryBuilder().build(inputStream);
        sqlSession = sqlSessionFactory.openSession();
        return sqlSession;
    }
}
```

在该类中，通过 Resource 资源加载类加载 sqlMapConfig.xml 配置文件，然后获取 SQL 会话工厂 SqlSessionFactory，之后使用 SQL 会话工厂创建可以与数据库交互的 sqlSession 类的实例对象。

最后，编写测试类，该类需要从数据库中取出 id 为 3 的用户数据，并输出到控制台中。测试类的名称为 MyBatisTest，相关代码如下。

```
package com.mr.test;

import java.text.SimpleDateFormat;

import org.apache.ibatis.session.SqlSession;
import org.junit.Test;

import com.mr.datasource.DataConnection;
import com.mr.entity.Users;

public class MyBatisTest {

    public DataConnection dataConnection = new DataConnection();
    @Test
    public void TestSelect() throws Exception {
        SqlSession sqlSession = dataConnection.getSqlSession();
        Users users = sqlSession.selectOne("test.findUserById",3);
        System.out.println("姓名: "+users.getUserName());
        System.out.println("性别: "+users.getGender());
        SimpleDateFormat sdf = new SimpleDateFormat("yyyy-MM-dd");
        System.out.println("生日: "+sdf.format(users.getBirthday()));
        System.out.println("所在地: "+users.getProvince()+users.getCity());
        sqlSession.close();
    }
}
```

在 TestSelect()方法中，首先通过 DataConnection 类获取 sqlSession 类对象，然后使用 sqlSession 的 SelectOne()方法，该方法有两个参数：第一个参数是 SQL 映射文件 Users-Mapper.xml 中的 namespace 加上<select>标签的 id 属性值；第二个参数是 SQL 映射文件所匹配的 parameterType 类型参数。执行 selectOne()方法之后的结果为 SQL 映射文件所匹配的 resultType 类型。最后将获得的 Users 表的信息输出，结果如图 10-7 所示。

可以看到，在输出日志中含有 select 查询语句，并且下面的输出结果正是数据库中 id 为 3 的数据。最后，调用 sqlSession 的 close()方法关闭会话。

```
Markers  Properties  Servers  Snippets  Problems  Console  Progress  Debug  JUnit
<terminated> MyBatisTest [JUnit] C:\Program Files\Java\jre-10.0.2\bin\javaw.exe (2018年12月5日 下午2:46:11)
DEBUG [main] - ==>  Preparing: select * from users where id=?
DEBUG [main] - ==> Parameters: 3(Integer)
DEBUG [main] - <==      Total: 1
姓名: 李四
性别: 男
生日: 1992-02-02
所在地: 河北省石家庄市
DEBUG [main] - Resetting autocommit to true on JDBC Connection [com.mysql.jdbc.JDBC4Connection@1890516e]
DEBUG [main] - Closing JDBC Connection [com.mysql.jdbc.JDBC4Connection@1890516e]
DEBUG [main] - Returned connection 412111214 to pool.
```

图 10-7　按 id 查询的结果

10.2.7　模糊查询

对 Users 表中的数据进行模糊查询，即通过匹配名字中的某个字来查询用户。

首先在 Users-Mapper.xml 文件中配置 SQL 映射。

```
<select id="findUserByUserName" parameterType="String" resultType="com.mr.entity.Users">
        select * from users where username like '%${value}%'
</select>
```

其中 id 仍然表示映射文件中的 SQL 语句的唯一标识，parameterType 指定 SQL 语句传入参数类型为 String，resultType 指定结果类型为实体类对象。

<select>标签中的${}表示拼接 SQL 语句，在${}中只能使用 value 代表参数，但是这种方式的缺点是不能防范 SQL 注入，要谨慎使用。

在测试类中，编写一个新的测试方法 TestFuzzySearch()，用于查询名称中含有“三”的用户信息。

```
@Test
    public void TestFuzzySearch() throws Exception {
        SqlSession sqlSession = dataConnection.getSqlSession();
        List<Users> list = sqlSession.selectList("test.findUserByUserName","三");
        for(int i=0;i<list.size();i++) {
            Users users = list.get(i);
            System.out.println("姓名: "+users.getUserName());
            System.out.println("性别: "+users.getGender());
            SimpleDateFormat sdf = new SimpleDateFormat("yyyy-MM-dd");
            System.out.println("生日: "+sdf.format(users.getBirthday()));
            System.out.println("所在地: "+users.getProvince()+users.getCity());
        }
    }
```

因为是模糊查询，所以得到的结果可能不止一个。这里调用的是 sqlSession 的 selectList() 方法，该方法返回一个 List 集合。使用 for 循环遍历这个 List 集合，输出所有符合条件的对象信息，结果如图 10-8 所示。

```
Markers  Properties  Servers  Snippets  Problems  Console  Progress  Debug  JUnit
DEBUG [main] - PooledDataSource forcefully closed/removed all connections.
DEBUG [main] - Opening JDBC Connection
DEBUG [main] - Created connection 171421438.
DEBUG [main] - Setting autocommit to false on JDBC Connection [com.mysql.jdbc.JDBC4Connection@a37aefe]
DEBUG [main] - ==>  Preparing: select * from users where username like '%三%'
DEBUG [main] - ==> Parameters: 
DEBUG [main] - <==      Total: 1
姓名: 张三
性别: 男
生日: 1991-01-01
所在地: 河南省郑州市
```

图 10-8　按名字进行模糊查询的结果

10.2.8 新增

接下来实现新增功能。同样先在 Users-Mapper.xml 映射文件中编写如下 SQL 语句。

```
<insert id="insertUser" parameterType="com.mr.entity.Users">
   insert into users values(#{userName},#{password},#{gender},#{birthday,jdbcType=DATE},
       #{email},#{province},#{city})
</insert>
```

新增语句就不用为它设置返回值类型了，输入参数为 Users 对象。要说明的是，在 SQL 语句的 birthday 字段中，额外配置了 jdbcType=DATE 语句，表示该参数对应 Java 的 Date 数据类型，以便在加载 SQL 语句时能够正确地映射到数据库中。

接下来在测试类中添加 TestInsert()方法，向 Users 表插入一条数据。

```
@Test
    public void TestInsert() throws Exception {
        SqlSession sqlSession = dataConnection.getSqlSession();
        Users users = new Users();
        users.setId(0);
        users.setUserName("Steven");
        users.setPassword("123");
        users.setGender("男");
        users.setEmail("mr@163.com");
        SimpleDateFormat sdf = new SimpleDateFormat("yyyy-MM-dd");
        users.setBirthday(sdf.parse("1988-10-19"));
        users.setProvince("吉林省");
        users.setCity("长春市");
        sqlSession.insert("test.insertUser",users);
        sqlSession.commit();
        sqlSession.close();
    }
```

因为要在表的所有列中插入数据，所以直接把 Users 对象当作传入参数，MyBatis 会自动根据 SQL 语句的参数名称和实体类属性名称进行匹配，实现给 SQL 语句的参数赋值。这里要说明一下，因为是更新类语句，所以要在插入方法之后执行 commit()方法，这样才可以真正地实现提交数据到数据库（修改和删除功能同样也需要执行 commit()方法）。

插入结果如图 10-9 所示。

```
DEBUG [main] - Setting autocommit to false on JDBC Connection [com.mysql.jdbc.JDBC4Connection@6dd7b5a3]
DEBUG [main] - ==>  Preparing: insert into users values(?,?,?,?,?,?,?, ?)
DEBUG [main] - ==> Parameters: 0(Integer), Steven(String), 123(String), 男(String), mr@163.com(String),
DEBUG [main] - <==    Updates: 1
```

图 10-9　插入结果

对于某些业务，需要返回新增数据之后该条目对应的主键信息，比如在不执行查询 SQL 语句的前提下获得刚刚插入的信息的主键 id 值。

在执行 INSERT 语句之前，MySQL 会自动生成一个自增主键。INSERT 语句执行之后，可以通过 MySQL 的 SELECT LAST_INSERT_ID()函数来获取刚刚插入的记录的自增主键。

所以在映射文件中可以配置以下信息。

```
<insert id="insertUser" parameterType="com.mr.entity.Users">
    <selectKey keyProperty="id" order="AFTER" resultType="java.lang.Integer">
        SELECT LAST_INSERT_ID()
    </selectKey>
        insert into users values(#{id},#{userName},#{password},#{gender},#{email},
```

```
#{province},#{city},#{birthday,jdbcType=DATE})
    </insert>
```

在<insert>标签中添加<selectKey>标签，其中放置了一个 SQL 语句，用于查询该数据表中最后一个自增主键。其中，order 参数表示该 SQL 语句相对于 INSERT 语句的执行时间，值为 BEFORE 表示在插入语句之前执行；值为 AFTER 表示在插入语句之后执行。resultType 是该 SQL 语句执行结果对应的数据类型。

10.2.9 修改

我们继续实现修改功能，在 Users-Mapper.xml 文件中编写以下 SQL 语句。

```
<update id="updateUser" parameterType="com.mr.entity.Users">
        update users set username=#{username} where id=#{id}
</update>
```

这是一条最基本的 UPDATE 语句，其参数在前面已经介绍过了，这里不赘述，下面完成测试类代码。

```
@Test
    public void TestUpdate() throws Exception {
        SqlSession sqlSession = dataConnection.getSqlSession();
        Users users = new Users();
        users.setId(8);
        users.setUserName("小四");
        sqlSession.update("test.updateUser", users);
        sqlSession.commit();
        sqlSession.close();
    }
```

执行 TestUpdate()方法后从控制台的输出信息可以看出，被修改的数据条数为 1，如图 10-10 所示。

```
DEBUG [main] - ==>  Preparing: update users set username=? where id=?
DEBUG [main] - ==> Parameters: 小四(String), 8(Integer)
DEBUG [main] - <==    Updates: 1
```

图 10-10　执行修改方法的结果

10.2.10 删除

最后实现删除功能，在 Users-Mapper.xml 文件中配置 SQL 映射。

```
<delete id="deleteUser" parameterType="java.lang.Integer">
        delete from users where id = #{id}
</delete>
```

完成测试类代码。

```
@Test
    public void TestDelete() throws Exception {
        SqlSession sqlSession = dataConnection.getSqlSession();
        sqlSession.update("test.deleteUser", 8);
        sqlSession.commit();
        sqlSession.close();
    }
```

执行 delete()方法后，控制台的输出结果如图 10-11 所示。

```
DEBUG [main] - ==>  Preparing: delete from users where id = ?
DEBUG [main] - ==> Parameters: 8(Integer)
DEBUG [main] - <==    Updates: 1
```

图 10-11　执行删除方法的结果

通过搭建环境、编写配置文件以及实现测试类，可以初步了解 MyBatis 的开发流程及特点。

通过上面的例子不难看出，在写程序的时候大部分精力都用在了编写 Mapper 文件上，这就是 MyBatis 的最大特点。SQL 的灵活性要比 Hibernate 强很多，虽然开发效率不如 Hibernate，但是 MyBatis 框架可以更好地优化和修改 SQL，这是直接影响未来客户使用体验的重要因素。

10.3 MyBatis 配置文件详解

MyBatis 配置文件详解

本节将详细讲解 MyBatis 各个配置文件的内容，使读者对工程的整体架构配置有更加清晰的了解。

10.3.1　sqlMapConfig 配置文件

这个配置文件是 MyBatis 的全局配置文件，具有很重要的作用，它包含数据库连接信息、Mapper 文件的加载路径、全局参数，以及为 JavaBean 另设置别名等一系列 MyBatis 的核心配置信息。该配置文件的配置信息如表 10-1 所示。

表 10-1　MyBatis 全局配置文件的配置信息

配置名	含义	说明
configuration	包括所有配置标签	整个配置文件的顶级标签
properties	属性	可以引入外部配置的属性，也可以自己配置。该配置标签所在配置文件中的其他配置均可引用此配置中的属性
settings	全局配置参数	MyBatis 极为重要的标签，它可以改变 MyBatis 运行时一些行为的信息，例如设置缓存、延迟加载、错误处理等；并且还可以设置最大并发请求、最大并发事务，以及是否启用命名空间等
typeAliases	类型别名	设置别名来代替 Java 的全类名
typeHandlers	类型处理器	将 SQL 返回的数据库类型转换为相应 Java 类型的处理器配置
environments	环境集合属性	配置数据库信息的集合，可以包含多个 environment，一个 environment 代表一个数据库环境配置
environment	环境子属性	数据库环境配置的详细信息
transactionManager	事务管理	指定 MyBatis 的事务管理器
dataSource	数据源	配置连接数据库的一些信息，如连接地址、驱动、用户名、密码等
mappers	映射器	配置 SQL 映射文件的路径，告诉 MyBatis 去哪找 Mapper 文件

下面按照全局配置文件的配置顺序给出一个配置了全部参数的例子，以供参考。

```
<?xml version="1.0" encoding="UTF-8"?>
<!DOCTYPE configuration
PUBLIC "-//mybatis.org//DTD Config 3.0//EN"
"http://mybatis.org/dtd/mybatis-3-config.dtd">
<configuration>
    <!-- 引入外部配置文件 -->
    <properties resource="com/mr/example/db.preperties">
```

```
        <!-- properties 里面的属性全局可用 -->
        <property name="username" value="root"/>
        <property name="password" value="root"/>
    </properties>
    <!-- 全局参数 -->
    <settings>
        <!-- 设置缓存 -->
        <setting name="cacheEnabled" value="true"/>
        <!-- 设置懒加载 -->
        <setting name="lazyLoadingEnabled" value="true"/>
    </settings>
    <!-- 给实体类起别名 -->
    <typeAliases>
        <typeAlias alias="users" type="com.mr.entity.Users"/>
    </typeAliases>
    <!-- 类型转换 -->
    <typeHandlers>
        <typeHandler handler="com.mr.controller.UsersController"/>
    </typeHandlers>
    <!-- 对象工厂 -->
    <objectFactory type="com.mr.example.ExampleObjectFactory">
        <!-- 为工厂注入参数 -->
        <property name="sameProperty" value="20"/>
    </objectFactory>
    <!-- 插件 -->
    <plugins>
        <plugin interceptor="com.mr.example.ExamplePlugin">
            <property name="sameProperty" value="20"/>
        </plugin>
    </plugins>
    <!-- 使用 enviornments 配置数据库环境 -->
    <environments default="development">
        <environment id="development">
            <transactionManager type="JDBC"/>
            <dataSource type="POOLED">
                <property name="driver" value="com.mysql.cj.jdbc.Driver"/>
                <property name="url" value="jdbc:mysql://localhost:3306/test?
characterEncoding=UTF-8&amp;serverTimezone=UTC&amp;useSSL=false"/>
                <property name="username" value="root"/>
                <property name="password" value="root"/>
            </dataSource>
        </environment>
    </environments>
    <!-- 加载 Mapper 文件 -->
    <mappers>
        <mapper resource="com/mr/mapper/Users-Mapper.xml"/>
    </mappers>
</configuration>
```

对于不经常使用的参数，只需要有个印象就可以，开发时如需用到，可查询文档进行配置。下面对常用的参数进行讲解。

1. properties

这些属性都是可外部配置且可动态替换的，既可以在典型的 Java 属性文件中配置，也可通过 properties 元素的子元素来传递，示例如下。

```
<!-- 引入外部配置文件 -->
<properties resource="com/mr/example/db.preperties">
    <!-- properties 里面的属性全局可用 -->
    <property name="username" value="root"/>
```

```
    <property name="password" value="root"/>
</properties>
```

其中的属性可以在整个配置文件中被用来替换需要动态配置的属性值，示例如下。

```
<dataSource type="POOLED">
    <property name="driver" value="${driver}"/>
    <property name="url" value="${url}"/>
    <property name="username" value="${username}"/>
    <property name="password" value="${password}"/>
</dataSource>
```

这个例子中的 username 和 password 将由 properties 元素中设置的相应值来替换。driver 和 url 属性将由 config.properties 文件中对应的值来替换，为配置提供了更灵活的选择。

如果属性在不止一个地方进行了配置，那么 MyBatis 将按照下面的顺序来加载：

（1）在 properties 元素内指定的属性首先被读取；

（2）根据 properties 元素中的 resource 属性读取类路径下的属性文件或根据 url 属性指定的路径读取属性文件，并覆盖已读取的同名属性；

（3）读取作为方法参数传递的属性，并覆盖已读取的同名属性。

2．settings

这是 MyBatis 中极为重要的配置，可以改变 MyBatis 运行时的行为。

settings 的所有参数都需要被包含在<settings>标签中，详细参数如表 10-2 所示。

表 10-2　settings 配置的参数及说明

参数名	含义	有效值	默认值
cacheEnabled	全局开启或关闭配置文件中所有映射器已经配置的任何缓存	true、false	true
lazyLoadingEnabled	控制延迟加载的全局开关。开启时，所有关联的对象都将以延迟的方式加载。对于特定的关联关系，可以通过设置 fetchType 属性来覆盖这个全局开关的状态	true、false	false
aggressiveLazyLoading	开启时，调用任何方法都会加载当前对象的所有属性。否则，每个属性会按需加载（参考 lazyLoadTriggerMethods）	true、false	false
multipleResultSetsEnabled	是否允许单一语句返回多结果集（需要兼容驱动）	true、false	true
useColumnLabel	使用列标签代替列名。不同的驱动在使用列标签代替列名时会有不同的表现，具体可参考相关驱动文档	true、false	false
useGeneratedKeys	允许 JDBC 支持自动生成主键，需要驱动兼容。如果设置为 true 则强制自动生成主键，尽管一些驱动不能兼容但仍可正常工作	true、false	false
autoMappingBehavior	指定 MyBatis 如何自动映射列到字段或属性。NONE 表示取消自动映射、PARTIAL 表示自动映射没有定义嵌套结果集映射的结果集、FULL 表示自动映射任意复杂的结果集（无论是否嵌套）	NONE、PARTIAL、FULL	PARTIAL
autoMappingUnknownColumnBehavior	指定发现自动映射目标未知列（或者未知属性类型）的行为。 NONE：不做任何反应。 WARNING：输出提醒日志（org.apache.ibatis.session.AutoMappingUnknownColumnBehavior 的日志等级必须设置为 WARN）。 FAILING：映射失败（抛出 SqlSessionException 异常）	NONE、WARNING、FAILING	NONE
defaultExecutorType	配置默认的执行器。SIMPLE 就是普通的执行器；REUSE 执行器会重用预处理语句（Prepared Statements）；BATCH 执行器将重用语句并执行批量更新	SIMPLE、REUSE、BATCH	SIMPLE

续表

参数名	含义	有效值	默认值
defaultStatementTimeout	设置超时时间，它决定驱动等待数据库响应的秒数	任意正整数	无
defaultFetchSize	为驱动的结果集获取数量（FetchSize）设置一个提示值。此参数只可以在查询设置中被覆盖	任意正整数	无
safeRowBoundsEnabled	是否允许在嵌套语句中使用分页（RowBounds）。如果允许使用则设置为 false	true、false	false
safeResultHandlerEnabled	是否允许在嵌套语句中使用分页（ResultHandler）。如果允许使用则设置为 false	true、false	false
mapUnderscore ToCamelCase	是否开启自动驼峰命名规则（Camel Case）映射，即从经典数据库列名 A_COLUMN 到经典 Java 属性名 aColumn 的类似映射	true、false	false
localCacheScope	MyBatis 利用本地缓存机制（Local Cache）防止循环引用（Circular References）和加速重复嵌套查询。默认值为 SESSION，这种情况下会缓存会话中执行的所有查询。若值为 STATEMENT，则本地会话仅用在语句执行上，对相同 SqlSession 类对象的不同调用将不会共享数据	SESSION、STATEMENT	SESSION
jdbcTypeForNull	当没有为参数提供特定的 JDBC 类型时，为空值指定 JDBC 类型。某些驱动需要指定列的 JDBC 类型，多数情况直接用一般类型即可，如 NULL、VARCHAR 或 OTHER	NULL、VARCHAR、OTHER	OTHER
lazyLoadTriggerMethods	指定哪个对象的方法触发一次延迟加载	用逗号分隔方法名称的列表	eqauls,clone, hashCode, toString
deaultScriptingLanguage	指定动态 SQL 生成的默认语言	类型别名或者类的全路径名	org.apache. ibatis.scriptng. xmltags. XMLLanguage Driver
callSettersOnNulls	指定当结果集中值为 null 时是否调用映射对象的 setter()（map 对象对应的是 put()）方法，这在有 Map.keySet()依赖或 null 值的初始化的时候是很有用的。注意，基本类型（int、boolean 等）是不能设置成 null 的	true、false	false
returnInstanceForEmptyRow	当返回行的所有列都为空时，MyBatis 默认返回 null。当开启这个设置时，MyBatis 会返回一个空实例。请注意，它也适用于嵌套的结果集（从 MyBatis 3.4.2 开始）	true、false	false
logPrefix	指定 MyBatis 增加到日志名称的前缀	任意字符串	无
logImpl	指定 MyBatis 所用日志的具体实现，未指定时将自动查找	SLF4J、LOG4J、LOG4J2	无
proxyFactory	指定 MyBatis 创建具有延迟加载能力的对象所用的代理工具	CHLIB、JAVASSIST	JAVASSIST
vfsImpl	VFS 实现	用逗号分隔的自定义 VFS 实现类的全限定名	无
useActualParamName	允许使用方法签名中的名称作为语句参数名称。要使用该特性，工程必须采用 Java 8 编译,并且在命令中加上-parameters 选项(从 MyBatis 3.4.1 开始）	true、false	false
configurationFactory	指定一个提供 Configuration 实例的类，这个被返回的 Configuration 实例用来加载反序列化对象的懒加载属性值。这个类必须包含一个签名方法 static Configuration getConfiguration()（从 MyBatis 3.2.3 开始）	类型别名或类的全路径名	无

一个配置完整的<settings>标签的示例如下。

```
<settings>
  <setting name="cacheEnabled" value="true"/>
  <setting name="lazyLoadingEnabled" value="true"/>
```

```
  <setting name="multipleResultSetsEnabled" value="true"/>
  <setting name="useColumnLabel" value="true"/>
  <setting name="useGeneratedKeys" value="false"/>
  <setting name="autoMappingBehavior" value="PARTIAL"/>
  <setting name="autoMappingUnknownColumnBehavior" value="WARNING"/>
  <setting name="defaultExecutorType" value="SIMPLE"/>
  <setting name="defaultStatementTimeout" value="25"/>
  <setting name="defaultFetchSize" value="100"/>
  <setting name="safeRowBoundsEnabled" value="false"/>
  <setting name="mapUnderscoreToCamelCase" value="false"/>
  <setting name="localCacheScope" value="SESSION"/>
  <setting name="jdbcTypeForNull" value="OTHER"/>
  <setting name="lazyLoadTriggerMethods" value="equals,clone,hashCode,toString"/>
</settings>
```

3．typeAliases

在 MyBatis 的 SQL 映射配置文件中，常使用 parameterType、resultType 等设置 SQL 语句的输入和输出参数，这些参数通常是 Java 类型的数据，有基本数据类型和封装类型，但是一般都要声明该类型的全路径名称，如 com.mr.entity.Users。

在 MyBatis 配置文件中配置 typeAliases 属性后，就可以为 SQL 映射文件中的输入和输出参数设置类型别名，详细配置如下。

```
<!-- 给实体类起别名 -->
    <typeAliases>
        <typeAlias alias="users" type="com.mr.entity.Users"/>
    </typeAliases>
```

此时在 SQL 配置文件中可以使用别名来指定输入和输出参数的类型。

```
<select id="findUserById" parameterType="int" resultType="users">
        select * from users where id=#{id}
    </select>
```

也可以将 JavaBean 类型的封装类放置到一个包下面，如 com.mr.entity，然后利用 MyBatis 提供的批量定义别名的方法指定包名，程序会为该包下的所有包装类加上别名。定义别名的默认规则是将类名首字母变小写，配置如下。

```
<!-- 批量为包下的类起别名 -->
    <typeAliases>
        <package name="com.mr.entity"/>
    </typeAliases>
```

别名也可以使用注解来实现：在需要指定别名的类上加@Alias 注解，其中的参数就是该类对应的别名。具体代码如下。

```
@Alias("users")
public class Users {

}
```

MyBatis 已经为 Java 的常见类型指定了别名，可以直接使用。这里要注意的是，有一些基本数据类型和包装数据类型的名称一样，所以在基本数据类型的前面加了“_”进行区分。表 10-3 所示为 MyBatis 中常见类型对应的别名。

当需要为 SQL 映射文件的参数配置别名时，可以使用 typeAliases 属性。

表 10-3　MyBatis 中常见类型对应的别名

别名	映射的类型
_byte	byte
_long	long
_short	short
_int	int
_integer	integer
_double	double
_float	float
_boolean	boolean
string	java.lang.String
byte	java.lang.Byte
long	java.lang.Long
short	java.lang.Short
int	java.lang.Integer
integer	java.lang.Integer
double	java.lang.Double
boolean	java.lang.Boolean
date	java.util.Date
decimal	java.math.BigDecimal
bigdecimal	java.math.BigDecimal
object	java.lang.Object
map	java.util.Map
hashmap	java.util.HashMap
list	java.util.List
arraylist	java.util.ArrayList
collection	java.util.Collection
iterator	java.util.Iterator

4．environments

通过合理的配置，MyBatis 可以适应多种环境，这种机制有助于将 SQL 映射应用于多种数据库。

不过尽管可以配置多种环境，每个 SqlSessionFactory 实例只能选择一个。

所以，如果想连接两个数据库，就需要创建两个 SqlSessionFactory 实例，每个数据库对应一个。而如果是 3 个数据库，就需要 3 个实例，以此类推。

要指定创建哪种环境，只要将它作为可选的参数传递给 SqlSessionFactoryBuilder 即可。可以接收环境参数的两个方法签名如下。

```
    SqlSessionFactory factory1 = new SqlSessionFactoryBuilder().build(reader, environment);
    SqlSessionFactory factory2 = new SqlSessionFactoryBuilder().build(reader, environment,
properties);
```

如果没有指定环境参数，那么将使用默认值，代码如下。

```
    SqlSessionFactory factory = new SqlSessionFactoryBuilder().build(reader);
    SqlSessionFactory factory = new SqlSessionFactoryBuilder().build(reader, properties);
```

环境元素用于定义如何配置环境。

```
    <!-- 使用 enviornments 配置数据库环境 -->
        <environments default="development">
            <environment id="development">
                <transactionManager type="JDBC"/>
```

```
            <dataSource type="POOLED">
                <property name="driver" value="${driver}"/>
                <property name="url" value="${url}"/>
                <property name="username" value="${username}"/>
                <property name="password" value="${password}"/>
            </dataSource>
        </environment>
    </environments>
```

这里的关键点如下。

（1）默认的环境 id（default="development"）;

（2）每个 environment 元素定义的环境 id（如 id="development"）;

（3）事务管理器的配置（如 type="JDBC"）;

（4）数据源的配置（如 type="POOLED"）;

默认的环境和环境 id 是自解释的，因此一目了然。可以对环境任意命名，但一定要保证默认的环境 id 要匹配其中一个环境 id。

下面详细讲解数据源（dataSource）。

数据元素使用标准的 JDBC 数据源接口来配置 JDBC 连接对象的资源。许多 MyBatis 的应用程序会按 MyBatis 官方文档或相关资源中给出的关于数据源配置的具体代码示例和说明来配置数据源。虽然这是可选的，但为了使用延迟加载，数据源是必须配置的。有 3 种数据源类型，下面分别介绍。

❑ UNPOOLED

UNPOOLED 数据源每次在被请求时建立连接，并在使用完毕后立即关闭连接。虽然有点慢，但对在数据库连接可用性方面没有太高要求的简单应用程序来说，是一个很好的选择。不同的数据库在性能方面的表现也是不一样的，对某些数据库来说，使用连接池并不是必需的。UNPOOLED 类型的数据源仅需要配置以下 5 种属性。

- driver：JDBC 驱动的 Java 类的完全限定名（并不是 JDBC 驱动中可能包含的数据源类）。
- url：数据库的 JDBC 的 URL 地址。
- username：登录数据库的用户名。
- password：登录数据库的密码。
- defaultTransactionIsolationLevel：默认的连接事务的隔离级别。

此外，也可以传递属性给数据库驱动，如下所示。

```
driver.encoding=UTF8
```

表示通过 DriverManager.getConnection(url,driverProperties)方法传递值为 UTF8 的 encoding 属性给数据库驱动。

❑ POOLED

这种数据源的实现利用“池”的概念将 JDBC 连接对象组织起来，避免了创建新的连接实例时所必需的初始化和认证时间。这是一种可使并发 Web 应用快速响应请求的流行处理方式。

除了上述 UNPOOLED 的属性外，还有更多属性可以用来配置 POOLED 的数据源，具体如下。

- poolMaximumActiveConnections：在任意时间可以存在（也就是正在使用）的活

动连接数量，默认值为 10。

- poolMaximumIdleConnections：在任意时间可能存在的空闲连接数。
- poolMaximumCheckoutTime：在被强制返回之前，连接池中的连接被检出（checked out）的时间，默认值为 20000 毫秒（20 秒）。
- poolTimeToWait：底层设置，如果获取连接花费了相当长的时间，连接池会输出状态日志并重新尝试获取一个连接（避免在误配置的情况下一直失败），默认值为 20000 毫秒（20 秒）。
- poolMaximumLocalBadConnectionTolerance：坏连接容忍度的底层设置，作用于每个尝试从缓存池中获取连接的线程。如果这个线程获取到的是一个坏的连接，那么允许这个线程尝试重新获取一个新的连接，但是尝试的次数不应该超过 poolMaximumIdleConnections 与 poolMaximumLocalBadConnectionTolerance 的值之和。默认值为 3。
- poolPingQuery：发送到数据库的侦测查询，用来检验连接是否正常工作并准备接收请求。默认值为 NO PING QUERY SET，使多数数据库驱动失败时返回一个恰当的错误消息。
- poolPingEnabled：是否启用侦测查询。若启用，需要设置 poolPingQuery 属性为一个可执行的 SQL 语句（最好是一个执行速度非常快的 SQL 语句），默认值为 false。
- poolPingConnectionsNotUsedFor：配置 poolPingQuery 的频率。可以设置为和数据库连接超时时间一样，以避免不必要的侦测，默认值为 0，即所有连接每个时刻都被侦测，仅当 poolPingEnabled 为 true 时适用。

❑ JNDI

使用 Java 的命名和目录接口（Java Naming and Directory Interface，JNDI）来获取数据源。JNDI 是 Java 平台提供的一种标准服务，用于访问命名和目录服务，如 DNS、LDAP 或 Apache Tomcat 等应用服务器内部的资源注册表。当配置为 JNDI 时，应用程序不直接管理数据库连接的创建和销毁，而是从外部容器（如应用服务器）中查找预先配置好的数据源。

5. mappers

前面讲 MyBatis 是基于 SQL 映射配置的框架，SQL 语句都在 Mapper 配置文件中，那么在构建 sqlSession 类之后，是需要读取 Mapper 配置文件中的 SQL 配置的。<mapper>标签就是用来配置需要加载的 SQL 映射配置文件的路径的。

标签下有许多子标签，每个子标签中配置的都是一个独立的 Mapper 配置文件的路径。有以下 4 种配置方式。

第 1 种，使用相对路径。

```
<mappers>
    <mapper resource="com/mr/mapper/Users-Mapper.xml"/>
</mappers>
```

第 2 种，使用接口信息。

```
<mappers>
    <mapper class="com.mr.mapper.UserMapper"/>
</mappers>
```

第 3 种，使用接口所在包进行配置。

```
<mappers>
    <package name="com.mr.mapper"/>
</mappers>
```

第 4 种，通过绝对路径进行配置，但是在编写程序时，任何时候都不推荐使用绝对路径，所以这里不详细介绍。

配置了信息后，MyBatis 就知道去哪里加载 Mapper 文件。在 MyBatis 中，mappers 配置是 MyBatis 全局配置文件中比较重要的配置。

10.3.2 Mapper 文件

Mapper 文件中的标签如表 10-4 所示。

表 10-4 Mapper 文件中的标签

名称	作用
insert	映射插入语句
update	映射更新语句
select	映射查询语句
delete	映射删除语句
resultMap	是最复杂也是最强大的元素，用来描述如何从数据库结果集中加载对象
sql	可被其他语句引用的可重用语句块
cache	给定命名空间缓存配置
cache-ref	其他命名空间缓存配置的引用
parameterMap	参数映射，该配置已废弃

1．Mapper 输入映射配置

在增、删、改、查配置标签中，许多 SQL 配置是需要传递参数的。在 MyBatis 的 SQL 映射配置文件中，输入参数的属性配置在 parameterType 中。对于 parameterType 属性，可以配置的基本数据类型有 int、double、float、short、long、byte、char、boolean，基本数据包装类型有 Byte、Short、Integer、Long、Float、Double、Boolean、Character，以及 Java 复杂数据类型 JavaBean 或其他自定义的封装类。

下面是 parameterType 属性映射的基本数据类型、基本数据封装类型及自定义封装类的例子。

```
<delete id="deleteUser" parameterType="java.lang.Integer">
        delete from users where id = #{id}
</delete>
<delete id="deleteUser" parameterType="int">
        delete from users where id = #{id}
</delete>
<delete id="deleteUser" parameterType="com.mr.entity.Users">
        delete from users where username = ${username}
</delete>
```

前面的 int 和 Integer 映射对应 Java 数据类型参数，最后一个映射 Java 封装类 Users 的一个成员属性 username。

简单地说，SQL 语句需要一个什么类型的参数就在 parameterType 属性中设置什么类型的参数。

2．Mapper 输出映射配置

在 MyBatis 的 Mapper 文件中，SQL 语句查询后返回的结果会映射到配置标签的输出映射属性对应的 Java 类型。Mapper 的输出映射有两种配置，分别是 resultType 和 resultMap。

下面分别介绍这两种输出映射配置。

（1）resultType

除了像 parameter 一样支持基本数据类型、包装类型之外，resultType 也支持自定义包装类。关于自定义包装类，如果从数据库查询出来的列名与包装类中的属性名都不一致，则不会创建包装类对象；如果从数据库查询出来的列名与包装类中的属性名至少有一个一致，就创建包装类对象。

观察下面两个 SQL 映射配置。

```
<select id="findUserById" parameterType="int" resultType="users">
        select * from users where id=#{id}
</select>

<select id="findUserNameById" parameterType="int" resultType="java.lang.String">
        select username from users where id=#{id}
</select>
```

可以发现当查询结果只有一行一列时，使用的是基本数据类型或基本包装类型。而当查询结果不止一行一列时，需要使用自定义包装类型来接收结果集。

再来观察以下两个 SQL 映射配置。

```
<select id="selUserById" parameterType="int" resultType="users">
        select * from users where id=#{id}
</select>

<select id="selUserNameById" parameterType="java.lang.String" resultType="users">
        select username from users where gender=#{gender}
</select
```

可以看到，第一个是条件查询，以主键 id 为条件，查询结果一定是唯一的数据。而下面的查询语句以性别为查询条件，查询出来的结果可能是一个也有可能是多个。但是 resultType 都是只配置了 users 实体类，这说明在 MyBatis 中，不管输出的是 JavaBean 单个对象还是一个列表，resultType 配置内容是一样的。

在相应的 Mapper 方法中加载该 SQL 配置时，如果输出单个对象，返回值是 JavaBean 类型；如果输出一个列表，则返回值是 List<JavaBean>类型。后期使用动态代理对象进行增、删、改、查操作时，代理对象会根据 Mapper 方法的返回值类型确定是调用 selectOne()还是 selectList()方法。

最后，如果没有合适的 JavaBean 接收结果集数据，resultType 还可以输出 HashMap 类型的数据，将输出的字段名称作为 map 的 key、字段值为 value。如果是集合，那是因为 list 里面嵌套了 HashMap。

（2）resultMap

resultMap 元素是 MyBatis 中最重要、最强大的元素，它可以让开发者从大量的 JDBC ResultSets 数据提取代码的工作中解放出来，在一些情形下允许做一些 JDBC 不支持的事情。实际上，在对复杂语句进行联合映射的时候，它很可能可以代替数千行同等功能的代码。resultMap 的设计思想是，简单的语句不需要明确的结果映射，而复杂一点的语句只需要描述它们的关系就行了。

前面讲解 resutType 时，其实也应用了 resultMap，MyBatis 会在后台自动创建一个 resultMap，再基于属性名映射到 JavaBean 的属性上，这也是 resultMap 最强大的地方。下面通过一个实例来看看如何使用外部 resultMap 来解决列名不匹配的问题。

假设现在有一个 JavaBean，名称为 Users，其中有 3 个属性：id、username 和 password。但是属性名和数据库中的列名不匹配，使用 resultMap 解决这个问题，代码如下。

```
<resultMap id="userResultMap" type="Users">
  <id property="id" column="user_id" />
  <result property="username" column="user_name"/>
  <result property="password" column="user_password"/>
</resultMap>
<!-- 应用上面的 resultMap 属性 -->
<select id="selectUsers" resultMap="userResultMap">
  select user_id, user_name, hashed_password
  from some_table
  Where user_ id = #{id}
</select>
```

10.3.3 动态 SQL 语句

MyBatis 的强大特性之一便是它的动态 SQL 语句。以前使用动态 SQL 语句并非一件易事，MyBatis 提供了可以被用在任意 SQL 映射语句中的强大的动态 SQL 语句后，这种情况才得到改善。

动态 SQL 元素和 JSTL 或基于类似 XML 的文本处理器相似。在 MyBatis 之前的版本中，有很多元素需要花时间了解。MyBatis 3 大大精简了元素种类，现在只需学习原来一半的元素。MyBatis 采用功能强大的、基于 OGNL 的表达式淘汰了大部分元素。

MyBatis 3 以后的版本保留的元素只有 4 个：if、choose、trim、foreach。下面来介绍它们。

1．if

```
<select id="findActiveBlogWithTitleLike"
     resultType="Blog">
          SELECT * FROM users  WHERE 1=1
  <if test="username != null">
    and username like #{username}
  </if>
</select>
```

上述语句提供了一种可选的查找文本功能。如果没有传入 username，那么 users 表中的所有数据都会返回；反之若传入了 username，那么只会对 username 列进行模糊查找并返回结果。

2．choose

有些时候，我们不想用到所有条件语句，而只想从中择其一二。针对这种情况，MyBatis 提供了 choose 元素，它有点像 Java 中的 switch 语句。

还是上面的例子，但是这次变为提供了 username 就按 username 查找，提供了 gender 就按 gender 查找，若两者都没有提供，就返回所有符合条件的结果。

```
<select id="findActiveBlogLike" resultType="users">
  SELECT * FROM BLOG WHERE 1=1
  <choose>
    <when test="username != null">
```

```
      AND username like #{username}
    </when>
    <when test="gender != null">
      AND gender like #{gender}
    </when>
    <otherwise>
      AND status = 1
    </otherwise>
  </choose>
</select>
```

在主查询语句下加上<choose>标签，在<choose>标签中添加<when>标签，有几个条件就写几对<when>标签，相当于 Java 里面的 switch 下的 case，最后在<otherwise>标签中添加上面的条件都不满足时要执行的代码，同 switch 下的 default。

3．trim

前面的示例中使用的“1=1”模式在大多情况下都有用。而在不能使用的地方，可以自定义处理方式来令其正常工作。代码如下。

```
<select id="findActiveBlogLike"
     resultType="users">
  SELECT * FROM users
  <where>
    <if test="username != null">
        username = #{username}
    </if>
    <if test="gender != null">
       AND gender like #{gender}
    </if>
  </where>
</select>
```

where 元素只会在至少有一个子元素返回给 SQL 子句的情况下才插入“WHERE”子句。而且，若语句的开头为 AND 或 OR，会将它们去除。

如果 where 元素没有按正常套路出牌，可以通过自定义 trim 元素来自定义 where 元素的功能。比如，与 where 元素等价的自定义 trim 元素如下。

```
<select id="selUsers" resultType="users">
        select * from user
        <trim prefix="WHERE" prefixOverrides="AND |OR">
          <if test="name != null and name.length()>0"> AND name=#{name}</if>
          <if test="gender != null and gender.length()>0"> AND gender=#{gender}</if>
        </trim>
    </select>
```

假如 name 和 gender 的值都不为 null，则输出的 SQL 为 select * from user where name = 'xx' and gender = 'xx'。

上面两个属性的含义如下。

prefix：前缀。

prefixOverrides：去掉第一个 AND 或 OR。

类似的用于动态更新语句的解决方案叫作 set。set 元素可以用于动态包含需要更新的列，而舍去其他的列，示例如下。

```
<update id="upUser">
         update users
    <trim prefix="set" suffixOverrides="," suffix=" where id = #{id} ">
```

```
        <if test="name != null and name.length()>0"> name=#{name} , </if>
        if test="gender != null and gender.length()>0"> gender=#{gender} ,  </if>
    </trim>
</update>
```

若 name 和 gender 的值都不为空，则输出的 SQL 为 update user set name='xx' , gender='xx' where id='x'。

在上述 SQL 语句中，where 前不存在逗号，而且自动加了一个 set 前缀和 where 后缀，相关属性的含义如下，其中 prefix 的含义同上。

suffixoverrides：去掉最后一个逗号（也可以是其他的标签）。

suffix：后缀。

4．foreach

动态 SQL 语句的另外一个常用的操作是对一个集合进行遍历，通常是在构建 in 条件语句的时候，示例如下。

```
<select id="selectUserIn" resultType="com.mr.entity.Users">
  select * from users u where id in
  <foreach item="item" index="index" collection="list"
      open="(" separator="," close=")">
        #{item}
  </foreach>
</select>
```

foreach 元素的功能非常强大，它允许指定一个集合，声明可以在元素体内使用的集合项（item）和索引（index）变量。它也允许指定开头与结尾的字符串，以及迭代结果之间的分隔符。

10.4 MyBatis 高级映射

MyBatis 高级映射

前面学习的 MyBatis 的操作都是针对单一表来操作数据，但是在真正的项目开发中不会只有这么简单的需求。本节讲解如何应用 MyBatis 完成一对一、一对多的表关系操作。

10.4.1 一对一映射

表和表之间是一对一关系的时候，使用<association>标签。一对一映射和其他的结果集映射工作方式类似，都是指定 property、column、javaType（MyBatis 会自动识别）、jdbcType 或 typeHandler 等属性。

不同的是需要告诉 MyBatis 如何加载联合查询，本书采用“嵌套结果映射”的方式。<association>标签的属性及作用如表 10-5 所示。

表 10-5 <association>标签的属性及作用

属性名称	作用
property	映射数据库的字段或属性
column	数据库的列名或者列别名
javaType	完整的 Java 类名，如果是映射到 JavaBean，MyBatis 会自动映射；如果是映射到 HashMap，那么应该明确指定 javaType
jdbcType	允许为空的字段需要指定这个类型

续表

属性名称	作用
typeHandler	类型处理器，使用这个属性可以重写默认处理器。它的值可以是一个 typeHandler 实现的完整类名
select	通过 id 引用另一个映射语句。从指定的列属性中返回值，作为参数设置给目标 SELECT 语句

在业务场景中，用户、角色与权限三者紧密交织，构成了系统访问控制的核心框架。为了确保系统的精细化管理和数据安全，系统必须准确地界定每个角色所能执行的功能范围，这要求系统能够精确识别用户的角色，并据此赋予相应的权限。下面通过一个用户角色实例来演示<association>标签的具体应用。

首先，做好准备工作，创建两张表——users、roles（一个是用户表，另一个是权限表），代码如下。

```
CREATE TABLE users (
  id int(10) NOT NULL AUTO_INCREMENT,
  loginId varchar(20) DEFAULT NULL,
  userName varchar(100) DEFAULT NULL,
  roleId int(10),
  note varchar(255) DEFAULT NULL,
  PRIMARY KEY (id)
) ENGINE=InnoDB AUTO_INCREMENT=0 DEFAULT CHARSET=utf8;

INSERT INTO users(loginId,userName,roleId,note) VALUES ('queen', '张三', 1, '开门');
INSERT INTO users(loginId,userName,roleId,note) VALUES ('king', '李四', 2, '打字员 ');
INSERT INTO users(loginId,userName,roleId,note) VALUES ('Lucy', '王五', 3, '签字');
=======================================================
CREATE TABLE roles (
  id int(10) NOT NULL AUTO_INCREMENT,
  roleName varchar(20) DEFAULT NULL,
  PRIMARY KEY (id)
) ENGINE=InnoDB AUTO_INCREMENT=0 DEFAULT CHARSET=utf8;

INSERT INTO roles(roleName) VALUES ('小白人');
INSERT INTO roles(roleName) VALUES ('中层);
INSERT INTO roles(roleName) VALUES ('高层');
```

导入相应 jar 包，创建对应的实体类，以及配置文件，准备工作做好后初始项目结构应如图 10-12 所示。

图 10-12　初始项目结构

下面开始开发正式代码，先来回顾一下之前用 MyBatis 编写的增、删、改、查的例子，把 SQL 语句配置到 Users-Mapper.xml 文件中，然后在 sqlMapConfig.xml 配置文件中配置数据源和加载 Users-Mapper.xml 配置文件，最后在测试类中通过 session.selectOne() 方法调用 Users-Mapper.xml 文件里的 SQL 语句，将结果输出到控制台。

那么换一种方式，通过 Mapper 接口来实现功能，首先在 com.mr.mapper 包下创建一个接口名为 UserMapper.java 的文件，然后在文件中编写一个抽象方法 getUserByid()，具体代码如下。

```
package com.mr.mapper;

import com.mr.entity.Users;

public interface UserMapper {
```

```
    public Users getUserById(int id);
}
```

这里将接口命名为 UserMapper，虽然名称中包含 Mapper，但与项目中的 Users-Mapper.xml 文件不同，不能将两者混淆。下面编写 Users-Mapper.xml 文件，代码如下。

```
<?xml version="1.0" encoding="UTF-8"?>
<!DOCTYPE mapper
PUBLIC "-//mybatis.org//DTD Config 3.0//EN"
"http://mybatis.org/dtd/mybatis-3-mapper.dtd">
<mapper namespace="com.mr.mapper.UserMapper">
   <resultMap type="com.mr.entity.Users" id="userResultMap">
        <id property="id" column="id"/>
        <result property="loginId" column="loginId" />
        <result property="userName" column="userName"/>
        <result property="note" column="note"/>
        <association property="role" javaType="com.mr.entity.Roles">
         <id column="role_id" property="id"/>
         <result column="roleName" property="roleName"/>
        </association>
    </resultMap>

    <select id="getUserById" resultMap="userResultMap">
        select m.id id, m.loginId loginId, m.userName userName, m.roleId roleId,m.note
note, n.id role_id, n.roleName roleName
            from users m left join roles n on m.roleId=n.id
            where m.id=#{id}
    </select>
</mapper>
```

标签中的 property 指明当前主表和哪个表相关联，javaType 属性用于设定要关联的对象是什么类型，要写全路径名。这里还有一点需要注意，在配置文件的标签中，要将刚刚创建的 UserMapper 接口关联到 SQL 映射文件中，必须使用 namespace 属性，这里也要写 UserMapper 接口的全路径名。

新建一个测试类，在控制台输出查询结果，具体代码如下。

```
package com.mr.test;

import java.io.IOException;
import java.io.InputStream;

import org.apache.ibatis.io.Resources;
import org.apache.ibatis.session.SqlSession;
import org.apache.ibatis.session.SqlSessionFactory;
import org.apache.ibatis.session.SqlSessionFactoryBuilder;
import org.junit.Test;

import com.mr.entity.Users;
import com.mr.mapper.UserMapper;

public class TestMain {

    @Test
    public void testGetUserByAssocication() throws IOException {
        String resource = "sqlMapConfig.xml";
        InputStream is = Resources.getResourceAsStream(resource);
        SqlSessionFactory sqlSessionFactory = new SqlSessionFactoryBuilder().build(is);
       SqlSession openSession = sqlSessionFactory.openSession();
        try {
            UserMapper mapper = openSession.getMapper(UserMapper.class);
```

```
            Users users = mapper.getUserById(1);
            System.out.println(users);
            System.out.println(users.getRole());
        } finally {
            openSession.close();
        }
    }

}
```

输出结果如图 10-13 所示。

```
Markers  Properties  Servers  Snippets  Problems  Console  Progre

DEBUG [main] - ==>  Preparing: select m.id id, m.loginId login
DEBUG [main] - ==> Parameters: 1(Integer)
DEBUG [main] - <==      Total: 1
com.mr.entity.Users@7aaca91a
com.mr.entity.Roles@44c73c26
DEBUG [main] - Resetting autocommit to true on JDBC Connection
DEBUG [main] - Closing JDBC Connection [com.mysql.jdbc.JDBC4Co
```

图 10-13　一对一列映射的结果

10.4.2　一对多映射

要实现一对多映射，一般需要进行以下几个步骤。

第 1 步：仔细分析表，哪个是“一”，哪个是“多”，继续以用户表和角色表这两张表为例。很显然，一个角色可以被很多用户拥有，但是一个用户只能拥有一个角色，所以从角色表的角度看，用户表就是“多”，角色表就是“一”。

第 2 步：在单一的一方的实体类中添加多的一方的集合并生成 get、set 方法。

第 3 步：编写 Role-Mapper.xml 映射文件，由一个角色查询多个用户。

第 4 步：先得到角色对象，然后在角色返回集写入用户的 Map 集合。

第 5 步：定义 Map 集合，再关联 collection 集合，把 Role-Mapper.xml 映射文件路径配置给 sqlMapConfig.xml 全局配置文件。

第 6 步：创建测试类，输出查询结果。

第 1 步已经分析出来了，根据表关系角色表是“一”，用户表是“多”，所以我们需要在角色表对应的实体类上添加用户对象的集合，并生成 get、set 方法，具体代码如下。

```
package com.mr.entity;

import java.util.List;

public class Roles {

    private int id;
    private String roleName;
    //添加多的一方的集合
    private List<Users> usersList;
    public int getId() {
        return id;
    }
    public void setId(int id) {
        this.id = id;
    }
    public String getRoleName() {
        return roleName;
    }
```

```
    public void setRoleName(String roleName) {
        this.roleName = roleName;
    }
    public List<Users> getUsersList() {
        return usersList;
    }
    public void setUsersList(List<Users> usersList) {
        this.usersList = usersList;
    }
}
```

Users 类没改动，粘贴即可。

现在完成第 2 步，编写 Role-Mapper.xml 文件。在编写之前，需要为这次的业务需求创建一个 RoleMapper 接口并在接口中声明一个抽象方法，代码如下。

```
package com.mr.mapper;

import com.mr.entity.Roles;

public interface RoleMapper {

    public Roles getUserByRId();
}
```

第 4 步，在 mapper 包下创建一个 Role-Mapper.xml 映射文件，需要在 Mapper.xml 配置文件中配置查询 SQL 语句，并使用<collection>标签关联得多的一方的集合，具体代码如下。

```
<?xml version="1.0" encoding="UTF-8"?>
<!DOCTYPE mapper
PUBLIC "-//mybatis.org//DTD Config 3.0//EN"
"http://mybatis.org/dtd/mybatis-3-mapper.dtd">
<mapper namespace="com.mr.mapper.RoleMapper">
   <!---一对多查询的 mapper 包的 XML 文件-->
    <select id="getUserByRId" resultMap="roleResultMap">
        select u.id id,u.loginId lId,u.userName userName,u.roleId rId,r.id rid,
        r.roleName roleName from users u,roles r where u.roleId = r.id and r.id=2
    </select>
    <!--编写结果集-->
    <resultMap id="roleResultMap" type="com.mr.entity.Roles">
        <id column="id" property="id"/>
        <result column="roleName" property="roleName"/>
        <!--因为这个地方是一对多，要关联的是一个集合，所以使用<collection>标签-->
        <collection property="usersList" ofType="com.mr.entity.Users">
            <id column="id" property="id"/>
            <result column="loginId" property="loginId"/>
            <result column="userName" property="userName"/>
            <result column="note" property="note"/>
        </collection>
    </resultMap>

</mapper>
```

<resultMap>标签前面已经介绍过了，不再过多讲解。这里重点说明<collection>标签，其中 property 的值指向的是 Roles 实体类中声明的多的一方的集合的属性名，不是随便起的，ofType 的值是要关联的对象的类型。

第 5 步，把新创建的 Role-Mapper.xml 配置文件添加到 sqlMapConfig.xml 全局配置文件中，具体代码如下。

```
<mapper resource="com/mr/mapper/Role-Mapper.xml"/>
```

最后一步，编写测试方法，并输出对象参数，代码如下。

```
@Test
public void testGetUserByCollection() throws IOException {
    String resource = "sqlMapConfig.xml";
    InputStream is = Resources.getResourceAsStream(resource);
    SqlSessionFactory sqlSessionFactory = new SqlSessionFactoryBuilder().build(is);
    SqlSession openSession = sqlSessionFactory.openSession();
    try {
        RoleMapper mapper = openSession.getMapper(RoleMapper.class);
        Roles role = mapper.getUserByRId();
        System.out.println(role);
        System.out.println(role.getRoleName());
    } finally {
        openSession.close();
    }
}
```

输出结果如图 10-14 所示。

```
DEBUG [main] - ==>  Preparing: select u.id id,u.loginId lId,u.userNam
DEBUG [main] - ==> Parameters:
DEBUG [main] - <==      Total: 1
com.mr.entity.Roles@7fcf2fc1
中层
```

图 10-14　一对多映射的结果

10.5 AIGC 辅助编程——MyBatis 实现多对多映射

10.4 节中已经介绍了 MyBatis 的一对一映射、一对多映射。本节介绍如何实现多对多映射，以下是在 AIGC 平台上的对话示例。

【问题】

MyBatis 如何实现多对多映射？

【AIGC 建议】

MyBatis 实现多对多映射主要通过配置文件中的 resultMap 元素来实现。下面将详细阐述 MyBatis 如何实现多对多映射，包括解释、示例和总结。

1．解释

在数据库设计中，多对多关系是指两个实体之间存在多个关联。例如，一个用户可以创建多个订单，每个订单又可以包含多个商品信息，这就构成了多对多的关系。在 MyBatis 中，我们可以通过 resultMap 来定义这种复杂的映射关系。

2．示例

假设我们有 3 个表：用户表（User）、订单表（Orders）和订单明细表（Orderdetail）。其中，用户表和订单表是多对多的关系，订单表和订单明细表也是多对多的关系。

（1）数据库表结构

① User 表：id、name、age。

② Orders 表：id、user_id、order_date。

③ Orderdetail 表：id、order_id、product_name、quantity。

（2）Java 类定义

① User 类：包含 id、name、age 属性，以及 List orders 属性。

② Orders 类：包含 id、user_id、order_date 属性，以及 List orderdetails 属性。

③ Orderdetail 类：包含 id、order_id、product_name、quantity 属性。

（3）MyBatis 映射文件配置

首先，定义 Orderdetail 的 resultMap。

然后，定义 Orders 的 resultMap，并在其中使用 collection 元素来处理与 Orderdetail 的多对多关系。

最后，定义 User 的 resultMap，并在其中使用 collection 元素来处理与 Orders 的多对多关系。

.xml 文件中的关键代码如下。

```
<!-- Orderdetail 的 resultMap -->
<resultMap id="OrderdetailResultMap" type="Orderdetail">
    <id property="id" column="id"/>
    <result property="order_id" column="order_id"/>
    <result property="product_name" column="product_name"/>
    <result property="quantity" column="quantity"/>
</resultMap>

<!-- Orders 的 resultMap -->
<resultMap id="OrdersResultMap" type="Orders">
    <id property="id" column="id"/>
    <result property="user_id" column="user_id"/>
    <result property="order_date" column="order_date"/>
    <collection property="orderdetails"
            ofType="Orderdetail" resultMap="OrderdetailResultMap"/>
</resultMap>

<!-- User 的 resultMap -->
<resultMap id="UserResultMap" type="User">
    <id property="id" column="id"/>
    <result property="name" column="name"/>
    <result property="age" column="age"/>
    <collection property="orders" ofType="Orders" resultMap="OrdersResultMap"/>
</resultMap>
```

（4）SQL 查询语句

编写 SQL 查询语句，利用 JOIN 操作来获取用户及其相关联的订单和订单明细信息。关键代码如下。

```
    SELECT u.id as user_id, u.name, u.age, o.id as order_id, o.order_date, d.id as detail_id,
d.product_name, d.quantity
    FROM User u
    LEFT JOIN Orders o ON u.id = o.user_id
    LEFT JOIN Orderdetail d ON o.id = d.order_id
    WHERE u.id = #{userId}
```

（5）UserMapper 接口方法

在 UserMapper 接口中定义方法，并指定使用上述 SQL 查询语句。关键代码如下。

```
public interface UserMapper {
    User selectUserWithOrdersAndDetails(int userId);
}
```

（6）调用 Mapper 方法

在业务逻辑中调用 Mapper 方法，获取包含多对多关系的完整数据对象。关键代码如下。

```
User user = userMapper.selectUserWithOrdersAndDetails(1);
```

3．总结

MyBatis 通过 resultMap 元素实现了多对多映射，使得开发者能够方便地处理复杂的数据库查询需求。通过合理配置 resultMap，可以轻松地将数据库中的多对多关系映射到 Java 对象中，提高了代码的可维护性和开发效率。

【追加问题】

MyBatis 如何实现事务管理？

【AIGC 建议】

MyBatis 本身不提供事务管理功能，它依赖于底层的数据库连接和事务管理机制。通常，MyBatis 与 Spring 框架一起使用，以实现声明式事务管理。以下是 MyBatis 通过 Spring 实现事务管理的详细步骤。

1．配置数据源和事务管理器

首先，需要在 Spring 配置文件中配置数据源（DataSource）和事务管理器（TransactionManager）。

```
<!-- 配置数据源 -->
<bean id="dataSource" class="org.apache.commons.dbcp2.BasicDataSource">
    <property name="driverClassName" value="com.mysql.cj.jdbc.Driver"/>
    <property name="url" value="jdbc:mysql://localhost:3306/mydatabase"/>
    <property name="username" value="root"/>
    <property name="password" value="password"/>
</bean>

<!-- 配置 SqlSessionFactory -->
<bean id="sqlSessionFactory" class="org.mybatis.spring.SqlSessionFactoryBean">
    <property name="dataSource" ref="dataSource"/>
    <property name="mapperLocations" value="classpath*:mappers/*.xml"/>
</bean>

<!-- 配置事务管理器 -->
<bean id="transactionManager"
      class="org.springframework.jdbc.datasource.DataSourceTransactionManager">
    <property name="dataSource" ref="dataSource"/>
</bean>
```

2．启用注解驱动的事务管理

在 Spring 配置文件中启用注解驱动的事务管理。

```
<tx:annotation-driven transaction-manager="transactionManager"/>
```

3．使用@Transactional 注解管理事务

在需要进行事务管理的方法或类上添加@Transactional 注解。Spring 会自动处理事务的开启、提交和回滚。

```
import org.springframework.stereotype.Service;
import org.springframework.transaction.annotation.Transactional;

@Service
public class UserService {

    private final UserMapper userMapper;

    public UserService(UserMapper userMapper) {
        this.userMapper = userMapper;
```

```java
    }

    @Transactional
    public void createUser(User user) {
        userMapper.insertUser(user);
        //其他数据库操作
    }
}
```

4．配置 MyBatis 映射文件和 UserMapper 接口

确保你的 MyBatis 映射文件和 UserMapper 接口已经正确配置。例如：

.xml 文件

```xml
<!-- UserMapper.xml -->
<mapper namespace="com.example.mapper.UserMapper">
    <insert id="insertUser" parameterType="User">
        INSERT INTO users (name, email) VALUES (#{name}, #{email})
    </insert>
</mapper>
```

.java 文件

```java
public interface UserMapper {
    void insertUser(User user);
}
```

5．测试事务管理

编写单元测试来验证事务管理是否生效。如果方法执行过程中发生异常，事务将会回滚。

```java
import static org.junit.Assert.*;
import org.junit.Test;
import org.springframework.beans.factory.annotation.Autowired;
import org.springframework.test.context.ContextConfiguration;
import org.springframework.test.context.junit4.SpringJUnit4ClassRunner;
import org.junit.runner.RunWith;
import org.springframework.transaction.annotation.Transactional;

@RunWith(SpringJUnit4ClassRunner.class)
@ContextConfiguration(locations = { "classpath:spring-config.xml" })
public class UserServiceTest {

    @Autowired
    private UserService userService;

    @Test
    public void testCreateUser() {
        User user = new User();
        user.setName("John Doe");
        user.setEmail("john.doe@example.com");

        try {
            userService.createUser(user);
        } catch (Exception e) {
            //Handle exception if needed
        }

        //Verify the user was inserted into the database
        User retrievedUser = userService.getUserById(user.getId());
        assertNotNull(retrievedUser);
```

```
        assertEquals("John Doe", retrievedUser.getName());
    }
}
```

通过以上步骤，你可以利用 Spring 的声明式事务管理来简化 MyBatis 的事务管理。这种方式不仅简化了代码，还提高了代码的可维护性和可读性。

本章小结

本章详细介绍了 MyBatis 概念、MyBatis 配置文件、MyBatis 高级映射等内容。熟练掌握 MyBatis 的基础知识，能够为快速开发应用程序打下坚实的基础。

上机指导

开发任何应用程序及商城网站项目，都离不开用户注册模块，其应用十分广泛。从程序方面考虑，用户注册就是对用户信息进行持久化的过程。对于用户详细信息，可以将其封装为一个实体对象，而持久化的过程则使用 MyBatis 框架实现。

开发步骤如下。

（1）准备开发环境。创建一个名为 MyBatisTest 的 Web 项目，把 MyBatis 需要的 jar 包添加到 lib 目录，在 src 根目录中创建 MyBatis 的全局配置文件 sqlMapConfig.xml、db.properties、log4j2.properties，在对应的包下创建 Users-Mapper.xml 文件、UserMapper 接口、实体类和测试类。MyBatisTest 项目的初始结构如图 10-15 所示。

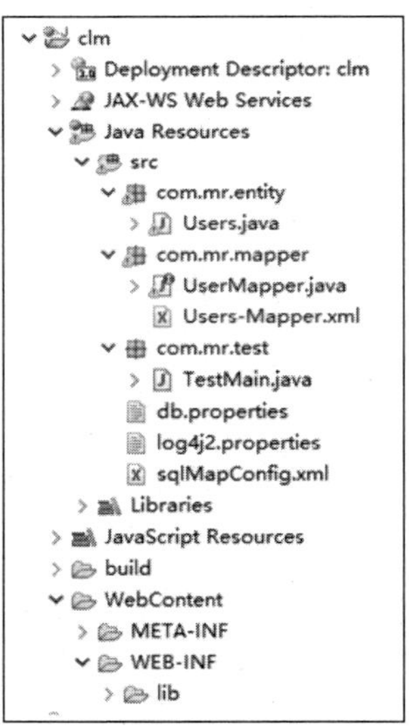

图 10-15　MyBatisTest 项目的初始结构

为项目创建数据库、表、字段。首先创建一个名为 mybatistest 的数据库，并在数据库下创建一张名为 users 的表，其包含主键 id、登录账号、登录密码、真实姓名等一系列字段信息，创建表的语句如下。

```
CREATE TABLE `users` (
id int(11) NOT NULL AUTO_INCREMENT ,
```

```
userId  varchar(50) CHARACTER SET utf8 COLLATE utf8_bin NOT NULL ,
userPwd  varchar(50) CHARACTER SET utf8 COLLATE utf8_bin NOT NULL ,
userName  varchar(10) CHARACTER SET utf8 COLLATE utf8_bin NULL DEFAULT NULL ,
userAge  int(11) NULL DEFAULT NULL ,
`userSex`  varchar(5) CHARACTER SET utf8 COLLATE utf8_bin NULL DEFAULT NULL ,
`userTel`  varchar(255) CHARACTER SET utf8 COLLATE utf8_bin NULL DEFAULT NULL ,
`createTime`  datetime NULL DEFAULT NULL ,
PRIMARY KEY (`id`)
)
ENGINE=InnoDB
DEFAULT CHARACTER SET=utf8 COLLATE=utf8_bin
AUTO_INCREMENT=1
ROW_FORMAT=COMPACT;
```

（2）配置数据源。在 sqlMapConfig.xml 配置文件中配置项目的数据源，具体代码如下。

```
<?xml version="1.0" encoding="UTF-8"?>
<!DOCTYPE configuration
PUBLIC "-//mybatis.org//DTD Config 3.0//EN"
"http://mybatis.org/dtd/mybatis-3-config.dtd">
<configuration>
    <!-- 使用<enviornments>标签配置数据库环境 -->
    <environments default="development">
        <environment id="development">
            <transactionManager type="JDBC"/>
            <dataSource type="POOLED">
                <property name="driver" value="com.mysql.cj.jdbc.Driver"/>
                <property name="url" value="jdbc:mysql://localhost:3306/test?
characterEncoding=UTF-8&amp;serverTimezone=UTC&amp;useSSL=false"/>
                <property name="username" value="root"/>
                <property name="password" value="root"/>
            </dataSource>
        </environment>
    </environments>
</configuration>
```

（3）为数据库表创建对应的实体类对象。首先创建一个名为 com.mr.entity 的包，然后在该包下创建一个名为 Users 的对象，在该对象中声明对应数据库字段的私有属性，并生成相应的 get、set 方法，具体代码如下。

```
package com.mr.entity;

import java.util.Date;

public class Users {

    private int id;
    private String userId;
    private String userName;
    private int userAge;
    private String password;
    private String userSex;
    private String userTel;
    private String email;
    private String province;
    private String city;
    private Date createTime;
    public int getId() {
        return id;
    }
    public void setId(int id) {
```

```
        this.id = id;
    }
    public String getUserId() {
        return userId;
    }
    public void setUserId(String userId) {
        this.userId = userId;
    }
    public String getUserName() {
        return userName;
    }
    public void setUserName(String userName) {
        this.userName = userName;
    }
    public int getUserAge() {
        return userAge;
    }
    public void setUserAge(int userAge) {
        this.userAge = userAge;
    }
    public String getPassword() {
        return password;
    }
    public void setPassword(String password) {
        this.password = password;
    }
    public String getUserSex() {
        return userSex;
    }
    public void setUserSex(String userSex) {
        this.userSex = userSex;
    }
    public String getUserTel() {
        return userTel;
    }
    public void setUserTel(String userTel) {
        this.userTel = userTel;
    }
    public String getEmail() {
        return email;
    }
    public void setEmail(String email) {
        this.email = email;
    }
    public String getProvince() {
        return province;
    }
    public void setProvince(String province) {
        this.province = province;
    }
    public String getCity() {
        return city;
    }
    public void setCity(String city) {
        this.city = city;
    }
    public Date getCreateTime() {
        return createTime;
    }
    public void setCreateTime(Date createTime) {
        this.createTime = createTime;
    }
```

```
    public Users(int id, String userId, String userName, int userAge, String password,
String userSex, String email, String province, String city,
            Date createTime) {
        super();
        this.id = id;
        this.userId = userId;
        this.userName = userName;
        this.userAge = userAge;
        this.password = password;
        this.userSex = userSex;
        this.email = email;
        this.province = province;
        this.city = city;
        this.createTime = createTime;
    }
    public Users() {
        super();
        //TODO Auto-generated constructor stub
    }

}
```

（4）编写接口和抽象方法。创建一个名为 com.mr.mapper 的包，在该包中创建一个名为 UserMapper.java 的接口，在接口中声明一个名为 insertUser 的抽象方法，将其参数设定为实体类对象，具体代码如下。

```
package com.mr.mapper;

import com.mr.entity.Users;

public interface UserMapper {

    public void insertUser(Users users);
}
```

（5）编写 Mapper 文件。在 com.mr.mapper 包下创建一个名为 Users-Mapper.xml 的映射文件，并在映射文件中写入一条插入语句，具体代码如下。

```
<?xml version="1.0" encoding="UTF-8"?>
<!DOCTYPE mapper
PUBLIC "-//mybatis.org//DTD Config 3.0//EN"
"http://mybatis.org/dtd/mybatis-3-mapper.dtd">
<mapper namespace="com.mr.mapper.UserMapper">
    <insert id="insertUser" parameterType="com.mr.entity.Users">
        insert into users values(0,#{userId},#{password},#{userName},#{userAge},
#{userSex},#{userTel},#{createTime})
    </insert>
</mapper>
```

（6）编写测试类，实现向数据库插入数据的功能，具体代码如下。

```
package com.mr.test;

import java.io.IOException;
import java.io.InputStream;
import java.text.ParseException;
import java.text.SimpleDateFormat;
import java.util.Date;

import org.apache.ibatis.io.Resources;
import org.apache.ibatis.session.SqlSession;
```

```
import org.apache.ibatis.session.SqlSessionFactory;
import org.apache.ibatis.session.SqlSessionFactoryBuilder;
import org.junit.Test;

import com.mr.entity.Users;
import com.mr.mapper.UserMapper;

public class TestMain {

    @Test
    public void insertUser() throws IOException, ParseException {
        String resource = "sqlMapConfig.xml";
        InputStream is = Resources.getResourceAsStream(resource);
        SqlSessionFactory sqlSessionFactory = new SqlSessionFactoryBuilder().
build(is);
        SqlSession sqlSession = sqlSessionFactory.openSession();
        Users users = new Users();
        users.setUserId("mrkj");
        users.setPassword("123");
        users.setUserAge(20);
        users.setUserName("mr");
        users.setUserTel("138********");
        users.setUserSex("男");
        SimpleDateFormat sdf = new SimpleDateFormat("yyyy-MM-dd");
        users.setCreateTime(sdf.parse(sdf.format(new Date())));
        UserMapper um = sqlSession.getMapper(UserMapper.class);
        um.insertUser(users);
        sqlSession.commit();
        sqlSession.close();
    }
}
```

（7）把 Users-Mapper.xml 文件的路径告诉 MyBatis。在 sqlMapConfig.xml 文件中配置 mapper，代码如下。

```
<mappers>
        <mapper resource="com/mr/mapper/Users-Mapper.xml"/>
</mappers>
```

因为没有设置输出语句，所以需要打开数据库表来查看运行结果，如图 10-16 所示。

图 10-16　运行结果

习题

1. 如何配置 MyBatis 的数据库连接？
2. MyBatis 使用接口（如 Mapper 接口）编程和不用接口编程有何区别？
3. MyBatis 的 SQL 映射文件中，<mapper>标签的 namespace 属性有何作用？
4. 如果需要给实体类起别名，应该在哪个配置文件中用什么标签配置？
5. MyBatis 的<association>标签和<collection>标签各有什么作用？

第 11 章 Spring 框架

本章要点

- 了解 Spring 的概念
- 掌握 Spring IoC
- 了解 Spring AOP
- 掌握 Spring 切入点
- 了解 Spring 的持久化操作

Spring 翻译成中文是春天的意思，说明它的出现为 Java 带来了一种全新的编程思想。Spring 是一个轻量级开源框架，其目的是降低企业级应用开发的复杂度。该框架的优势是模块化的 IoC 设计模式，使开发人员可以专注地开发程序的各个模块。

11.1 Spring 概述

Spring 概述

Spring 是一个开源框架，由 Rod Johnson（罗德·约翰逊）创建，于 2003 年年初正式启动。使用 Spring 代替 EJB 开发企业级应用，不用担心工作量太大、开发进度难以控制和复杂的测试过程等问题。它以 IoC 和 AOP 两种先进的技术为基础简化了企业级应用开发的复杂度，降低了开发成本并整合了各种流行框架。

11.1.1 Spring 的组成模块

Spring 框架主要由 7 个模块组成，它们提供了企业级应用开发需要的所有功能。每个模块可以单独使用，也可以和其他模块组合使用，且易于部署，这使得程序的开发更加方便、灵活。图 11-1 所示为 Spring 的 7 个模块。

（1）Spring Core

该模块是 Spring 的核心容器，实现了 IoC 模式和 Spring 框架的基础功能。其中的 BeanFactory 类是 Spring 的核心类，负责配置与管理 JavaBean。它采用 Factory 模式实现了 IoC 容器，即依赖注入。

（2）Spring Context

该模块继承 BeanFactory 类，并且添加了事件处理、国际化、资源加载、透明加载，以及数据校验等功能。它还提供了框架式的 Bean 的访问方式和许多企业级功能，如 JNDI 访问，支持 EJB、远程调用、集成模板框架、E-mail 和定时任务调度等。

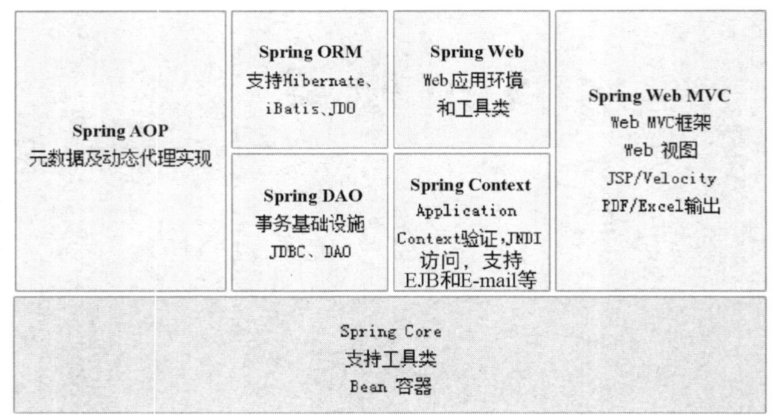

图 11-1　Spring 的 7 个模块

（3）Spring AOP

Spring 集成了所有 AOP 功能，通过事务管理可以将 Spring 管理的任意对象 AOP 化。Spring 提供了用标准 Java 编写的 AOP 框架，其中大部分内容都是根据 AOP 联盟的 API 开发的。它使应用程序抛开了 EJB 的复杂性，但拥有传统 EJB 的关键功能。

（4）Spring DAO

该模块提供了 JDBC 的抽象层，减少了数据库厂商的异常错误（不再从 SQLException 继承大批代码），大幅度减少了代码的编写量并对声明式和编程式事务提供了支持。

（5）Spring ORM

该模块提供了对现有 ORM 框架的支持，各种流行的 ORM 框架已经非常成熟，并且拥有大量市场（如 Hibernate）。Spring 没有必要开发新的 ORM 工具，它完美整合了 Hibernate，并且支持其他 ORM 工具。

（6）Spring Web

该模块建立在 Spring Context 的基础上，提供了 Servlet 监听器的 Context 和 Web 应用的上下文，为现有的 Web 框架（如 JSF、Spring MVC 和 Struts 等）提供了集成。

（7）Spring Web MVC

该模块建立在 Spring 的核心功能上，拥有 Spring 框架的所有特性，从而能够适应多视图、模板技术、国际化和验证服务，实现了控制逻辑和业务逻辑的清晰分离。

11.1.2　下载 Spring

在使用 Spring 之前必须在 Spring 官方网站下载 Spring 工具包。该网站可以免费获取 Spring 的帮助文档和 jar 包，本章中所有实例使用的 jar 包版本为 spring-framework-5.3.33。将 dist 目录下的所有 jar 包导入项目，随后即可开发 Spring 项目。

11.1.3　配置 Spring

打开下载的 Spring 安装包，其 dist 目录中包含 21 个 jar 包，jar 包的相关功能及说明如表 11-1 所示。

表 11-1　jar 包的相关功能及说明

名称	说明
spring-aop-5.3.33.jar	Spring 的 AOP 模块
spring-aspects-5.3.33.jar	Spring 提供的对 AspectJ 框架的整合
spring-beans-5.3.33.jar	Spring 的 IoC 容器（依赖注入）的基础实现
spring-context-5.3.33.jar	Spring 的上下文，Spring 提供的在 IoC 基础功能上的扩展服务，此外还提供许多企业级服务的支持，如 E-mail、定时任务调度、JNDI 访问、EJB、远程调用、缓存，以及各种视图层框架的封装等
spring-context-indexer-5.3.33.jar	使用索引提升启动速度
spring-context-support-5.3.33.jar	Spring 上下文的扩展支持，用于 MVC
spring-core-5.3.33.jar	Spring 的核心模块
spring-expression-5.3.33.jar	Spring 的表达式语言
spring-instrument-5.3.33.jar	Spring 对服务器的代理接口
spring-jcl-5.3.33.jar	日志接口
spring-jdbc-5.3.33.jar	Spring 的 JDBC 模块
spring-jms-5.3.33.jar	Spring 为简化 JMS API 而做的简单封装
spring-messaging-5.3.33.jar	集成 messaging API 和提供消息协议支持
spring-orm-5.3.33.jar	Spring 的 ORM 模块，支持 Hibernate 和 JDO 等 ORM 工具
spring-oxm-5.3.33.jar	Spring 对 Object/XMl 映射的支持，可以在 Java 与 XML 之间来回切换
spring-test-5.3.33.jar	Spring 对 Junit 等测试框架的简单封装
spring-tx-5.3.33.jar	Spring 为 JDBC、Hibernate、JDO、JPA 等提供的一致的声明式和编程式事务管理
spring-web-5.3.33.jar	Spring 的 Web 模块，包含 Web Application Context
spring-webflux-5.3.33.jar	一个用于构建反应式 Web 应用程序的框架库
spring-webmvc-5.3.33.jar	与 Spring MVC 框架相关的所有类的集合
spring-websocket-5.3.33.jar	一个专注于 Web Socket 协议实现和应用开发的特定组件

可以将这些包应用在 Spring 的 Web 项目的 WEB-INF 文件夹下的 lib 文件夹中，Web 服务器启动时会自动加载 lib 中的所有 jar 包。在使用 Eclipse 开发工具时，也可以将这些包配置为一个用户库，在需要应用 Spring 的项目中加载这个用户库即可。

Spring 的配置结构如图 11-2 所示。

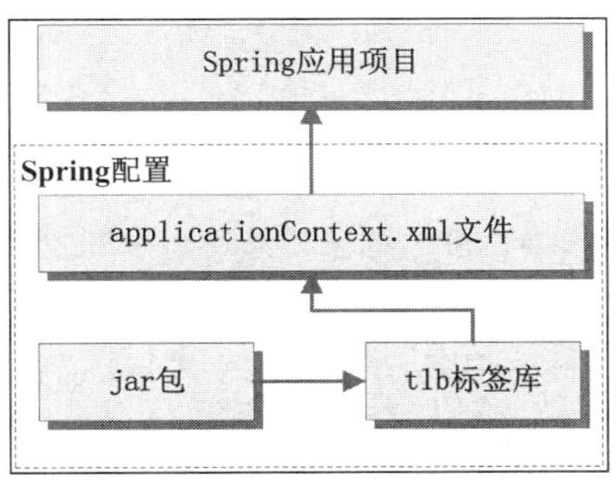

图 11-2　Spring 的配置结构

11.1.4　使用 BeanFactory 管理 Bean

BeanFactory 采用 Java 经典的工厂模式，从 XML 配置文件或属性文件（.properties）中读取 JavaBean 的定义来创建、配置和管理 JavaBean。BeanFactory 有很多实现类，其中 XmlBeanFactory 可以通过流行的 XML 文件格式读取配置信息来加载 JavaBean。BeanFactory 在 Spring 中的作用如图 11-3 所示。

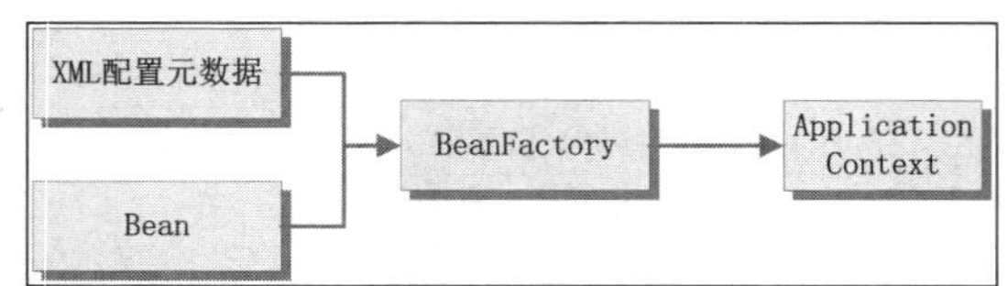

图 11-3　BeanFactory 在 Spring 中的作用

加载 Bean 配置的代码如下。

```
Resource resource = new ClassPathResource("applicationContext.xml"); //加载配置文件
BeanFactory factory = new XmlBeanFactory(resource);
Test  test = (Test) factory.getBean("test");                         //获取 Bean
```

ClassPathResource 读取 XML 文件并传参给 XmlBeanFactory，applicationContext.xml 文件的代码如下。

```
<beans
    xmlns="http://www.springframework.org/schema/beans"
    xmlns:xsi="http://www.w3.org/2001/XMLSchema-instance"
    xsi:schemaLocation="http://www.springframework.org/schema/beans
        http://www.springframework.org/schema/beans/spring-beans-3.0.xsd">
    <bean id="test" class="com.mr.test.Test"/>
</beans>
```

在<beans>标签中通过<bean>标签定义 JavaBean 的名称和类型，在程序代码中利用 BeanFactory 的 getBean()方法获取 JavaBean 的实例，并向上转换为需要的接口类型，从而在容器中开始 JavaBean 的生命周期。

说明： BeanFactory 在调用 getBean()方法之前不会实例化任何对象，只有在需要创建 JavaBean 的实例对象时才会为其分配资源空间。这使其更适合物理资源受限制的应用程序，尤其是内存受限制的环境。

Spring 中 Bean 的生命周期包括实例化 JavaBean、初始化 JavaBean、使用 JavaBean 和销毁 JavaBean，共 4 个阶段。

11.1.5　应用 ApllicationContext

BeanFactory 实现了 IoC 控制，可以称为“IoC 容器”，而 ApplicationContext 扩展了 BeanFactory 并添加了对国际化（I18N）和生命周期事件的发布与监听等更加强大的功能，成为 Spring 中强大的企业级 IoC 容器。ApplicationContext 容器提供对其他框架和 EJB 的集成、远程调用、Web 服务、任务调度和 JNDI 访问等企业服务，Spring 应用大多采用 ApplicationContext 容器来开发企业级程序。

ApplicationContext 接口有如下 3 个实现类，可以实例化其中任何一个类来创建 Spring 的 ApplicationContext 容器。

（1）ClassPathXmlApplicationContext 类

从当前类路径检索并加载配置文件来创建容器的实例，其语法格式如下。

```
ApplicationContext context=new ClassPathXmlApplicationContext(String configLocation);
```

configLocation 参数用于指定 Spring 配置文件的名称和位置。

（2）FileSystemXmlApplicationContext 类

该类不从类路径中获取配置文件，而是通过参数指定配置文件的位置。它可以获取类路径之外的资源，其语法格式如下。

```
ApplicationContext context=new FileSystemXmlApplicationContext(String configLocation);
```

（3）WebApplicationContext 类

WebApplicationContext 是 Spring 的 Web 应用容器，在 Servlet 中使用该类有两种方法，一是在 Servlet 的 web.xml 文件中配置 Spring 的 ContextLoaderListener 监听器；二是修改 web.xml 配置文件，在其中添加一个 Servlet，定义使用 Spring 的 org.springframework.web.context.ContextLoaderServlet 类。

11.2 Spring IoC

在 Spring 框架中，依赖注入技术得到了充分运用，这一技术有效地避免了在代码的很多地方重复创建相同的实例，并化解了属性文件所带来的配置困扰，进而让应用程序代码变得整洁。

11.2.1 控制反转与依赖注入

控制反转与依赖注入

为了使程序组件或类之间尽量形成一种松耦合的结构，开发人员在使用类的实例之前需要创建对象的实例。IoC 将创建实例的任务交给 IoC 容器，在开发应用代码时只需要直接使用类的实例，这就是控制反转。通常用所谓的“好莱坞原则”“Don’t call me, I will call you（请不要给我打电话，我会打给你）”来比喻这种控制反转关系。Martin Fowler（马丁·福勒）曾专门写了一篇文章“Inversion of Control Containers and the Dependency Injection pattern”来讨论“控制反转”这个概念，并提出一个更为准确的概念，即“依赖注入”。

依赖注入有如下 3 种实现类型，Spring 支持后两种。

（1）接口注入

该类型基于接口将调用与实现分离，这种依赖注入方式必须实现容器所规定的接口。它使程序代码和容器的 API 绑定在一起，这不是理想的依赖注入方式。

（2）Setter 注入

该类型基于 JavaBean 的 Setter 方法为属性赋值，在实际开发中得到了广泛的应用（其中很大一部分得益于 Spring 框架），如下。

```
public class User {
    private String name;
    public String getName() {
        return name;
    }
    public void setName(String name) {
        this.name = name;
    }
}
```

上述代码定义了一个字段属性 name 并使用 Getter 和 Setter 方法为字段属性赋值。

（3）构造器注入

该类型基于构造方法为属性赋值，容器通过调用类的构造方法将其所需的依赖关系注入类的属性中，代码如下。

```
public class User {
    private String name;
    public User(String name){                    //构造器
        this.name=name;                          //为属性赋值
    }
}
```

上述代码使用构造方法为属性赋值，这样做的好处是在实例化类对象的同时完成属性的初始化。

说明：由于控制反转模式是把对象放入 XML 文件中定义，因此实现一个子类更为简单，只需要修改 XML 文件即可。控制反转颠覆了“使用对象之前必须创建对象”的传统观念，开发人员不必再关注类是如何创建的，只需从容器中抓取一个类并直接调用即可。

11.2.2 配置 Bean

配置 Bean

在 Spring 中，无论使用哪种容器，都需要从配置文件中读取 JavaBean 的定义信息，然后根据定义信息创建 JavaBean 的实例对象并注入其依赖的属性。由此可见，Spring 中所谓的配置主要是针对 JavaBean 的定义和依赖关系而言，JavaBean 的配置也针对配置文件。

要在 Spring IoC 容器中获取一个 Bean，首先要在配置文件的<beans>元素中配置一个子元素<bean>，Spring 的控制反转机制会根据<bean>元素的配置来实例化 Bean。

如配置一个简单的 JavaBean：

```
<bean id="test" class="com.mr.Test"/>
```

其中，id 属性的值为 Bean 的名称；class 属性的值为对应的类名，通过 BeanFactory 容器的 getBean("test")方法即可获取该类的实例。

11.2.3 Setter 注入

Setter 注入

一个简单的 JavaBean 最明显的规则是一个私有属性对应一个 Setter 方法和一个 Getter 方法，以封装属性。既然 JavaBean 可以用 Setter 方法来设置 Bean 的属性，Spring 就会有相应的支持。配置文件中的<property>元素可以为 JavaBean 的 Setter 方法传参，即通过 Setter 方法为属性赋值。

【例 11-1】 通过 Spring 的赋值为用户 JavaBean 的属性赋值。

首先创建用户的 JavaBean，关键代码如下。

```
public class User {
    private String name;                         //用户姓名
    private Integer age;                         //年龄
    private String sex;                          //性别
    …                                            //省略的 Setter 和 Getter 方法
}
```

在 Spring 的配置文件 applicationContext.xml 中配置该 JavaBean，关键代码如下。

```
<!-- User Bean -->
<bean name="user" class="com.mr.user.User">
```

```
        <property name="name">
            <value>吴语</value>
        </property>
        <property name="age">
            <value>30</value>
        </property>
        <property name="sex">
            <value>女</value>
        </property>
    </bean>
```

在上面的代码中，<value>标签用于为 name 属性赋值，是一个普通的赋值标签。在成对的<value>标签中放入数值或其他赋值标签，Spring 会把这个标签提供的属性值注入指定的 JavaBean 中。

> **说明：** 如果 JavaBean 的某个属性是 List 集合或数组类型，则需要使用<list>标签为 List 集合或数组类型的每个元素赋值。

创建名称为 ManagerServlet 的 Servlet，在其 doGet()方法中加载配置文件并获取 Bean，通过 Bean 对象的 getXxx()方法获取并输出用户信息，关键代码如下。

```
    ApplicationContext factory=new ClassPathXmlApplicationContext("applicationContext.
xml");                                                              //加载配置文件
    User user = (User) factory.getBean("user");                     //获取 Bean
    System.out.println("用户姓名——"+user.getName());                //输出用户的姓名
    System.out.println("用户年龄——"+user.getAge());                 //输出用户的年龄
    System.out.println("用户性别——"+user.getSex());                 //输出用户的性别
```

程序运行后控制台输出的信息如图 11-4 所示。

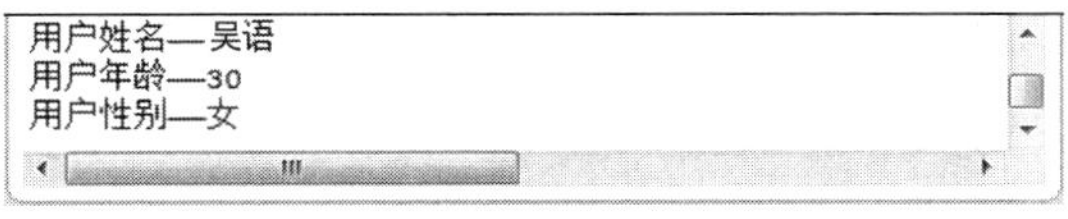

图 11-4　控制台输出的信息

11.2.4　构造器注入

实例化类时其构造方法被调用并且只能调用一次，所以构造器常用于类的初始化操作。<constructor-arg>是<bean>元素的子元素，通过<constructor-arg>元素的<value>子元素可以为构造方法传参。

构造器注入

【例 11-2】 通过构造器注入为用户 JavaBean 的属性赋值。

在用户的 JavaBean 中创建构造方法，代码如下。

```
    public class User {
        private String name;                          //用户姓名
        private Integer age;                          //年龄
        private String sex;                           //性别
        //构造方法
        public User(String name,Integer age,String sex){
            this.name=name;
            this.age=age;
            this.sex=sex;
        }
        //输出 JavaBean 的属性值的方法
        public void printInfo(){
```

```
        System.out.println("用户姓名—"+name);         //输出用户的姓名
        System.out.println("用户年龄—"+age);          //输出用户的年龄
        System.out.println("用户性别—"+sex);          //输出用户的性别
    }
}
```

在 Spring 的配置文件 applicationContext.xml 中通过<constructor-arg>元素为 JavaBean 的属性赋值，关键代码如下。

```
<!-- User Bean -->
<bean name="user" class="com.mr.user.User">
    <constructor-arg>
        <value>吴语</value>
    </constructor-arg>
    <constructor-arg>
        <value>30</value>
    </constructor-arg>
    <constructor-arg>
        <value>女</value>
    </constructor-arg>
</bean>
```

⚠ **注意：**（1）容器通过多个<constructor-arg>元素为构造方法传参，如果元素的赋值顺序或类型与构造方法中参数的顺序或类型不同，程序会产生异常，可以使用<constructor-arg>元素的 index 属性和 type 属性解决此类问题。

（2）index 属性用于指定当前<constructor-arg>元素为构造方法的哪个参数赋值；type 属性用于指定参数类型，从而确定为构造方法的哪个参数赋值，当需要赋值的属性在构造方法中没有相同的类型时，可以使用这个参数。

创建名称为 ManagerServlet 的 Servlet，在其 doGet()方法中加载配置文件并获取 Bean，调用 Bean 对象的 printInfo()方法输出用户信息，关键代码如下。

```
//装载配置文件
ApplicationContext factory=new ClassPathXmlApplicationContext("applicationContext.xml");
//获取 Bean
User user = (User) factory.getBean("user");
user.printInfo();
```

程序运行后控制台输出的信息如图 11-5 所示。

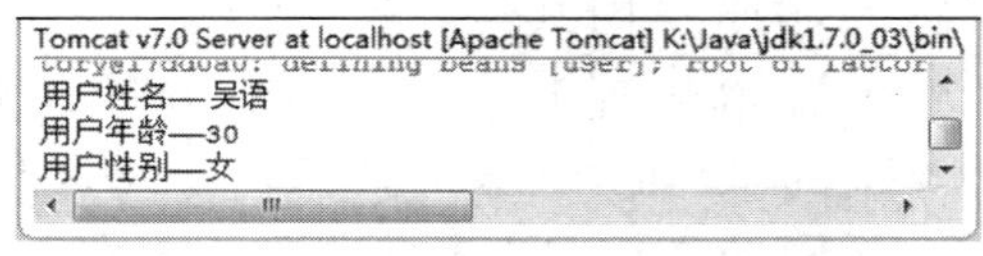

图 11-5　控制台输出的信息

由于存在大量的构造器参数，特别是当某些属性可选时可能使程序的运行效率低下，因此通常情况下，提倡使用 Setter 注入，这也是目前应用开发中最常使用的注入方式。

构造器能一次性完成所有依赖注入。即在程序未完全初始化的状态下，注入对象不会被调用，对象也不可能再次被重新注入。对于注入类型的选择并没有硬性的规定，而那些没有源代码的第三方类或没有提供 Setter 方法的遗留代码，只能选择构造器注入方式实现依赖注入。

引用其他 Bean 和创建匿名内部 JavaBean

11.2.5　引用其他 Bean

Spring 利用 IoC 将 JavaBean 需要的属性注入其中，不需要编写程序代码即可初始化 JavaBean 的属性，使程序代码整洁且规范化，降低了 JavaBean

之间的耦合度。使用 Spring 开发的项目中，JavaBean 不需要修改任何代码即可应用到其他程序中。在 Spring 中，可以通过在配置文件中使用<ref>元素来引用其他 JavaBean 的实例对象。

【例 11-3】 将 User 对象注入 Spring 的控制器 Manager 中，并在控制器中执行 User 的 printInfo()方法。

在控制器 Manager 中注入 User 对象，关键代码如下。

```
public class Manager extends AbstractController {
    private User user;                                //注入 User 对象
    public User getUser() {
        return user;
    }
    public void setUser(User user) {
        this.user = user;
    }
protected ModelAndView handleRequestInternal(HttpServletRequest arg0,
        HttpServletResponse arg1) throws Exception {
        user.printInfo();                             //执行 User 中的 printInfo()方法
        return null;
    }
}
```

在上面的代码中，Manager 类继承 AbstractController 控制器，该控制器是 Spring 中最基本的控制器，所有 Spring 控制器都继承该控制器，它提供缓存支持、mimetype 设置等功能。当一个类继承 AbstractController 控制器时，需要实现 handleRequestInternal()抽象方法，并返回一个 ModelAndView 对象，本例返回 null。

说明： 如果控制器返回一个 ModelAndView 对象，那么该对象需要在 Spring 的配置文件 applicationContext.xml 中进行配置。

在 Spring 的配置文件 applicationContext.xml 中注入 JavaBean，关键代码如下。

```
<!-- 注入 JavaBean -->
<bean name="/main.do" class="com.mr.main.Manager">
    <property name="user">
        <ref bean="user"/>
    </property>
</bean>
```

在 web.xml 文件中设置自动加载文件 applicationContext.xml，项目启动时 Spring 的配置信息自动加载到程序中，所以在调用 JavaBean 时不再需要实例化 BeanFactory 对象，代码如下。

```
<!--设置自动加载配置文件-->
<servlet>
    <servlet-name>dispatcherServlet</servlet-name>
    <servlet-class>org.springframework.web.servlet.DispatcherServlet</servlet-class>
    <init-param>
        <param-name>contextConfigLocation</param-name>
        <param-value>/WEB-INF/applicationContext.xml</param-value>
    </init-param>
    <load-on-startup>1</load-on-startup>
</servlet>
<servlet-mapping>
    <servlet-name>dispatcherServlet</servlet-name>
    <url-pattern>*.do</url-pattern>
</servlet-mapping>
```

运行程序，在页面中单击“执行 JavaBean 的注入”超链接，控制台将输出图 11-6 所示的内容。

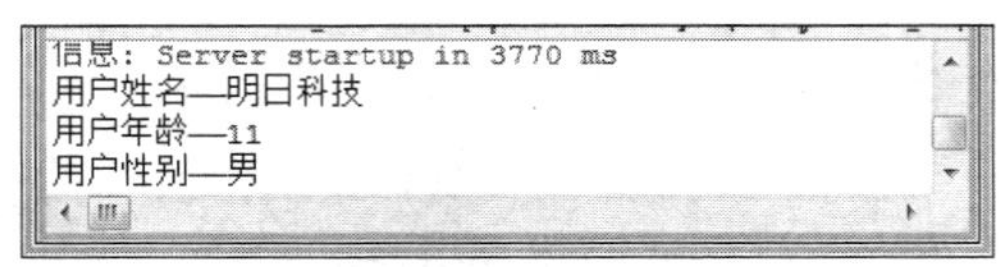

图 11-6　控制台输出的内容

11.2.6　创建匿名内部 JavaBean

编程中经常遇到匿名的内部类，Spring 使用<bean>标签定义内部类。要使一个内部类匿名，可以不指定<bean>标签的 id 或 name 属性，如下面这段代码所示。

```
<!--定义 Student 匿名内部类-->
<bean id="school" class="School">
    <property name="student">
        <bean class="Student"/>
    </property>
</bean>
```

代码中定义了匿名的 Student 类，并将这个匿名的内部类赋给了 School 类的实例对象。

11.3 AOP 概述

Spring AOP 是继 Spring IoC 之后的 Spring 框架的又一大特性，也是该框架的核心内容。AOP 是一种思想，所有符合该思想的技术都可以看作 AOP 的实现。Spring AOP 建立在 Java 的代理机制之上，Spring 框架已经基本实现了 AOP 思想。在众多的 AOP 实现技术中，Spring AOP 做得最好，也最为成熟。Spring AOP 的接口实现了 AOP 联盟制定的标准化接口，这就意味着它已经走向标准化，将得到更快的发展。

11.3.1　AOP 术语

AOP 术语

Spring AOP 的实现基于 Java 的代理机制，JDK 从 1.3 版本开始就支持代理功能，但是其性能是一个很大的问题，为此出现了 CGLIB 代理机制。它可以生成字节码，性能高于 JDK 代理。Spring 支持这两种代理方式。随着 JVM 的性能不断提高，这两种代理性能的差距会越来越小。

Spring AOP 的有关术语如下。

（1）切面（Aspect）

切面是对象操作过程中的截面，如图 11-7 所示。

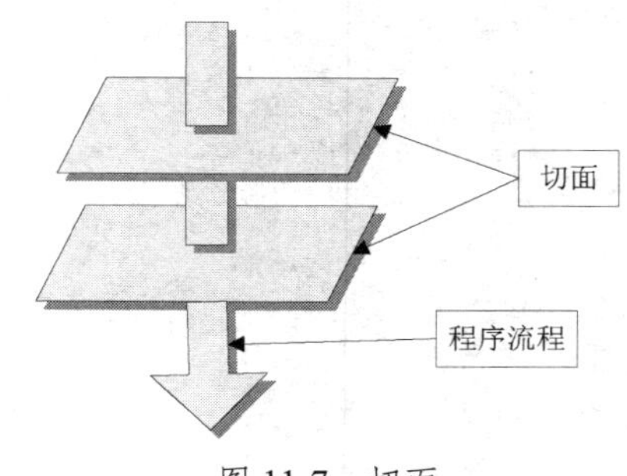

图 11-7　切面

由于平面拦截了程序流程，因此 Spring 形象地将其称为“切面”。所谓的“面向切面编程”正是如此，本书后面提到的“切面”即指这个平面。

实际上“切面”是一段程序代码，这段代码将被“植入”程序流程。

（2）连接点（Join Point）

连接点是对象操作过程中的某个阶段点，如图 11-8 所示，程序流程上的任意一点都可以是连接点。

它实际上是对象的一个操作，如对象调用某个方法、读/写对象的实例或某个方法抛出了异常等。

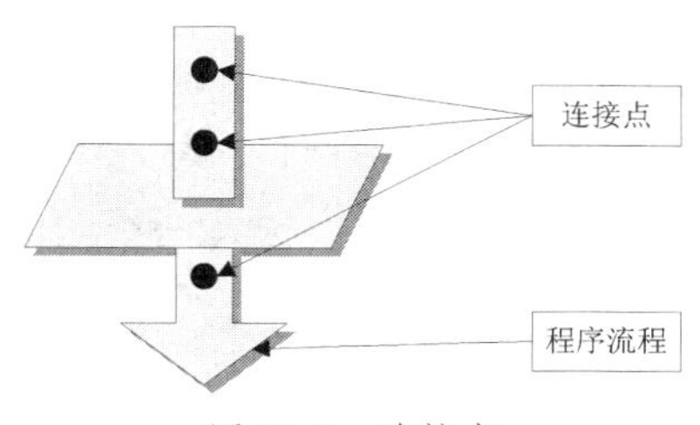

图 11-8　连接点

（3）切入点（Pointcut）

切入点定义了一系列的连接点，这些连接点是切面逻辑要应用的位置。换句话说，切入点通过一个表达式或规则来描述一组连接点，当这些连接点满足切入点的条件时，切面逻辑就会被织入这些连接点，如图 11-9 所示。

切面与程序流程的交叉点即程序的切入点，确切地说，它是切面"注入"程序的位置，即切面是通过切入点"注入"的。程序中可以有多个切入点。

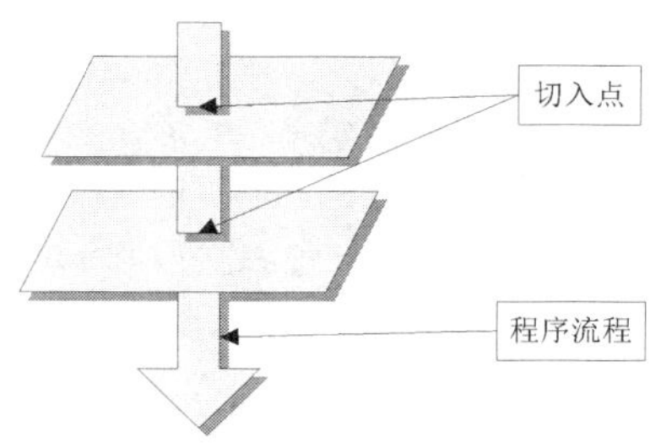

图 11-9　切入点

（4）通知（Advice）

通知是某个切入点被横切后所采取的处理逻辑，即在切入点处拦截程序后通过"通知"来执行切面，如图 11-10 所示。

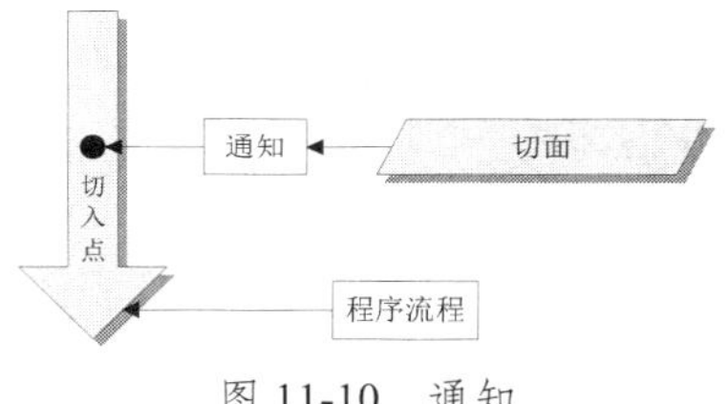

图 11-10　通知

（5）目标对象（Target）

所有被通知的对象（也可以理解为被代理的对象）都是目标对象，目标对象及其属性的改变、行为调用和方法传参的变化被 AOP 所关注，AOP 会注意目标对象的变化，并随时准备向目标对象"注入"切面。

（6）织入（Weaving）

织入是将切面功能应用到目标对象上，从而生成代理对象的过程。其由代理工厂创建一个代理对象，这个代理可以为目标对象执行"切面"。

说明： AOP 的织入方式有 3 种，即编译时期（compile time）织入、类加载时期（classload time）织入和执行期（run time）织入。Spring AOP 一般多为执行期织入。

（7）引入（Introduction）

对一个已编译的类，在执行期动态地向其中加载属性和方法。

11.3.2　AOP 的简单实现

AOP 的简单实现

下例讲解 Spring AOP 简单实例的实现过程，以说明 AOP 编程的特点。

【例 11-4】 利用 Spring AOP 使日志输出与方法分离，在调用目标方法之前执行日志输出。

创建 Target 类，它是被代理的目标对象。使用 AOP 可以对 execute()方法输出日志，下面在执行该方法前输出日志，目标对象的代码如下。

```
public class Target {
    //程序执行的方法
    public void execute(String name){
        System.out.println("执行execute()方法: " + name);  //输出信息
```

```
    }
}
```

通知可以拦截目标对象的 execute()方法，并执行日志输出，创建通知的代码如下。

```
public class LoggerExecute implements MethodInterceptor {
   public Object invoke(MethodInvocation invocation) throws Throwable {
      before();                                    //执行前置通知
   invocation.proceed();                           //执行 execute()方法
      return null;
   }
   //前置通知，before()方法在 invocation.proceed()之前执行，用于输出提示信息
  private void before() {
      System.out.println("程序开始执行！");
   }
}
```

首先创建一个名为 Target 的类，它是被代理的目标对象。该类包含一个 execute()方法，用于执行其特定职能。使用 Spring AOP 在执行 execute()方法之前输出日志，代码如下。

```
public class Manger {
   //创建代理
   public static void main(String[] args) {
      Target target = new Target();                    //创建目标对象
      ProxyFactory di=new ProxyFactory();
      di.addAdvice(new LoggerExecute());
      di.setTarget(target);
      Target proxy=(Target)di.getProxy();
      proxy.execute(" AOP的简单实现");                  //代理执行 execute()方法
   }
}
```

程序运行后，控制台输出的信息如图 11-11 所示。

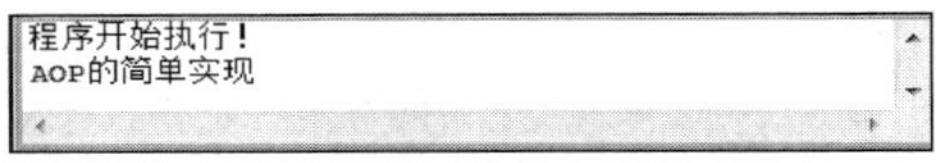

图 11-11 控制台输出的信息

11.4 Spring 的切入点

Spring 的切入点

切入点是 Spring AOP 中比较重要的概念，它表示织入切面的位置。根据切入点织入的位置不同，Spring 提供了 3 种类型的切入点，即静态切入点、动态切入点和自定义切入点。

11.4.1 静态与动态切入点

静态切入点与动态切入点需要在程序中选择使用。

（1）静态切入点

静态切入点可以为对象的方法签名，如在某个对象中调用 execute()方法时，这个方法即静态切入点。静态切入点需要在配置文件中指定，关键配置如下。

```
<bean id="pointcutAdvisor"
    class="org.springframework.aop.support.RegexpMethodPointcutAdvisor">
    <property name="advice">
```

```
            <ref bean="MyAdvisor" />          <!-- 指定通知 -->
        </property>
        <property name="patterns">
            <list>
              <value>.*getConn*.</value><!-- 指定所有以 getConn 开头的方法都是切入点 -->
                 <value>.*closeConn*.</value>
            </list>
        </property>
    </bean>
```

在上面的代码中，正则表达式.*getConn*.表示所有以 getConn 开头的方法都是切入点；正则表达式.*closeConn*.表示所有以 closeConn 开头的方法都是切入点。

说明： 正则表达式由数学家 Stephen Kleene（史蒂芬·克林）于 1956 年提出，用其可以匹配一些指定的表达式，而无须列出每个表达式的具体写法。

由于静态切入点只在代理创建时执行一次，然后缓存结果，因此下一次调用时直接从缓存中读取即可，在性能上要远高于动态切入点。第一次将静态切入点织入切面时，会计算切入点的位置，通过反射在程序运行时获得调用的方法名。如果这个方法名是定义的切入点，则织入切面，然后缓存第一次计算结果，以后不需要再次计算。

虽然使用静态切入点程序的性能会高一些，但是当需要通知的目标对象的类型多于一种，而且需要织入的方法很多时，使用静态切入点编程会很烦琐。如果使用静态切入点不是很灵活且性能较低，那么可以使用动态切入点。

（2）动态切入点

静态切入点只能应用在相对不变的位置，而动态切入点可应用在相对变化的位置，如方法的参数上。由于在程序运行过程中，传递的参数是变化的，切入点也随之变化，因此动态切入点会根据不同的参数来织入不同的切面。因为每次织入都要重新计算切入点的位置，而且结果不能缓存，所以动态切入点比静态切入点的性能要低得多。但是它能够随着程序中参数的变化而织入不同的切面，所以比静态切入点要灵活得多。

当程序对性能要求很高且注入相对不是很复杂时可以使用静态切入点，当程序对性能要求不是很高且注入比较复杂时可以使用动态切入点。

11.4.2 深入了解静态切入点

静态切入点在某个方法名上织入切面，所以在织入切面前要匹配方法名，即判断当前正在调用的方法是不是已经定义的静态切入点。如果是，说明方法匹配成功并织入切面；否则匹配失败，不织入切面。这个匹配过程由 Spring 自动实现，不需要编程干预。

实际上，Spring 使用 boolean matches(Method,Class)方法来匹配切入点，并利用 method.getName()方法反射获得正在运行的方法名。在 boolean matches(Method,Class)方法中，Method 是 java.lang.reflect.Method 类型、Class 是目标对象的类型，该方法在 AOP 创建代理时被调用并返回结果，返回 true 表示将切面织入，返回 false 则不织入。静态切入点的匹配过程的代码如下。

```
<!-- 深入了解静态切入点 -->
<bean id=" pointcutAdvisor "
    class="org.springframework.aop.support.RegexpMethodPointcutAdvisor">
    <property name="patterns">
        <list>
```

```
            <value>.*execute.*</value>          <!-- 指定切入点 -->
        </list>
    </property>
</bean>
```

匹配成功的代码如下。

```
public bollean matches(Method method,Class targetClass){
        return(method.getName().equals("execute"));            //切入点匹配成功
}
```

11.4.3 切入点接口

掌握 Spring 切入点接口将有助于更加深刻地理解切入点。

Pointcut 接口是切入点的定义接口，用来规定可切入的连接点的属性。扩展此接口可以处理其他类型的连接点，如域等（但是很少这样做）。定义切入点接口的代码如下。

```
public interface Pointcut {
    ClassFilter getClassFilter();
    MethodMatcher getMethodMatcher();
}
```

使用 ClassFilter 接口来匹配目标类，代码如下。

```
public interface ClassFilter {
    boolean matches(Class class);
}
```

上述代码在 ClassFilter 接口中定义了 matches()方法，用于匹配目标类。其中 class 代表被检测的 Class 实例，是应用切入点的目标对象。如果返回值为 true，表示目标对象可以应用切入点；否则不可以应用切入点。

使用 MethodMatcher 接口来匹配目标类的方法或方法的参数，代码如下。

```
public interface MethodMatcher {
    boolean matches(Method m,Class targetClass);
    boolean isRuntime();
    boolean matches(Method m,Class targetClass,Object[] args);
}
```

Spring 是执行静态切入点还是动态切入点取决于 isRuntime()方法的返回值，在匹配切入点之前，Spring 会调用 isRuntime()方法。如果返回值为 false，则执行静态切入点；否则执行动态切入点。

11.4.4 Spring 中的其他切入点

Spring 提供了丰富的切入点供用户选择，目的是使切面灵活地注入程序的指定位置。例如，使用流程切入点可以根据当前调用堆栈中的类和方法来进行切入。Spring 常见的切入点实现类如表 11-2 所示。

表 11-2 Spring 常见的切入点实现类

切入点实现类	说明
org.springframework.aop.support.JdkRegexpMethodPointcut	JDK 正则表达式方法切入点
org.springframework.aop.support.NameMatchMethodPointcut	名称匹配器方法切入点
org.springframework.aop.support.StaticMethodMatcherPointcut	静态方法匹配器切入点

续表

切入点实现类	说明
org.springframework.aop.support.ControlFlowPointcut	流程切入点
org.springframework.aop.support.DynamicMethodMatcherPointcut	动态方法匹配器切入点

如果 Spring 提供的切入点无法满足开发需求，可以自定义切入点。Spring 提供的切入点有很多，可以选择一个继承并重载其 matches()方法；也可以直接继承 Pointcut 接口并重载其 getClassFilter()方法和 getMethodMatcher()方法。

11.5 Aspect 对 AOP 的支持

Aspect 对 AOP 的支持

Aspect 即 Spring 中的切面，它是对象操作过程中的截面，在 AOP 中是一个非常重要的概念。

11.5.1 Spring 中的 Aspect

最初，Spring 没有明确使用 Aspect 这个术语。实际上，在 Spring 中的类似功能是由一种被称为 Advisor 的组件来实现的，它承担了 Aspect 的角色和职责。通过 Advisor 这一切入点的配置器，实现了类似 Aspect 的功能。Advisor 能够将 Advice（通知）注入程序中的特定切入点，并允许开发者直接通过编程或 XML 配置来定义切入点和 Advisor。由于 Spring 支持多种切入点类型，因此也存在多种 Advisor，以适应不同切入点的需求。

Spring 中 Advisor 的实现体系主要由两个分支构成，即 PointcutAdvisor 和 IntroductionAdvisor，每个分支下都包含多个类和接口，其体系结构如图 11-12 所示。

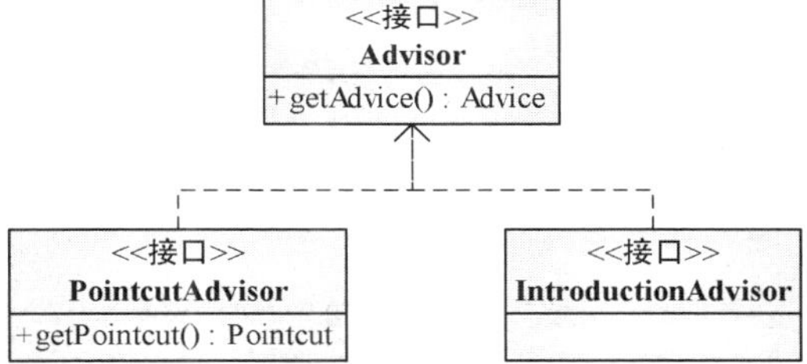

图 11-12　Advisor 的体系结构

Spring 中常用的两个 Advisor 都是 PointcutAdvisor 分支下的，它们是 DefaultPointcutAdvisor 和 NameMatchMethodPointcutAdvisor。

11.5.2 DefaultPointcutAdvisor 切入点配置器

DefaultPointcutAdvisor 位于 org.springframework.aop.support.DefaultPointcutAdvisor 包中，是默认切入点通知者，它可以把一个通知分配给一个切入点，使用之前要创建一个切入点和一个通知。

首先创建一个通知，这个通知可以自定义，关键代码如下。

```
public TestAdvice implements MethodInterceptor {
    public Object invoke(MethodInvocation mi) throws Throwable {
        Object Val=mi.proceed();
        return Val;
    }
}
```

然后创建自定义切入点，Spring 提供了多种类型的切入点，可以选择一个继承并分别重写其 matches ()和 getClassFilter()方法。关键代码如下。

```
public class TestStaticPointcut extends StaticMethodMatcherPointcut {
    public boolean matches (Method method Class targetClass){
        return ("targetMethod".equals(method.getName()));
    }
    public ClassFilter getClassFilter() {
        return new ClassFilter() {
            public boolean matches(Class clazz) {
                return (clazz==targetClass.class);
            }
        };
    }
}
```

分别创建切入点和通知的实例，关键代码如下。

```
Pointcut pointcut=new TestStaticPointcut ();                //创建一个切入点的实例
Advice advice=new TestAdvice ();                            //创建一个通知的实例
```

如果使用 Spring AOP 的切面注入功能，需要创建 AOP 代理，这通过 Spring 的代理工厂来实现，代码如下。

```
Target target =new Target();                                //创建一个目标对象的实例
ProxyFactory proxy= new ProxyFactory();
proxy.setTarget(target);                                    //target 为目标对象
//前面已经对 advisor 做了配置，现在需要将 advisor 设置在代理工厂里
proxy.setAdivsor(advisor);
Target proxy = (Target) proxy.getProxy();
Proxy.…//此处省略的是代理调用目标对象的方法，目的是实施拦截注入通知
```

11.5.3 NameMatchMethodPointcutAdvisor 切入点配置器

此配置器位于 org.springframework.aop.support.NameMatchMethodPointcutAdvisor 包中，是方法名切入点通知者，使用它可以更加简洁地将方法名设置为切入点。关键代码如下。

```
    NameMatchMethodPointcutAdvisor advice=new NameMatchMethodPointcutAdvisor(new
TestAdvice());
    advice.addMethodName("targetMethod1name");
    advice.addMethodName("targetMethod2name");
    advice.addMethodName("targetMethod3name");
    advice.addMethodName("targetMethod3name");
    …    //可以继续添加方法的名称
    …    //省略创建代理的代码，可以参考上一小节的相关内容
```

在上面的代码中，new TestAdvice()为一个通知；advice.addMethodName("targetMethod1name")方法的 targetMethod1name 参数是一个方法名称，advice.addMethodName("targetMethod1name")表示将 targetMethod1name()方法设置为切入点。

当程序调用 targetMethod1()方法时会执行通知。

11.6 Spring 持久化

在 Spring 中，关于数据持久化的服务主要是支持 DAO 和数据库 JDBC，其中 DAO 是实际开发过程中应用比较广泛的技术。

11.6.1　Spring 的 DAO 理念

Spring 的 DAO 理念

Spring 提供了一套抽象的 DAO 类供开发人员扩展，这有利于以统一的方式操作各种 DAO 技术，如 JDO 和 JDBC 等。这些抽象的 DAO 类提供了设置数据源及相关辅助信息的方法，而其中的某些方法与具体的 DAO 技术相关。目前 Spring DAO 提供了如下抽象类。

① JdbcDaoSupport：JDBC DAO 抽象类，需要为其设置数据源（DataSource），通过其子类能够获得 JdbcTemplate 来访问数据库。

② HibernateDaoSupport：Hibernate DAO 抽象类，需要为其配置 Hibernate SessionFactory，通过其子类能够获得 Hibernate。

③ JdoDaoSupport：JDO DAO 抽象类，需要为它配置 PersistenceManagerFactory，通过其子类能够获得 JdoTemplate。

使用 Spring 的 DAO 模式进行数据库操作时，开发者无须使用特定的数据库技术细节，只需通过一个统一的数据存取接口进行操作即可。

【例 11-5】 在 Spring 中利用 DAO 模式在 tb_user 表中添加数据。

实例中 DAO 模式的实现如图 11-13 所示。

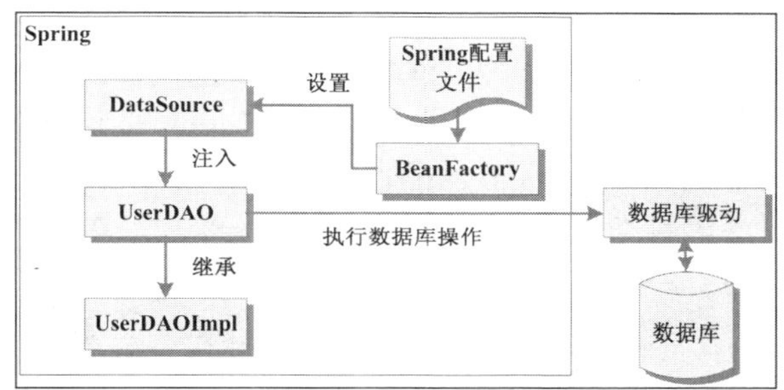

图 11-13　DAO 模式的实现

定义一个实体类对象 User，然后在类中定义对应数据表字段的属性，关键代码如下。

```
public class User {
    private Integer id;            //唯一标识
    private String name;           //姓名
    private Integer age;           //年龄
    private String sex;            //性别
    …                              //省略 Setter 和 Getter 方法
}
```

创建接口 UserDAOImpl，并定义用来添加用户信息的方法，该方法的参数是 User 类实体对象，代码如下。

```
public interface UserDAOImpl {
    public void insertUser(User user);          //添加用户信息的方法
}
```

编写实现 DAO 接口的 UserDAO 类，并在其中实现接口中定义的方法。首先定义一个用于操作数据库的数据源对象 DataSource，通过它创建一个数据库连接对象，以建立与数据库的连接，这个数据源对象在 Spring 中提供了 javax.sql.DataSource 接口的实现，只需在 Spring 的配置文件中完成相关配置即可。这个类中实现了接口的抽象方法 insertUser()，通过这个方法访问数据库，关键代码如下。

```
public class UserDAO implements UserDAOImpl {
    private DataSource dataSource;              //注入 DataSource
    public DataSource getDataSource() {
        return dataSource;
```

```
    }
    public void setDataSource(DataSource dataSource) {
        this.dataSource = dataSource;
    }
    //向数据表tb_user中添加数据
    public void insertUser(User user) {
        String name = user.getName();                    //获取姓名
        Integer age = user.getAge();                     //获取年龄
        String sex = user.getSex();                      //获取性别
        Connection conn = null;                          //定义Connection
        Statement stmt = null;                           //定义Statement
         try {
            conn = dataSource.getConnection();           //获取数据库连接
            stmt = conn.createStatement();
            stmt.execute("INSERT INTO tb_user (name,age,sex) "
                + "VALUES('"+name+"','" + age + "','" + sex + "')");      //添加数据的SQL语句
        } catch (SQLException e) {
            e.printStackTrace();
        }
        …                                                //省略的代码
}
```

编写 Spring 的配置文件 applicationContext.xml，首先定义一个名为 DataSource 的数据源，它是 DriverManagerDataSource 类的实例。然后配置前面编写完的 UserDAO 类，注入 DataSource 属性值，配置代码如下。

```
    <!-- 配置数据源 -->
    <bean id="dataSource" class="org.springframework.jdbc.datasource.DriverManagerDataSource">
        <property name="driverClassName">
            <value>com.mysql.cj.jdbc.Driver</value>
        </property>
        <property name="url">
            <value>jdbc:mysql://localhost:3306/db_database16?characterEncoding=UTF-8&amp;
serverTimezone=UTC&amp;useSSL=false</value>
        </property>
        <property name="username">
            <value>root</value>
        </property>
        <property name="password">
            <value>root</value>
        </property>
    </bean>
    <!-- 为UserDAO类注入数据源 -->
    <bean id="userDAO" class="com.mr.dao.UserDAO">
        <property name="dataSource">
            <ref bean="dataSource"/>
        </property>
    </bean>
```

创建 Manger 类，其 main()方法中的关键代码如下。

```
    //加载配置文件
    ApplicationContext factory = new ClassPathXmlApplicationContext("applicationContext.
xml");
    User user = new User();                                       //实例化User对象
    user.setName("张三");                                         //设置姓名
    user.setAge(new Integer(30));                                 //设置年龄
    user.setSex("男");                                            //设置性别
    UserDAO userDAO = (UserDAO) factory.getBean("userDAO");       //获取UserDAO
    userDAO.insertUser(user);                                     //执行添加方法
    System.out.println("数据添加成功!!!");
```

运行程序，数据表 tb_user 中添加的数据如图 11-14 所示。

	id	name	age	sex
▸	1	张三	30	男

图 11-14　数据表 tb_user 中添加的数据

11.6.2　事务管理

事务管理

Spring 中的事务基于 AOP 实现，而 AOP 以方法为单位，Spring 的事务属性是对事务应用的方法的策略描述。Spring 的事务属性有传播行为、隔离级别、只读和超时属性。

说明： 事务管理在应用程序中至关重要，它是组成一系列任务的工作单元，所有任务必须同时执行，而且只有两种可能的执行结果，即全部成功和全部失败。

事务管理通常分为如下两种方式。

（1）编程式事务管理

在 Spring 中，编程式事务管理主要通过两种方式来实现：一种是使用实现 PlatformTransactionManager 接口的事务管理器，另一种则是利用 TransactionTemplate。这两种方式各有其优势与不足，但推荐采用第二种方式，因为它更加契合 Spring 框架所推崇的模板模式设计理念。

说明： TransactionTemplate 模板和 Spring 的其他模板一样封装了打开和关闭资源等常用的可重用代码，编写程序时只需完成需要的业务代码即可。

【例 11-6】 利用 TransactionTemplate 实现 Spring 编程式事务管理。

在 Spring 的配置文件中声明事务管理器和 TransactionTemplate，关键代码如下。

```
<!-- 定义 TransactionTemplate 模板 -->
<bean id="transactionTemplate" class="org.springframework.transaction.support.
TransactionTemplate">
    <property name="transactionManager">
        <ref bean="transactionManager"/>
    </property>
    <property name="propagationBehaviorName">
    <!-- 限定事务的传播行为，规定当前方法必须运行在事务中，如果没有事务，则创建一个。新事务和方法一同
开始，随着方法的返回或抛出异常而终止-->
        <value>PROPAGATION_REQUIRED</value>
    </property>
</bean>
<!-- 定义事务管理器 -->
<bean id="transactionManager"
    class="org.springframework.jdbc.datasource.DataSourceTransactionManager">
    <property name="dataSource">
        <ref bean="dataSource" />
    </property>
</bean>
```

创建 TransactionExample 类，并定义一个方法来添加数据，在该方法中，使用事务来保护两次数据库添加操作，关键代码如下。

```
public class TransactionExample {
  DataSource dataSource;                                    //注入数据源
```

```
    PlatformTransactionManager transactionManager;       //注入事务管理器
    TransactionTemplate transactionTemplate;             //注入 TransactionTemplate 模板
    …                                                    //省略 Setter 和 Getter 方法
    public void transactionOperation() {
        transactionTemplate.execute(new TransactionCallback() {
            public Object doInTransaction(TransactionStatus status) {
                //获得数据库连接
                Connection conn = DataSourceUtils.getConnection(dataSource);
                try {
                    Statement stmt = conn.createStatement();
                    //执行两次添加方法
                    stmt.execute("insert into tb_user(name,age,sex) values('小强','26','男')");
                    stmt.execute("insert into tb_user(name,age,sex) values('小红','22','女')");
                    System.out.println("操作执行成功! ");
                } catch (Exception e) {
                    transactionManager.rollback(status);   //事务回滚
                    System.out.println("操作执行失败，事务回滚! ");
                    System.out.println("原因: "+e.getMessage());
                }
                return null;
            }
        });
    }
}
```

在上面的代码中，以匿名类的方式定义了 TransactionCallback()来处理事务管理。

创建 Manger 类，其 main()方法中的代码如下。

```
    //加载配置文件
    ApplicationContext factory = new ClassPathXmlApplicationContext("applicationContext.xml");
    //获取 TransactionExample
    TransactionExample transactionExample = (TransactionExample) factory.getBean
("transactionExample");
    //执行添加方法
    transactionExample.transactionOperation();
```

为了测试事务是否配置正确，在 transactionOperation()方法中执行两次添加操作的语句之间添加两句代码，以制造异常。即当第一条添加语句执行成功后，第二条语句因为程序的异常而无法执行。这种情况下如果事务成功回滚，说明事务配置成功，添加的代码如下。

```
    int a=0;        //制造异常测试事务是否配置成功
    a=9/a;
```

执行程序，控制台输出的信息如图 11-15 所示。

图 11-15　控制台输出的信息

（2）声明式事务管理

声明式事务管理不涉及组件的依赖关系，它通过 AOP 实现，无须编写任何代码即可实现基于容器的事务管理。Spring 提供了一些可供选择的辅助类，它们简化了传统的数据库操作流程，在一定程度上减少了工作量，提高了编码效率，所以推荐使用声明式事务管理。

Spring 中常用 TransactionProxyFactoryBean 实现声明式事务管理。

说明： 使用 TransactionProxyFactoryBean 需要注入所依赖的事务管理器，并设置代理的目标对象、代理对象的生成方式和事务属性。代理对象是在目标对象上生成的包含事物和 AOP 切面的新对象，它可以赋给目标的引用来替代目标对象以支持事务或 AOP 提供的切面功能。

【例 11-7】 利用 TransactionProxyFactoryBean 实现 Spring 声明式事务管理。

在配置文件中定义数据源 DataSource 和事务管理器，将该管理器注入 TransactionProxyFactoryBean 中，设置代理对象的生成方式和事务属性。这里的目标对象以内部类的方式定义，配置文件中的关键代码如下。

```
<!-- 定义 TransactionProxy -->
<bean id="transactionProxy"
    class="org.springframework.transaction.interceptor.TransactionProxyFactoryBean">
    <property name="transactionManager">
        <ref bean="transactionManager" />
    </property>
    <property name="target">
            <!--以内部类的形式指定代理的目标对象-->
        <bean id="addDAO" class="com.mr.dao.AddDAO">
                <property name="dataSource">
                    <ref bean="dataSource" />
                </property>
        </bean>
    </property>
    <property name="proxyTargetClass" value="true" />
    <property name="transactionAttributes">
        <props>
            <!--通过正则表达式匹配事务性方法，并指定方法的事务属性，即代理对象中只要是以 add 开头的
方法就必须运行在事务中-->
            <prop key="add*">PROPAGATION_REQUIRED</prop>
        </props>
    </property>
</bean>
```

编写操作数据库的 AddDAO 类，在该类的 addUser()方法中执行两次数据添加操作。这种方法在配置 TransactionProxyFactoryBean 时被定义为事务性方法，并指定了事务属性，所以方法中的所有数据库操作都被当作事务处理。AddDAO 类中的代码如下。

```
public class AddDAO extends JdbcDaoSupport {
    //添加用户的方法
    public void addUser(User user){
        //执行添加方法的 SQL 语句
        String sql="insert into tb_user (name,age,sex) values('" +
                user.getName() + "','" + user.getAge()+ "','" + user.getSex()+ "')";
        //执行两次添加方法
        getJdbcTemplate().execute(sql);
        getJdbcTemplate().execute(sql);
    }
}
```

创建 Manger 类，其 main()方法中的代码如下。

```
ApplicationContext factory = new ClassPathXmlApplicationContext("applicationContext.
xml");                                                          //装载配置文件
AddDAO addDAO = (AddDAO)factory.getBean("transactionProxy");    //获取 AddDAO
User user = new User();                                         //实例化 User 对象
user.setName("张三");                                           //设置姓名
user.setAge(30);                                                //设置年龄
user.setSex("男");                                              //设置性别
addDAO.addUser(user);                                           //执行数据添加方法
```

可以用【例 11-6】中制造程序异常的方法测试配置的事务。

11.6.3 用 JdbcTemplate 操作数据库

JdbcTemplate 是 Spring 的核心类之一，可以在 org.springframework.jdbc.core 包中找到。

该类在内部已经处理好数据库资源的建立和释放，可以避免一些常见的错误，如关闭连接及抛出异常等。因此使用 JdbcTemplate 类可以简化编写 JDBC 时所需的基础代码。

用 JdbcTemplate 操作数据库

JdbcTemplate 类可以直接通过数据源的引用实例化，然后在服务中使用；也可以通过依赖注入的方式在 ApplicationContext 中产生并作为 JavaBean 的引用给服务使用。

说明： JdbcTemplate 类封装了核心的 JDBC 工作流程，使得应用程序只需在代码中提供 SQL 语句即可创建和执行 Statement 对象。该类可以执行 SQL 中的查询、更新或调用存储过程等操作，并能生成结果集的迭代数据。它还可以捕捉 JDBC 的异常并转换为 org.springframework.dao 包中定义并能够提供更多信息的异常处理体系。

JdbcTemplate 类提供了方法来访问和处理数据库中的数据，如查询和更新数据库，提高了程序的灵活性。表 11-3 所示为 JdbcTemplate 中常用的数据查询方法。

表 11-3　JdbcTemplate 中常用的数据查询方法

方法名称	说明
int QueryForInt(String sql)	返回查询的信息数量，通常是聚合函数的结果
int QueryForInt(String sql,Object[] args)	
long QueryForLong(String sql)	返回查询的信息数量
long QueryForLong(String sql,Object[] args)	
Object queryforObject(string sql,Class requiredType)	返回满足条件的查询对象
Object queryforObject(string sql,Class requiredType,Object[] args)	
List queryForList(String sql)	返回满足条件的对象 List 集合
List queryForList(String sql,Object[] args)	

说明： sql 参数用于指定查询条件，requiredType 用于指定返回对象的类型，args 用于指定查询语句的条件参数。

【例 11-8】 利用 JdbcTemplate 向数据表 tb_user 中添加用户信息。

在配置文件 applicationContext.xml 中配置 JdbcTemplate 和数据源，关键代码如下。

```
<!-- 配置 jdbcTemplate -->
<bean id="jdbcTemplate" class="org.springframework.jdbc.core.JdbcTemplate">
    <property name="dataSource">
        <ref bean="dataSource"/>
    </property>
</bean>
```

创建 AddUser 类获取 JdbcTemplate 对象，并利用其 update()方法执行数据的添加操作，其 main()方法中的关键代码如下。

```
DriverManagerDataSource ds = null;
JdbcTemplate jtl = null;
//获取配置文件
ApplicationContext factory = new ClassPathXmlApplicationContext("applicationContext.xml");
jtl =(JdbcTemplate)factory.getBean("jdbcTemplate");          //获取 JdbcTemplate
String sql = "insert into tb_user(name,age,sex) values ('小明','23','男')";
jtl.update(sql);                                              //执行添加操作
```

程序运行后，tb_user 表中添加的数据如图 11-16 所示。

JdbcTemplate 类实现了很多方法的重载特征，如本例中使用的写入数据方法 update(String)。

id	name	age	sex
10	小明	23	男

图 11-16　tb_user 表中添加的数据

11.7 AIGC 辅助编程——Spring 实现控制反转

11.2.1 小节虽然介绍了控制反转的概念，但没有介绍控制反转的实现。下面将借助 AIGC 填补这个空白，以下是在 AIGC 平台上的对话示例。

【问题】

Spring 控制反转的实现过程。

【AIGC 建议】

Spring 框架中的控制反转（IoC）是一种设计思想，其核心是将对象的创建和依赖管理从应用程序代码中转移到外部容器（如 Spring 容器）中。以下是 Spring IoC 实现过程的详细解释。

（1）定义 Bean

① XML 配置：在 Spring 项目中，首先需要在配置文件中（如 XML 配置文件）或通过注解定义 Bean。每个 Bean 都对应一个 Spring 容器管理的对象。

XML 配置示例：

```
<bean id="exampleBean" class="com.example.ExampleBean">
    <property name="someProperty" value="someValue" />
</bean>
```

② 注解配置：使用注解来定义 Bean，如@Component、@Service 等。

注解配置示例：

```
@Component
public class ExampleBean {
    //...
}
```

（2）注入依赖

① 自动装配：在需要使用某个 Bean 的地方，通过自动装配（如@Autowired 注解）或显式注入的方式将其注入。

使用@Autowired 注解自动装配：

```
@Autowired
private ExampleBean exampleBean;
```

② 显式注入：在 XML 配置中显式注入依赖。

XML 配置示例：

```
<bean id="anotherBean" class="com.example.AnotherBean">
    <property name="exampleBean" ref="exampleBean" />
</bean>
```

（3）使用 Bean

一旦 Bean 被注入需要的组件中，就可以像使用普通对象一样使用它。

示例：

```java
public class SomeService {
    private final ExampleBean exampleBean;

    @Autowired
    public SomeService(ExampleBean exampleBean) {
        this.exampleBean = exampleBean;
    }

    public void performAction() {
        exampleBean.doSomething();
    }
}
```

（4）配置 Spring 容器

在项目启动时，需要配置 Spring 容器以加载 Bean 定义。这通常通过在 web.xml 中配置 Spring 的 ContextLoaderListener 或在 Java 配置类中使用@Configuration 和@ComponentScan 注解来实现。

web.xml 配置示例：

```xml
<context-param>
    <param-name>contextConfigLocation</param-name>
    <param-value>/WEB-INF/spring-context.xml</param-value>
</context-param>
<listener>
    <listener-class>
        org.springframework.web.context.ContextLoaderListener
    </listener-class>
</listener>
```

Java 配置示例：

```java
@Configuration
@ComponentScan("com.example")
public class AppConfig {
    //...
}
```

（5）运行和测试

当应用程序启动时，Spring 容器会根据配置创建并管理 Bean 实例。你可以编写单元测试来验证依赖注入是否正确，以及组件是否按预期工作。

总结来说，Spring IoC 的实现过程主要包括定义 Bean、注入依赖、使用 Bean、配置 Spring 容器以及运行和测试。通过这些步骤，Spring 框架实现了对象的创建、组装和管理，从而降低了代码间的耦合度，提高了可维护性和可扩展性。

本章小结

本章首先介绍了 Spring 框架核心技术 IoC、AOP、Bean 的相关知识，以及 Bean 的配置与装载；然后讲解了 Spring 切入点等内容；最后介绍了 Spring 对数据持久层的支持。通过本章的学习，读者应该掌握 Spring 的核心技术。

上机指导

上机指导

在 Spring 中利用 DAO 模式向商品库存表中添加数据。

开发步骤如下。

（1）设计商品库存表 tb_goods，其结构如图 11-17 所示。

id	name	price	type
1	方便面	1.5	食品
2	面包	2.5	食品
3	牛奶	2	饮品
4	矿泉水	1	饮品

图 11-17　数据表 tb_goods 的结构

（2）创建名称为 GoodsInfo 的 JavaBean 类，用于封装商品信息。GoodsInfo 类的关键代码如下。

```
public class GoodsInfo {
    private int id;            //商品编号
    private String name;       //商品名称
    private float price;       //商品价格
    private String type;       //商品类别
    …                          //省略了 Setter 和 Getter 方法
}
```

（3）创建操作商品信息的接口 GoodsDao，并定义添加商品信息的方法 addGoods()，参数类型为 GoodsInfo 类实体对象，代码如下。

```
public interface GoodsDao {
   public void addGoods(GoodsInfo goods);        //添加商品信息的方法
}
```

（4）编写实现 DAO 接口的 GoodsDaoImpl 类，并在这个类中实现接口中定义的方法。定义一个用于操作数据库的数据源对象 DataSource，通过它创建一个数据库连接对象，以建立与数据库的连接。这个数据源对象提供了对 javax.sql.DataSource 接口的实现，只需在 Spring 的配置文件中进行相关的配置即可。该类实现了接口的 addGoods()方法，通过这个方法访问数据库，关键代码如下。

```
public class GoodsDaoImpl implements GoodsDao {
    private DataSource dataSource;                          //注入 DataSource
    public DataSource getDataSource() {
        return dataSource;
    }
    public void setDataSource(DataSource dataSource) {
        this.dataSource = dataSource;
    }
    public void addGoods(GoodsInfo goods) {
        Connection conn=null;
        PreparedStatement stmt=null;
        try{
            conn = dataSource.getConnection();             //获取数据库连接
            //插入商品信息的 SQL 语句
            String sql = "insert into tb_goods(name,price,type) values(?,?,?);";
            stmt = conn.prepareStatement(sql);             //创建预编译对象
            stmt.setString(1, goods.getName());            //为商品名称赋值
            stmt.setFloat(2, goods.getPrice());            //为商品价格赋值
            stmt.setString(3, goods.getType());            //为商品类别赋值
            stmt.executeUpdate();                          //编译执行，更新数据库
        }catch(Exception ex){
            ex.printStackTrace();
        }
        …                                                  //省略了其他代码
    }
}
```

（5）编写 Spring 的配置文件 applicationContext.xml，在这个配置文件中定义一个 JavaBean 名称为 DataSource 的数据源，它是 DriverManagerDataSource 类的实例。配置

前面编写完的 GoodsDaoImpl 类，并且注入它的 DataSource 属性值，具体的配置代码如下。

```
        <!-- 配置数据源 -->
        <bean id="dataSource"
            class="org.springframework.jdbc.datasource.DriverManagerDataSource">
            <property name="driverClassName">
                <value>com.mysql.cj.jdbc.Driver</value>
            </property>
            <property name="url">
                <value>jdbc:mysql://localhost:3306/db_database16?characterEncoding=UTF-
8&amp;serverTimezone=UTC&amp;useSSL=false
                </value>
            </property>
            <property name="username">
                <value>root</value>
            </property>
            <property name="password">
                <value>root</value>
            </property>
        </bean>
        <!-- 为 GoodsDaoImpl 类注入数据源 -->
        <bean id="goodsDao" class="com.lh.dao.impl.GoodsDaoImpl">
            <property name="dataSource">
                <ref bean="dataSource"/>
            </property>
        </bean>
    </beans>
```

（6）创建添加商品信息的表单页 index.jsp，设置表单提交到处理页 save.jsp。

（7）创建 save.jsp 文件，关键代码如下。

```
<%
    String name = request.getParameter("name");          //获取商品名称
    String price = request.getParameter("price");        //获取商品价格
    String type = request.getParameter("type");          //获取商品类别
    GoodsInfo goods = new GoodsInfo();                   //创建商品的 JavaBean
    goods.setName(name);                                 //添加商品名称
    goods.setPrice(Float.parseFloat(price));             //添加商品价格
    goods.setType(type);                                 //添加商品类别
    ApplicationContext factory = new ClassPathXmlApplicationContext("applicationContext.xml");
    GoodsDaoImpl dao = (GoodsDaoImpl)factory.getBean("goodsDao");    //获取 Bean 的实例
    dao.addGoods(goods);                                 //调用方法添加商品信息
%>
```

运行本实例，在页面的表单中填写商品信息，如图 11-18 所示，单击“添加到数据库”按钮，将商品信息添加到数据表 tb_goods 中。

图 11-18　填写商品信息

习题

1. 什么是依赖注入？如何使用 Spring 框架进行注入？
2. Spring 如何加载配置文件？配置文件有哪些标签？
3. 什么是 AOP？
4. Spring 框架在项目开发中有哪些优势？

第12章 SSM 框架整合应用

本章要点

- 了解为什么要使用框架
- 掌握如何搭建框架环境
- 掌握 SSM 框架的整合使用
- 熟悉 SSM 框架的应用实例

SSM（Spring + Spring MVC + MyBatis）是目前市面上最火、搭配使用率最高的整合框架，本章将对如何使用 SSM 框架进行详细讲解。

12.1 为什么要使用框架

SSM 框架整合应用

Servlet 接收前端传过来的值需要写很多个 request.getParameter()方法，给实体类进行赋值的时候同样需要写很多个 setXxx()方法，通过应用框架里封装好的方法可以减少这些重复的操作。

12.2 如何使用 SSM 框架

12.2.1 搭建框架环境

搭建 SSM 框架环境的步骤如下。

（1）准备好 SSM 框架需要的 jar 包，还有一个用于连接 MySQL 数据库的包，如图 12-1 所示。

（2）在 IDE 中创建一个 Web 项目，并把刚才准备的 jar 包复制到 lib 文件夹中，如图 12-2 所示。

（3）在 src 文件夹下创建一个 Spring 框架的配置文件，并命名为 application.xml，如图 12-3 所示。

（4）在 application.xml 配置文件中，在<?xml version="1.0" encoding="UTF-8"?>语句下面编写一对<beans></beans>标签，并在<beans>标签里写上声明头，如图 12-4 所示。

WebContent
META-INF
WEB-INF
jsp
lib
asm-9.6.jar
c3p0-0.9.5.2.jar
commons-logging-1.2.jar
jstl-1.2.jar
log4j-api-2.21.1.jar
log4j-core-2.21.1.jar
mchange-commons-java-0.2.20.jar
mybatis-3.5.14.jar
mybatis-spring-2.1.2.jar
mysql-connector-java-8.0.11.jar
slf4j-api-2.0.9.jar
slf4j-simple-2.0.9.jar
spring-aop-5.3.33.jar
spring-aspects-5.3.33.jar
spring-beans-5.3.33.jar
spring-context-5.3.33.jar
spring-core-5.3.33.jar
spring-expression-5.3.33.jar
spring-instrument-5.3.33.jar
spring-jdbc-5.3.33.jar
spring-orm-5.3.33.jar
spring-test-5.3.33.jar
spring-tx-5.3.33.jar
spring-web-5.3.33.jar
spring-webmvc-5.3.33.jar

图 12-1　SSM 框架需要的 jar 包

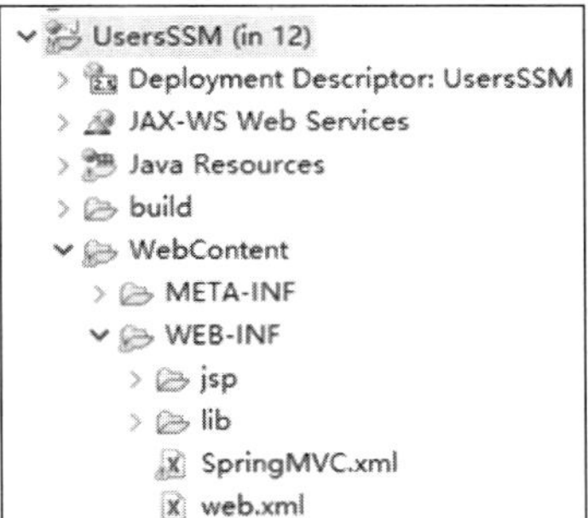

图 12-2　将 jar 包复制到项目的 lib 文件夹中

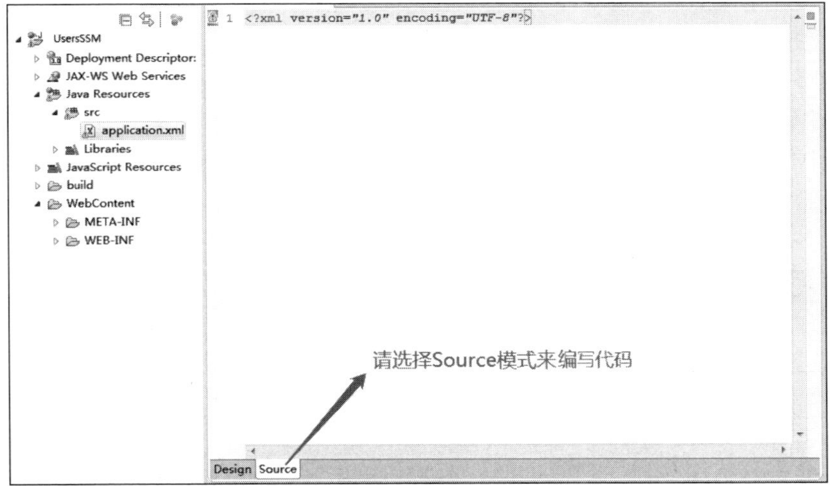

图 12-3　创建 application.xml 文件

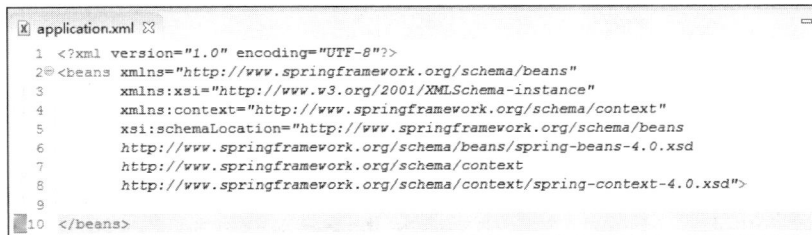

application.xml

```
<?xml version="1.0" encoding="UTF-8"?>
<beans xmlns="http://www.springframework.org/schema/beans"
       xmlns:xsi="http://www.w3.org/2001/XMLSchema-instance"
       xmlns:context="http://www.springframework.org/schema/context"
       xsi:schemaLocation="http://www.springframework.org/schema/beans
       http://www.springframework.org/schema/beans/spring-beans-4.0.xsd
       http://www.springframework.org/schema/context
       http://www.springframework.org/schema/context/spring-context-4.0.xsd">

</beans>
```

图 12-4　添加声明头

代码说明如下。

① xmlns="http://www.springframework.org/schema/beans"。

声明.xml 文件默认的命名空间，表示未使用其他命名空间的所有标签的默认命名空间。

② xmlns:xsi="http://www.w3.org/2001/XMLSchema-instance"。

声明 XML Schema 实例，声明后就可以使用 schemaLocation 属性。

③ xmlns:context="http://www.springframework.org/schema/context"。

引入 context 标签，用于连接数据库以及使用 Spring 注解。

④ xsi:schemaLocation="http://www.springframework.org/schema/beans

http://www.springframework.org/schema/beans/spring-beans-4.0.xsd

http://www.springframework.org/schema/context

http://www.springframework.org/schema/context/spring-context-4.0.xsd">

指定 schemaLocation 属性时必须结合命名空间。这个属性有两个值，第一个值表示需要使用的命名空间，第二个值表示供命名空间使用的 XML Schema 的位置。

（5）配置 Spirng 配置文件，配置项的顺序不重要，这里先配置 C3P0 数据库连接池，首先在 src 根目录下创建一个连接数据库的配置文件 db.properties，如图 12-5 所示。

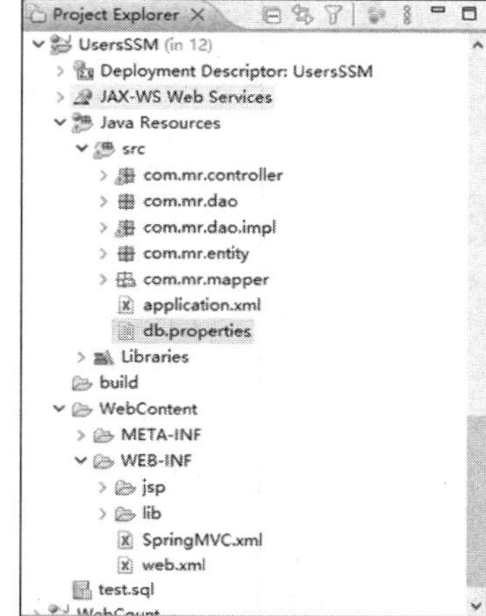

图 12-5 创建 db.properties 文件

在配置文件中配置以下信息：

① 登录数据库的账号；

② 登录数据库的密码；

③ 数据库的连接驱动；

④ 数据库的连接地址。

具体配置代码如图 12-6 所示。

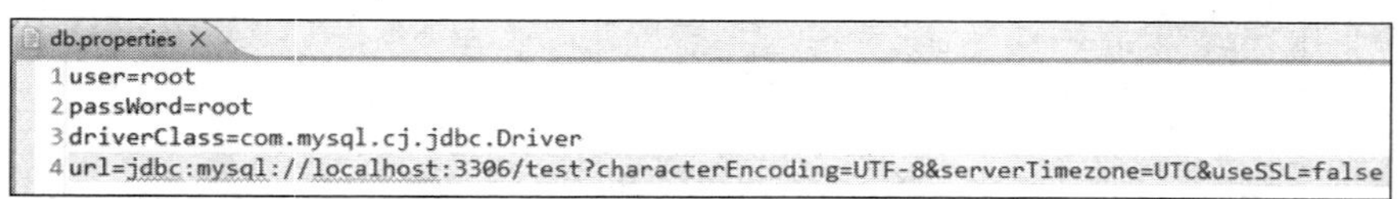

```
user=root
passWord=root
driverClass=com.mysql.cj.jdbc.Driver
url=jdbc:mysql://localhost:3306/test?characterEncoding=UTF-8&serverTimezone=UTC&useSSL=false
```

图 12-6 配置数据库信息的代码

（6）配置 C3P0 连接池，在<beans>和</beans>之间添加相关配置信息，如图 12-7 所示。

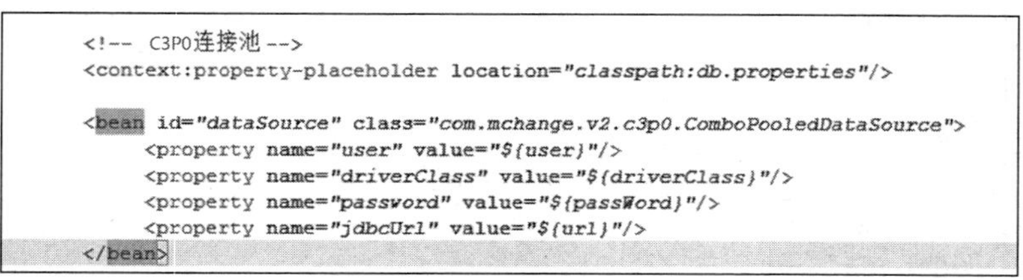

```
<!-- C3P0连接池 -->
<context:property-placeholder location="classpath:db.properties"/>

<bean id="dataSource" class="com.mchange.v2.c3p0.ComboPooledDataSource">
    <property name="user" value="${user}"/>
    <property name="driverClass" value="${driverClass}"/>
    <property name="password" value="${passWord}"/>
    <property name="jdbcUrl" value="${url}"/>
</bean>
```

图 12-7 配置 C3P0 连接池

代码说明如下。

① <context:property-placeholder location="classpath:db.properties"/>：配置创建的数据库连接文件的名称。

② <property name="user" value="${user}"/>：配置数据库连接的用户信息。

③ <property name="driverClass" value="${driverClass}"/>：配置数据库连接的驱动类。

④ <property name="password" value="${passWord}"/>：配置数据库连接的密码。

⑤ <property name="jdbcUrl" value="${url}"/>：配置数据库连接的 JDBC URL。

（7）配置 SqlSessionFactory，用于加载 MyBatis 框架，通过映射可以直接找到相应 Mapper 文件里面的 SQL 语句，具体配置如图 12-8 所示。

```
<!-- 配置SqlSessionFactory -->
 <bean id="sqlSessionFactory" class="org.mybatis.spring.SqlSessionFactoryBean">
     <property name="dataSource" ref="dataSource"/>
     <property name="mapperLocations">
         <list>
             <value>classpath:com/mr/mapper/*-Mapper.xml</value>
         </list>
     </property>
     <property name="typeAliasesPackage" value="com.mr.entity"/>
 </bean>
```

图 12-8　配置 SqlSessionFactory 的代码

代码说明如下。

① <bean>标签里的两个属性如下。

- id="sqlSessionFactory"：定义了 bean 的唯一标识符，Spring 容器通过这个标识符来引用这个 bean。
- class="org.mybatis.spring.SqlSessionFactoryBean"：指定了实现 SqlSessionFactory 接口的类，SqlSessionFactoryBean 是 MyBatis-Spring 集成库提供的一个工厂 bean，用于创建 SqlSessionFactory 实例。

② 第一个<property>标签里的两个属性如下。

- name="dataSource"：指定 SqlSessionFactory 需要使用的数据源。
- ref="dataSource"：表示引用了另一个 bean，这个 bean 的 id 是 dataSource，通常是一个配置好的数据库连接池。

③ 第二个<property>标签里的属性如下。

- name="mapperLocations"：用于指定 MyBatis 的映射文件（即 Mapper 文件）的位置。
- <list>标签内包含一个<value>标签，classpath:com/mr/mapper/*-Mapper.xml 表示所有在 com.mr.mapper 包下以-Mapper.xml 结尾的文件都会被加载为映射文件。

④ 第三个<property>标签里的属性如下。

- name="typeAliasesPackage"：用于指定 MyBatis 的类型别名包。
- value="com.mr.entity"：表示 com.mr.entity 包中的所有类都会被注册为类型别名，这样在 Mapper 文件中可以直接使用类名而不需要使用完整的包名。

12.2.2　创建实体类

实例化数据表结构，如图 12-9 所示。

Field	Type
uId	int NOT NULL
uName	varchar(255) NULL
uAge	int NULL

图 12-9　实例化数据表结构

根据这张表创建一个 Java 实体类，并声明私有属性和对应的公有方法。

```
package com.mr.entity;

import org.apache.ibatis.type.Alias;
import org.springframework.stereotype.Component;

@Alias("usersBean")
@Component
public class UsersBean {

    private int uId;
    private String uName;
    private int uAge;
    private String uAddress;
    private String uTel;
    public int getuId() {
        return uId;
    }
    public void setuId(int uId) {
        this.uId = uId;
    }
    public String getuName() {
        return uName;
    }
    public void setuName(String uName) {
        this.uName = uName;
    }
    public int getuAge() {
        return uAge;
    }
    public void setuAge(int uAge) {
        this.uAge = uAge;
    }
    public String getuAddress() {
        return uAddress;
    }
    public void setuAddress(String uAddress) {
        this.uAddress = uAddress;
    }
    public String getuTel() {
        return uTel;
    }
    public void setuTel(String uTel) {
        this.uTel = uTel;
    }


}
```

UsersBean 类上方的注解就是对该类的映射，而且@Alias 这个注解是需要导入包的，以后在 Mapper 文件中可以直接调用，而无须写类名或完整类名。这是因为在 Spring 的配置文件中已经完成相关配置。

12.2.3 编写持久层

开始写持久层之前，要知道需要用到 MyBatis 的哪些对象或接口。

① SqlSessionFactory：每个基于 MyBatis 的应用都是以 SqlSessionFactory 的一个实例为中心的。SqlSessionFactory 的实例可以通过 SqlSessionFactoryBuilder 获得，而 SqlSessionFactoryBuilder 则可以从 XML 配置文件或一个预先指定的 Configuration 实例获得。

② 从 SqlSessionFactory 中获得 SqlSession：SqlSession 完全包含面向数据库执行 SQL 语句所需的所有方法，可以通过 SqlSession 实例来直接执行已映射的 SQL 语句。

③ 映射实例，告诉程序到哪个 Mapper 文件中执行 SQL 语句。

以上 3 点是 daoImpl()方法里需要写的，先创建一个 BaseDaoImpl 类，用于封装这 3 个对象。

```
package com.mr.dao.impl;

import java.io.IOException;
import java.io.Reader;

import org.apache.ibatis.io.Resources;
import org.apache.ibatis.session.SqlSession;
import org.apache.ibatis.session.SqlSessionFactory;
import org.apache.ibatis.session.SqlSessionFactoryBuilder;
import org.springframework.beans.factory.annotation.Autowired;
import org.springframework.stereotype.Repository;

@Repository
public class BaseDaoImpl<T> {
    //声明 SqlSessionFactory
    @Autowired
    private SqlSessionFactory sqlSessionFactory;
    //声明 SqlSession
    protected SqlSession sqlSession;
    //声明 mapper 属性
    private Class<T> mapper;

    //为 mapper 创建 get 和 set 方法
    public T getMapper() {
        return sqlSessionFactory.openSession().getMapper(mapper);
    }
    public void setMapper(Class<T> mapper) {
        this.mapper = mapper;
    }
}
```

现在开始编写持久层代码。

首先创建 UsersDao 接口及 UsersDaoImpl 实现类，在 UserDaoImpl 类中编写具体的增、删、改、查方法，必然会用到上面提到的 3 个对象，因为这 3 个对象都封装在 BaseDaoImpl 类中。所以 UsersDaoImpl 类不但要实现 UsersDao 接口还要继承 BaseDaoImpl 类并重写该类的构造方法，在构造方法中调用父类的构造方法，从而获得 Mapper 对象。

```
package com.mr.dao.impl;

import java.util.List;
import org.springframework.stereotype.Repository;
import com.mr.dao.UserDao;
import com.mr.entity.UsersBean;

@Repository
```

```
public class UserDaoImpl extends BaseDaoImpl<UserDao> implements UserDao {
    //在构造方法中调用父类的构造方法
    public UserDaoImpl() {
        super();

        this.setMapper(UserDao.class);
    }
    //查询所有用户
    @Override
    public List<UsersBean> getAllUser() {
        //TODO Auto-generated method stub

    }
    //根据用户 id 查询用户信息
    public List<UsersBean> getUserById(int id){

    }
    //修改用户信息
    public void updUser(UsersBean usersBean) {

    }
    //删除用户信息
    @Override
    public void delUser(int uId) {
        //TODO Auto-generated method stub

    }
}
```

通过调用父类的构造方法和 setMapper()方法可以将接口类型传过去，这样程序就可以通过该类型找到对应的映射文件了。

12.2.4 编写业务层

先实现 getAllUser()方法。

```
//查询所有用户
    @Override
    public List<UsersBean> getAllUser() {
        //TODO Auto-generated method stub
        return this.getMapper().getAllUser();
    }
```

接下来编写 Mapper 文件并在该映射文件中添加一条 SQL 语句。

创建一个 XML 文件并命名为***-Mapper.xml，***为自定义的名称，建议和实体类同名，如图 12-10 所示。

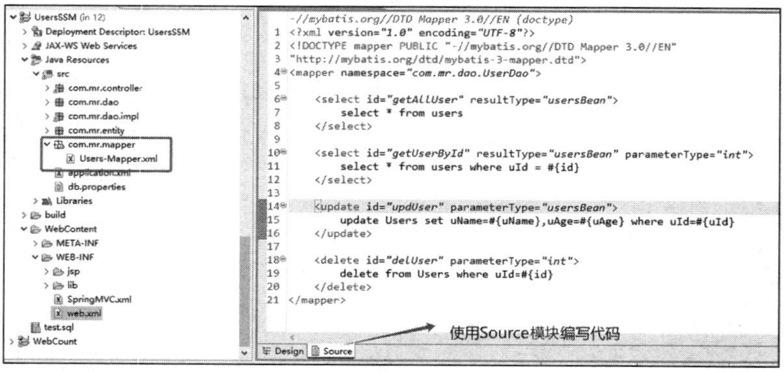

图 12-10 创建 SQL 映射文件

在 Mapper 文件中添加<mapper>和</mapper>标签，<mapper>标签中 namespace 属性的值用于设置该 Mapper 文件和哪个接口对应，需要写全路径名称。因为我们要实现的是查询操作，所以在<mapper>标签中添加查询标签<select>，代码如下。

```
<?xml version="1.0" encoding="UTF-8"?>
<!DOCTYPE mapper PUBLIC "-//mybatis.org//DTD Mapper 3.0//EN"
"http://mybatis.org/dtd/mybatis-3-mapper.dtd">
<mapper namespace="com.mr.dao.UserDao">
    <select id="getAllUser" resultType="usersBean">
        select * from users
    </select>
</mapper>
```

① 在 MyBatis 中，<select>标签的 id 属性的值对应 Mapper 接口中的方法名。在这个例子中，getAllUser 是 Mapper 接口中的一个方法，因此在<select>标签中，id 属性的值就是 getAllUser，如图 12-11 所示。

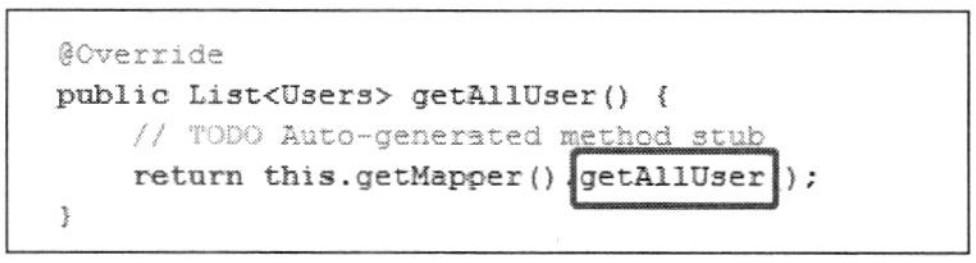

图 12-11　Mapper 文件中 id 对应的方法

② resultType 属性用于指定查询结果的返回类型。由于我们在 getAllUser()方法中定义了返回类型为 Users 类型的 List，因此在<select>标签中，resultType 属性应该设置为 Users 实体类的类型。这样，MyBatis 就知道如何将查询结果映射到 Users 对象。

接下来实现业务层。创建业务层接口 UserService 和业务层的实现类 UserServiceImpl，并在实现类上写注解@Service("userService")，其中括号里的参数用于匹配在 Controller 类中创建的 Service 对象。配置代码如图 12-12 所示。

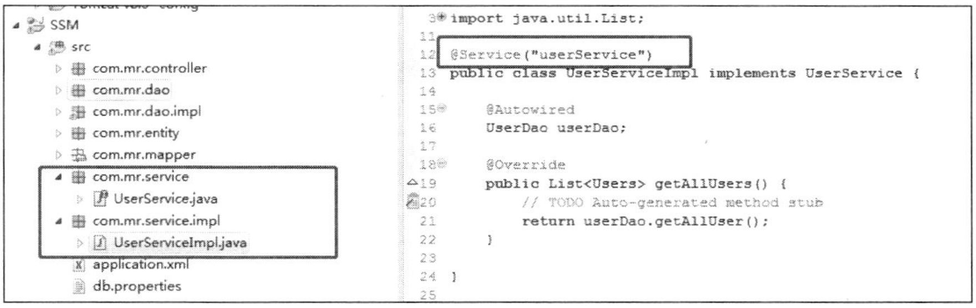

图 12-12　业务层的配置代码

通过 Spring 注解的方式注入 UserDao 类，代码如下。

```
package com.mr.service.impl;

import java.util.List;

import org.springframework.beans.factory.annotation.Autowired;
import org.springframework.stereotype.Service;

import com.mr.dao.UserDao;
import com.mr.entity.UsersBean;

@Service("userService")
public class UserServiceImpl {

    @Autowired
    UserDao userDao;
```

```
    public List<UsersBean> getAllUser(){
        return userDao.getAllUser();
    }
}
```

12.2.5 创建控制层

继续在项目中创建一个类作为控制层，这里的控制层跟之前讲的 Servlet 有所区别，Servlet 虽然也是控制层，但是属于入侵性的（需要多层 HttpServlet），而 Spring MVC 则不用，创建一个最普通的类就可以，只是需要用注解在声明类代码上方标注这是一个控制层，如图 12-13 所示。

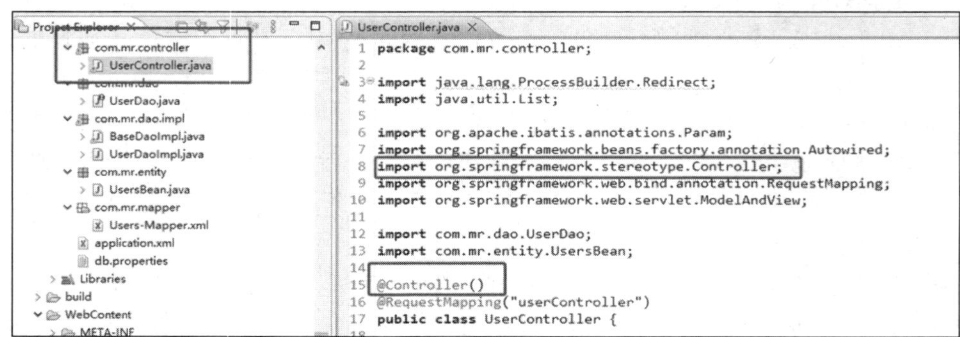

图 12-13　声明控制层

12.2.6 配置 Spring MVC

要想用 Spring MVC 来完成工作首先需要创建配置文件。在项目结构中的 WebContent\WEB-INF\lib 目录下创建一个 SpringMVC.xml 配置文件，如图 12-14 所示。

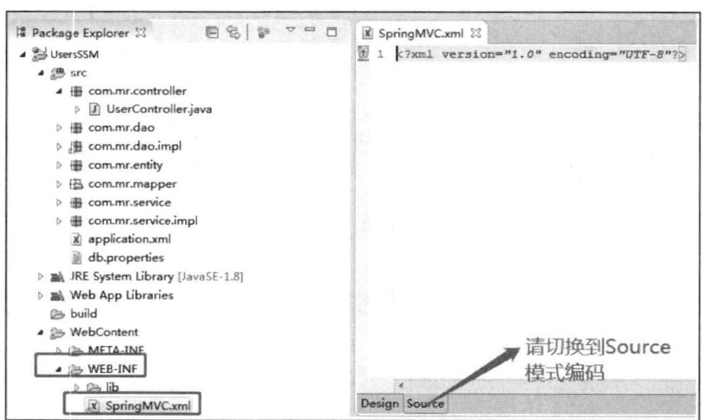

图 12-14　Spring MVC 配置文件

既然是配置文件，那么开头也和 Spring 配置文件一样需要声明头部分。

```
<?xml version="1.0" encoding="UTF-8"?>
<beans xmlns="http://www.springframework.org/schema/beans"
       xmlns:xsi="http://www.w3.org/2001/XMLSchema-instance"
       xmlns:context="http://www.springframework.org/schema/context"
       xmlns:mvc="http://www.springframework.org/schema/mvc"
       xsi:schemaLocation="http://www.springframework.org/schema/beans
```

```
            http://www.springframework.org/schema/beans/spring-beans-4.0.xsd
            http://www.springframework.org/schema/context
            http://www.springframework.org/schema/context/spring-context-4.0.xsd
            http://www.springframework.org/schema/mvc
            http://www.springframework.org/schema/mvc/spring-mvc-4.0.xsd">
</bean>
```

以上是 Spring MVC 配置文件的声明头部分，接下来编写文件体。

① 配置视图解析器。

```
<!-- 配置视图解析器 -->
    <bean class="org.springframework.web.servlet.view.InternalResourceViewResolver">
        <property name="prefix" value="/WEB-INF/jsp/" />
        <property name="suffix" value=".jsp"/>
    </bean>
```

② 配置静态资源加载。

```
<!-- 配置静态资源加载 -->
    <mvc:resources location="/WEB-INF/jsp" mapping="/jsp/**"/>
    <mvc:resources location="/WEB-INF/js" mapping="/js/**"/>
    <mvc:resources location="/WEB-INF/css" mapping="/css/**"/>
    <mvc:resources location="/WEB-INF/img" mapping="/img/**"/>
```

③ 扫描控制器。

```
<!-- 扫描控制器 -->
    <context:component-scan base-package="com.mr.controller"/>
```

④ 配置指定的控制器。

```
<!-- 配置指定的控制器-->
    <bean id="userController" class="com.mr.controller.UserController"/>
```

⑤ 自动扫描组件。

```
<!-- 自动扫描组件 -->
    <mvc:annotation-driven />
    <mvc:default-servlet-handler/>
```

以上 5 点是 Spring MVC 文件最基本的配置，它们之间没有顺序之分，先配置什么都可以。接下来分别介绍每个配置。

① 配置视图解析器：用于将控制器返回的逻辑视图名称解析为实际的视图文件路径。例如，如果控制器返回的逻辑视图名称是 home，视图解析器会将其解析为/WEB-INF/jsp/home.jsp。

② 配置静态资源加载：配置静态资源（如 JS、CSS、图片等）的加载路径，使得这些资源可以直接通过 URL 访问。例如，<mvc:resources location="/WEB-INF/js" mapping="/js/**"/>表示所有位于/WEB-INF/js/目录下的文件可以通过/js/**路径访问。

③ 扫描控制器：自动扫描指定包下的类，并将带有@Controller、@Service、@Repository 等注解的类注册为 Spring 的 Bean。例如，如果 com.mr.controller 包下有一个类带有@Controller 注解，Spring 会自动将其注册为一个控制器 Bean。

④ 配置指定的控制器：手动注册一个控制器 Bean，而不是通过自动扫描的方式。例如，这里手动注册了一个 UserController 控制器，其类路径为 com.mr.controller.UserController。

⑤ 自动扫描组件。

- <mvc:annotation-driven/>：启用 Spring MVC 的注解驱动功能，支持使用@RequestMapping、@Controller 等注解来配置控制器和请求映射。

- <mvc:default-servlet-handler/>：配置默认的 Servlet 处理器，用于处理静态资源请求，当请求的 URL 没有匹配到任何控制器时，Spring 会将请求交给默认的 Servlet（如 Tomcat 的默认 Servlet）来处理，通常用于处理静态资源。

12.2.7 实现控制层

实现控制层。控制层的作用是接收前端 JSP 文件发送的请求，并返回相应结果。在正式写 Controller 方法之前，给大家介绍一个类，叫 ModelAndView，从类名上可以看出该类的作用是，业务处理器调用模型层处理完用户请求后，把结果数据存储在该类的 model 属性中，把要返回的视图信息存储在该类的 view 属性中，然后返回 Spring MVC 框架。Spring MVC 框架通过调用配置文件中定义的视图解析器对该对象进行解析，最后把结果数据显示在指定的页面上。

控制层的实现步骤如下。

（1）因为需要调用 Service 层的方法，所以先注入一个对象，代码如下。

```
@Controller()
@RequestMapping("userController")
public class UserController {

    @Autowired
    UserService userService;

}
```

（2）编写控制层的方法，需要实现两个功能：一是从数据库中提取数据，这部分工作 DAO 中的方法已经帮我们完成了，只需调用 DAO 中的查询方法即可；另一个是接收 DAO 方法的返回值，并传递给 JSP 文件，需要用到上面介绍的 ModelAndView，代码如下。

```
package com.mr.controller;

import java.lang.ProcessBuilder.Redirect;
import java.util.List;

import org.apache.ibatis.annotations.Param;
import org.springframework.beans.factory.annotation.Autowired;
import org.springframework.stereotype.Controller;
import org.springframework.web.bind.annotation.RequestMapping;
import org.springframework.web.servlet.ModelAndView;

import com.mr.entity.UsersBean;
import com.mr.service.UserService;

@Controller
public class UserController {

    @Autowired
    UserService userService;

    @RequestMapping("/getAllUser")
    public ModelAndView getAllUser() {
        //创建一个 List 集合，用于接收 Service 层方法的返回值
        List<UsersBean> listUser = userService.getAllUser();
        //创建一个 ModelAndView 对象，括号里面的参数用于指定要跳转的 JSP 文件
        ModelAndView mav = new ModelAndView("getAll");
        //通过 addObject()方法存入 mav
        mav.addObject("listUser", listUser);
```

```
        //返回 ModelAndView 对象
        return mav;
    }

}
```

控制层的方法就写完了，但是现在还有一个问题，就是方法如何被访问到。原来使用 Servlet 时，是通过 web.xml 配置文件访问的，现在使用 Spring MVC，只需要使用@RequestMapping 注解就能搞定，代码如下。

```
@Controller
@RequestMapping("userController")
public class UserController {

    @Autowired
    UserService userService;

    @RequestMapping("/getAllUser")
    public ModelAndView getAllUser() {
        //创建一个 List 集合，用于接收 Service 层方法的返回值
        List<UsersBean> listUser = userService.getAllUser();
        //创建一个 ModelAndView 对象，括号里面的参数用于指定要跳转的 JSP 文件
        ModelAndView mav = new ModelAndView("getAll");
        //通过 addObject()方法把值存入 mav
        mav.addObject("listUser", listUser);
        //返回 ModelAndView 对象
        return mav;
    }

}
```

代码说明：@RequestMapping()注解用于设定该控制器的请求路径，无论以后是从 JSP 文件发出的请求还是从其他控制器发出的请求，都来自这个路径。

12.2.8 JSP 文件展示

接下来在 JSP 文件中进行显示。创建两个 JSP 文件，index.jsp 用于完成主页面的跳转，getAll.jsp 用于完成显示查询结果，如图 12-15 所示。

将文件的字符集更改成 UTF-8，在 index.jsp 文件中写一个跳转按钮，用于跳转至 Controller，代码如下。

```
<script type="text/javascript">
    function toGetAll(){
        location.href="userController/getAllUser";
    }
</script>
```

图 12-15 创建的两个 JSP 文件

要想完成跳转还需要进行配置。之前介绍 Spring 框架是管理框架，在 Spring 里加载了 MyBatis 框架，但是到目前为止还没有对 Spring 框架进行加载，所以还需要最后一个配置文件，用于加载 Spring 框架以及一些其他操作。首先在 WEB-INF 目录下创建一个 web.xml 文件，代码如下。

```
<?xml version="1.0" encoding="UTF-8"?>
<web-app
    version="2.5"
    xmlns="http://java.sun.com/xml/ns/javaee"
```

```
    xmlns:xsi="http://www.w3.org/2001/XMLSchema-instance"
    xsi:schemaLocation="http://java.sun.com/xml/ns/javaee
        http://java.sun.com/xml/ns/javaee/web-app_2_5.xsd">


</web-app>
```

web.xml 文件必须配置如下几个功能。

① web.xml 文件编辑器的名称和欢迎页面，代码如下。

```
<display-name>SSM</display-name>
  <welcome-file-list>
    <welcome-file>/WEB-INF/jsp/index.jsp</welcome-file>
  </welcome-file-list>
```

② 配置监听程序，代码如下。

```
    <!-- 配置监听程序 -->
    <listener>
        <listener-class>
            org.springframework.web.context.ContextLoaderListener
        </listener-class>
    </listener>
```

③ 初始化 Spring 配置文件，代码如下。

```
<!-- 初始化 Spring 配置文件 -->
    <context-param>
        <param-name>contextConfigLocation</param-name>
        <param-value>classpath:application.xml</param-value>
    </context-param>
```

④ 配置控制器，代码如下。

```
<!-- 配置控制器 -->
    <servlet>
        <servlet-name>Spring MVC</servlet-name>
        <servlet-class>
            org.springframework.web.servlet.DispatcherServlet
        </servlet-class>
        <!-- 初始化控制器 -->
        <init-param>
            <param-name>contextConfigLocation</param-name>
            <param-value>/WEB-INF/SpringMVC.xml</param-value>
        </init-param>
    </servlet>
```

⑤ 控制器映射，代码如下。

```
<!-- 控制器映射 -->
    <servlet-mapping>
    <servlet-name>Spring MVC</servlet-name>
    <url-pattern>/</url-pattern>
    </servlet-mapping>
```

⑥ 配置编码过滤器，代码如下。

```
<filter>
      <filter-name>characterEncodingFilter</filter-name>
      <filter-class>org.springframework.web.filter.CharacterEncodingFilter</filter-class>
      <init-param>
         <param-name>encoding</param-name>
         <param-value>UTF-8</param-value>
      </init-param>
```

```
        <init-param>
            <param-name>forceEncoding</param-name>
            <param-value>true</param-value>
        </init-param>
    </filter>
    <filter-mapping>
        <filter-name>characterEncodingFilter</filter-name>
        <url-pattern>/*</url-pattern>
    </filter-mapping>
```

接下来在 getAll.jsp 文件中把查询到的数据显示出来。直接用 EL 表达式就可以获取 ModelAndView 对象的值，因为查询结果是一个列表，不确定列表中有多少数据，所以我们要动态循环取值。

在 getAll.jsp 文件头引入标签库，代码如下。

```
<%@ taglib prefix="c" uri="http://java.sun.com/jsp/jstl/core" %>
```

循环取值，代码如下。

```
<%@ page language="java" contentType="text/html; charset=UTF-8" pageEncoding="UTF-8"%>
<%@ taglib prefix="c" uri="http://java.sun.com/jsp/jstl/core" %>
<!DOCTYPE html PUBLIC "-//W3C//DTD HTML 4.01 Transitional//EN" "http://www.w3.org/TR/html4/loose.dtd">
<html>
<head>
<meta http-equiv="Content-Type" content="text/html; charset=UTF-8">
<title>Insert title here</title>
</head>
<body>

<table>
    <tr>
        <td>
            序号
        </td>
        <td>
            姓名
        </td>
        <td>
            年龄
        </td>
        <td>
            操作
        </td>
    </tr>
    <c:forEach items="${listUser}" var ="list">
        <tr>
            <td>
                ${list.uId }
            </td>
            <td>
                ${list.uName }
            </td>
            <td>
                ${list.uAge }
            </td>
            <td>
                <input type="button" value="修改" onclick="toUpd(${list.uId})"/>
            </td>
        </tr>
    </c:forEach>
```

```
</table>
</body>
</html>
<script>
    function toUpd(id){

        location.href="getUserById?uId="+id;
    }
</script>
```

代码说明：<forEach>标签里的 items 属性为要取的值对应的 key，var 属性为临时起的变量名，用于调用对象里的属性。

运行结果如图 12-16 所示。

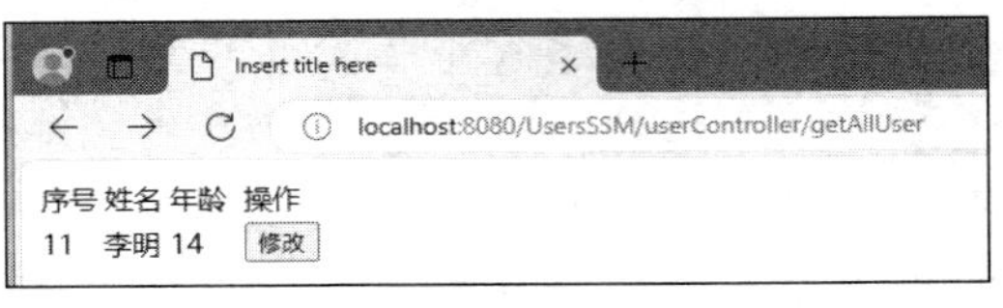

图 12-16 运行结果

以上就是搭建一个基本的 SSM 框架环境及实现最基础的查询功能的步骤。

12.3 一个完整的 SSM 应用

以修改功能为例，开发一个完整的 SSM 应用，先整理下思路，分两步来完成。

（1）在一个页面中将要修改的数据的完整信息展现出来。

（2）在展示页面中修改具体数据，提交到后台，把所有数据更新。

下面来看看修改功能具体应该怎么实现，因为 SSM 框架的基本思路是 Controller 调用 Service、Service 调用 DAO 层，所以代码先从 DAO 层开始写，首先在 DAO 层里创建一个接口。

```
//根据用户 id 查询用户的所有信息
public List<UsersBean> getUserById(int uId);
```

在 DaoImpl 实现类里写实现方法。

```
//根据用户 id 查询用户信息
public List<UsersBean> getUserById(int id){
    return this.getMapper().getUserById(id);
}
```

在 Mapper 文件中写具体的 SQL 语句。

```
<select id="getUserById" resultType="usersBean" parameterType="int">
        select * from users where uId = #{id}
    </select>
```

代码说明：这段代码是一个 MyBatis 的 Mapper 文件中的 SQL 查询语句配置。它定义了一个名为 getUserById 的查询操作，用于根据用户 id 从数据库中获取用户信息。在 SQL 标签里，parameterType 属性指定了传递给 SQL 语句的参数类型。在这个例子中，参数类型是 int，表示查询方法将接收一个整数类型的参数（即用户 id）。

开始 Service 层的编写，同样先在 Service 层中创建一个接口。

```
//根据用户 id 查询用户的所有信息
public List<UsersBean> getUserById(int uId);
```

在 ServiceImpl 类下写实现方法。

```
@Override
    public List<UsersBean> getUserById(int uId) {
```

```
        //TODO Auto-generated method stub
        return userDao.getUserById(uId);
    }
```

编写 Controller 层。Controller 层的方法跟 Dao 和 Senvice 的稍有不同，需要接收一个从前端传过来的参数，代码如下。

```
@RequestMapping("/getUserById")
    public ModelAndView getUserById(@Param("uId")Integer uId) {
        ModelAndView mav = new ModelAndView("toUpd");
        List<UsersBean> list = userService.getUserById(uId);
        mav.addObject("list", list);
        return mav;
    }
```

代码说明：前端传过来的参数用@Param()注解来获取，括号里面的参数是前端传递参数时用的名称，直接在注解参数外面声明变量。这里要注意，如果传过来的参数是基本数据类型，那么直接声明该类型的封装类型，并且声明的变量名称要和注解参数里的名称一样。

现在的这种写法就相当于 Integer uId = request.getParameter("uId");。

最后一步，完成 JSP 文件的编写。

```
<%@ page language="java" contentType="text/html; charset=UTF-8" pageEncoding="UTF-8"%>
<%@ taglib prefix="c" uri="http://java.sun.com/jsp/jstl/core" %>
<!DOCTYPE html PUBLIC "-//W3C//DTD HTML 4.01 Transitional//EN" "http://www.w3.org/TR/html4/loose.dtd">
<html>
<head>
<meta http-equiv="Content-Type" content="text/html; charset=UTF-8">
<title>Insert title here</title>
</head>
<body>

<table>
    <tr>
        <td>
            序号
        </td>
        <td>
            姓名
        </td>
        <td>
            年龄
        </td>
        <td>
            操作
        </td>
    </tr>
    <c:forEach items="${listUser}" var ="list">
        <tr>
            <td>
                ${list.uId }
            </td>
            <td>
                ${list.uName }
            </td>
            <td>
                ${list.uAge }
            </td>
            <td>
                <input type="button" value="修改" onclick="toUpd(${list.uId})"/>
```

```
            </td>
        </tr>
    </c:forEach>
</table>
</body>
</html>
<script>
    function toUpd(id){

        location.href="getUserById?uId="+id;
    }
</script>
```

在页面每条信息后面加上“修改”按钮，想修改哪条信息就单击对应的“修改”按钮跳转到修改页面，原信息会显示在页面上。

```
<%@ page language="java" contentType="text/html; charset=utf-8"
    pageEncoding="utf-8"%>
<%@ taglib prefix="c" uri="http://java.sun.com/jsp/jstl/core" %>
<!DOCTYPE html PUBLIC "-//W3C//DTD HTML 4.01 Transitional//EN" "http://www.w3.org/TR/
html4/loose.dtd">
<html>
<head>
<meta http-equiv="Content-Type" content="text/html; charset=utf-8">
<title>Insert title here</title>
</head>
<body>

    <form action="http://localhost:8080/UsersSSM/userController/updUser" method="post">
        <c:forEach items="${list }" var="list">
        <table>
            <tr>
                <Td>
                    序号: <input type="text" name="uId" value="${list.uId }" disabled=
"disabled"/>
                        <input type="hidden" name="uId" value="${list.uId }"/>
                </Td>
            </tr>
            <tr>
                <td>
                    姓名: <input type="text" name="uName" value="${list.uName }"/>

                </td>
            </tr>
            <tr>
                <Td>
                    年龄: <input type="text" name="uAge" value="${list.uAge }"/>
                </Td>
            </tr>
            <tr>
                <td>
                    <input type="submit" value="提交"/>
                </td>
            </tr>
        </table>
        </c:forEach>
    </form>
</body>
</html>
```

修改页面的效果如图 12-17 所示。

接下来实现修改功能，在这里要说明一下，如果是对数据库表里的数据做修改（进行增、删、改操作），需要在 Spring 的配置文件，也就是 application.xml 文件中配置事务。

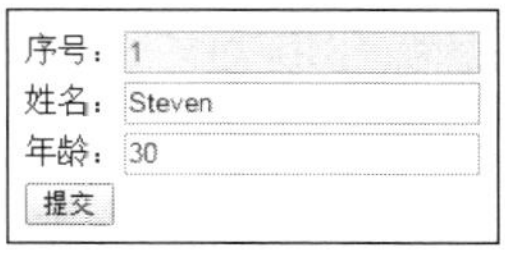

图 12-17　修改页面的效果

```
<!-- 事务配置 -->
<bean id="transactionManager" class="org.springframework.jdbc.datasource.
DataSourceTransactionManager">
    <property name="dataSource" ref="dataSource"/>
</bean>
```

除了 ref 属性是指向数据源的名称，其他属性的值都是固定写法。

要想完成修改操作，同样先从 Dao 文件和 Mapper 文件入手。

```
//修改方法
public void updUser(UsersBean usersBean);
```

① 完成 DaoImpl 实现类。

```
//修改用户信息
public void updUser(UsersBean usersBean) {
    this.getMapper().updUser(usersBean);
}
```

② 完成 Service 接口。

```
//修改方法
public void updUser(UsersBean usersBean);
```

③ 完成 ServiceImpl 实现类。

```
@Override
public void updUser(UsersBean usersBean) {
    //TODO Auto-generated method stub
    userDao.updUser(usersBean);
}
```

④ 完成 Controller。

```
@RequestMapping("/updUser")
public String toUpd(UsersBean usersBean){
    userService.updUser(usersBean);
    return "forward:getAllUser";
}
```

前端提交的是整个表单，里面包含实体类的所有属性，所以在参数中直接写实体类对象就可以，不用写接收参数的注解，Spring MVC 会自动把接收到的值赋给实体类的属性。这里需要说明的是，按照业务逻辑，修改完一条信息后，应该在列表页面看到修改后的效果，所以需要跳转到查询所有数据的方法，重新执行该方法，以显示最新数据。

在 Spring MVC 中，转发和重定向可以直接在字符串里写 forward:或者 redirect:，冒号后面跟要跳转的 URL 地址。

```
<%@ page language="java" contentType="text/html; charset=utf-8"
    pageEncoding="utf-8"%>
<%@ taglib prefix="c" uri="http://java.sun.com/jsp/jstl/core" %>
<!DOCTYPE html PUBLIC "-//W3C//DTD HTML 4.01 Transitional//EN" "http://www.w3.org/TR/
html4/loose.dtd">
<html>
<head>
```

```
    <meta http-equiv="Content-Type" content="text/html; charset=utf-8">
    <title>Insert title here</title>
    </head>
    <body>
        <form action="http://localhost:8080/UsersSSM/userController/updUser" method="post">
            <c:forEach items="${list }" var="list">
            <table>
                <tr>
                    <Td>
                        序号: <input type="text" name="uId" value="${list.uId }" disabled=
"disabled"/>
                            <input type="hidden" name="uId" value="${list.uId }"/>
                    </Td>
                </tr>
                <tr>
                    <td>
                        姓名: <input type="text" name="uName" value="${list.uName }"/>
                    </td>
                </tr>
                <tr>
                    <Td>
                        年龄: <input type="text" name="uAge" value="${list.uAge }"/>
                    </Td>
                </tr>
                <tr>
                    <td>
                        <input type="submit" value="提交"/>
                    </td>
                </tr>
            </table>
            </c:forEach>
        </form>
    </body>
    </html>
```

代码说明：上述代码使用了一个隐藏域（即<input type="hidden" name="uId" value="${user.uId}"/>）来存储 uId。需要注意的是，虽然页面上已经有一个 input 用于显示 uId，但由于该 input 设置了 disabled 属性（表示不可编辑），Spring MVC 无法将其值绑定到后台的实体类对象中。因此，需要额外添加一个隐藏域来确保 uId 能够正确传递到后台。

修改前后的效果分别如图 12-18 和图 12-19 所示。

序号	姓名	年龄	操作
1	Steven	30	修改

图 12-18　修改前

序号	姓名	年龄	操作
1	Steven	18	修改

图 12-19　修改后

12.4 AIGC 辅助编程——优化 SSM 框架中的 SQL 语句

在日常开发中，优化 SSM 框架中的 SQL 语句能够提高数据库操作的效率，从而提升整个应用的性能。本章没有介绍如何优化 SSM 框架中的 SQL 语句，下面将借助 AIGC 填补这一空白，以下是在 AIGC 平台上的对话示例。

【问题】

如何优化 SSM 框架中的 SQL 语句？

【AIGC 建议】

在 SSM 框架中，优化 SQL 语句是提升应用性能的关键步骤之一。以下是一些具体的优化措施和示例。

（1）使用合适的索引

确保对经常查询的字段建立索引，以减少数据库扫描的行数。例如，如果经常根据用户 ID 查询用户信息，应该为 user_id 字段创建索引。

```
CREATE INDEX idx_user_id ON users(user_id);
```

（2）避免 SELECT*

不要使用 SELECT *，而是指定需要的字段，这样可以减少数据传输量并提高查询效率。

```
-- 不推荐
SELECT * FROM users WHERE user_id = 1;
-- 推荐
SELECT username, email FROM users WHERE user_id = 1;
```

（3）合理使用 JOIN

尽量减少 JOIN 操作，特别是避免多层嵌套 JOIN。如果必须使用 JOIN，确保 ON 子句中的条件是索引字段。

```
-- 不推荐（如果有多个表关联）
SELECT u.username, o.order_date FROM users u JOIN orders o ON u.user_id = o.user_id;
-- 推荐
SELECT u.username FROM users u WHERE u.user_id IN (SELECT user_id FROM orders WHERE order_date > '2023-01-01');
```

（4）使用 LIMIT 限制数据量

对于可能返回大量数据的查询，使用 LIMIT 限制返回的记录数，避免一次性加载过多数据。

```
SELECT username FROM users ORDER BY create_time DESC LIMIT 10;
```

（5）优化子查询

将子查询转换为 JOIN 或使用 EXISTS 替代 IN，以提高查询效率。

```
-- 不推荐
SELECT * FROM orders WHERE user_id IN (SELECT user_id FROM users WHERE status = 'active');
-- 推荐
SELECT o.* FROM orders o JOIN users u ON o.user_id = u.user_id WHERE u.status = 'active';
```

（6）使用批处理

对于大量的插入或更新操作，使用批处理而不是逐条执行，可以显著减少网络开销、减轻数据库负载。

```
@Autowired
private SqlSessionTemplate sqlSessionTemplate;
public void batchInsertUsers(List<User> users) {
    sqlSessionTemplate.batchInsert("UserMapper.insertUser", users);
}
```

（7）避免"N+1"查询问题

在使用 ORM 框架时，注意避免"N+1"查询问题，即在循环中对每个元素执行单独的查询。

```
    // “N+1” 查询问题示例
    for (Order order : orders) {
        User user = userMapper.selectByPrimaryKey(order.getUserId());
        System.out.println(user.getUsername());
    }
    //解决方案：使用批量查询或在单个查询中获取所有需要的数据
    List<Integer> userIds =
            orders.stream().map(Order::getUserId).collect(Collectors.toList());
    List<User> users = userMapper.selectUsersByIds(userIds);
    Map<Integer, User> userMap = users.stream().collect(Collectors.toMap(User::getUserId,
Function.identity()));
    for (Order order : orders) {
        System.out.println(userMap.get(order.getUserId()).getUsername());
    }
```

（8）分析执行计划

使用数据库提供的工具（如 MySQL 的 EXPLAIN 命令或 Oracle 的 SQL_TRACE）来分析 SQL 语句的执行计划，找出性能瓶颈并进行优化。

```
    EXPLAIN SELECT * FROM users WHERE last_login > '2023-01-01';
```

本章小结

本章使用 SSM 框架实现数据库表的查询及修改功能，对 MyBatis 框架怎么传值、Spring MVC 如何接收前端传送的值等内容进行了介绍。新增和删除方法跟修改方法类似，读者可根据示例中的代码自行实现新增和删除功能。

第13章 综合案例——程序源论坛

本章要点

- ■ 掌握本项目的核心功能模块和业务流程
- ■ 掌握如何在项目中集成 UEditor 富文本编辑器
- ■ 明确本项目所需的数据库表结构
- ■ 明确本项目页面的布局设计与样式规范
- ■ 掌握用户发表帖子、展示帖子列表、分页显示帖子、查看帖子详细内容等功能的实现过程
- ■ 掌握如何使用 JSTL 标签在页面中动态展示帖子数据

随着网络多媒体的发展，人们获取信息的方式越来越多，论坛不再像以前那样被大众使用，而是向专业化、特定用户发展。论坛的主要目的是方便一群志趣相投的用户进行交流、学习和探讨，本章将讲解如何制作一个论坛。

13.1 开发背景

××大学软件学院是某省 IT 人才重点培训基地之一，几年来，学院为社会提供了大批优秀的信息技术人才，为国家的信息产业发展做出了很大贡献。学院为了推广信息技术，想要开发一个信息技术交流平台，即程序源论坛。

开发背景

13.2 系统功能设计

系统功能设计

13.2.1 系统功能结构

程序源论坛的功能大致可以分为两个部分，一部分针对未登录的用户，另一部分针对已登录的用户，其详细的系统功能结构如图 13-1 所示。

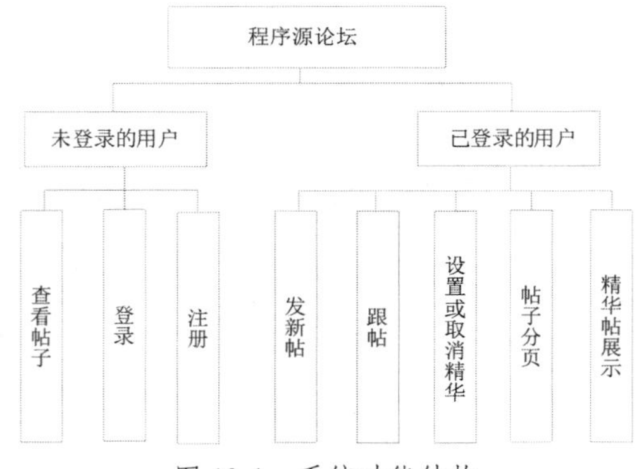

图 13-1　系统功能结构

说明： 如果是第一次开发项目，可以借助 AIGC 工具设计项目的主要功能。例如，在腾讯混元大模型工具中输入项目要求（如项目主要功能）后按 Enter 键，其会自动列出项目的主要功能，如图 13-2 所示，这样可以提高项目的开发效率。

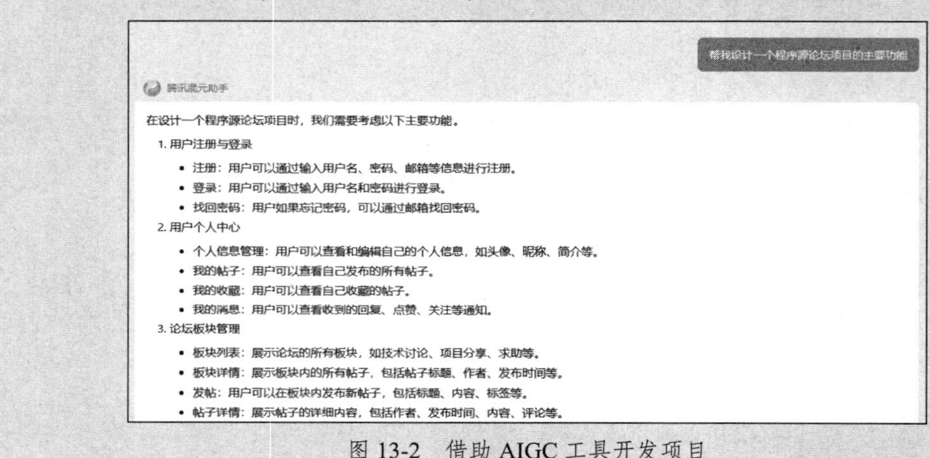

图 13-2　借助 AIGC 工具开发项目

13.2.2　系统业务流程

程序源论坛的业务流程如图 13-3 所示。

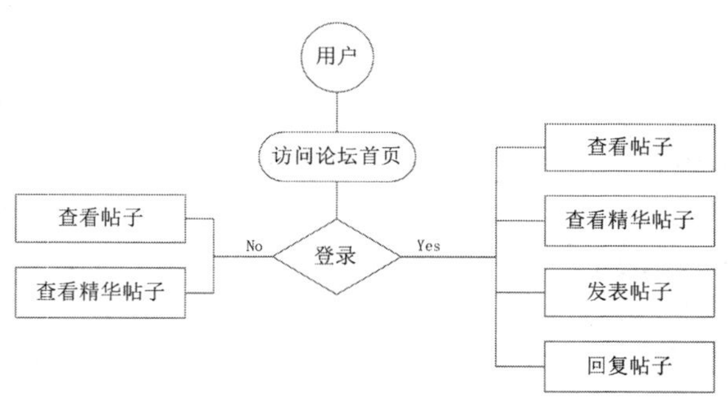

图 13-3　程序源论坛的业务流程

13.2.3　系统开发环境

本系统的开发及运行环境具体如下。

- 操作系统：Windows 10。
- JDK 环境：Java SE Development Kit (JDK) version 17。
- 开发工具：Eclipse for Java EE。
- Web 服务器：Tomcat 9.0 及以上。
- 数据库：MySQL 8.x。
- 浏览器：推荐 Google Chrome、Microsoft Edge 浏览器。
- 分辨率：最佳效果为 1920 像素 × 1080 像素。

13.2.4　页面预览

程序源论坛中有多个页面，下面列出几个典型页面的预览效果，其他页面可以通过运行资源包中的源程序进行查看。

程序源论坛的首页如图 13-4 所示。

图 13-4　论坛首页

在论坛首页中，单击某个板块标题的超链接，可以进入该板块的帖子列表页面，例如，单击“Java SE 专区板块”超链接，将显示图 13-5 或图 13-6 所示的帖子列表页面。

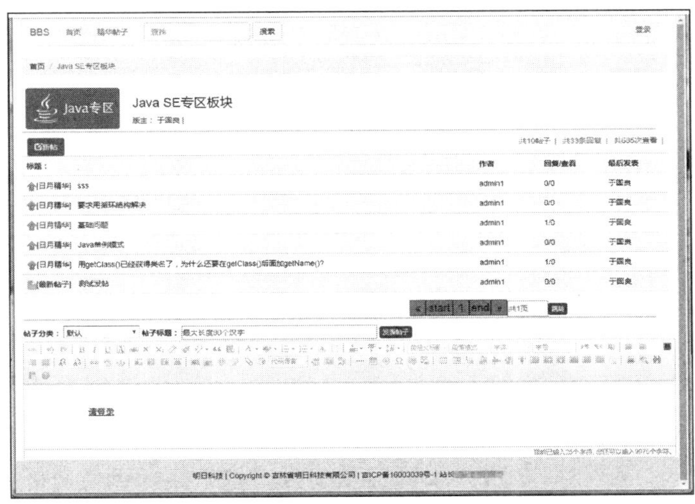

图 13-5　未登录时的帖子列表页面

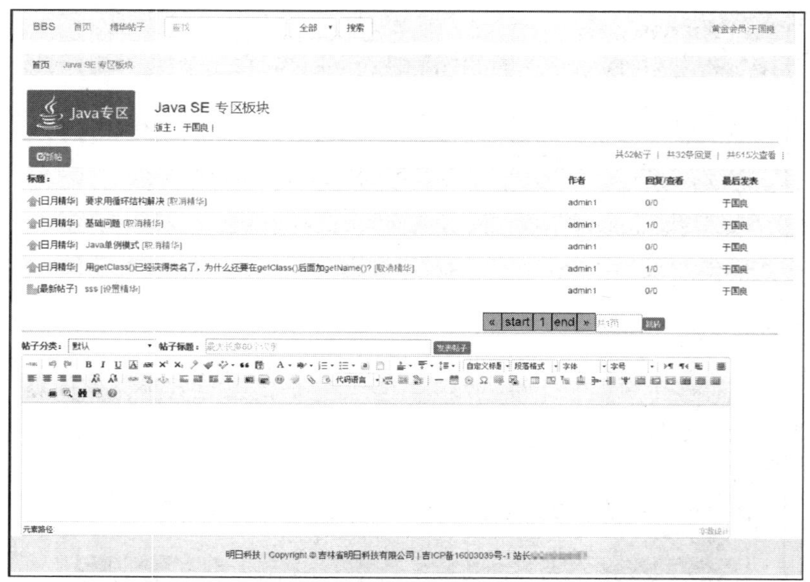

图 13-6　登录后的帖子列表页面

在帖子列表页面中，单击某个帖子的标题，可以查看该帖子的详细信息，如图 13-7 所示。

图 13-7　帖子的详细信息页面

13.3 开发准备

13.3.1　了解 Java Web 项目的目录结构

了解 Java Web 项目的目录结构

首先介绍标准的 Java Web 项目的目录结构，大致可分为 Java 源代码区域和资源区域（包括图片、CSS、JavaScript 和 JSP 文件等）两部分，如图 13-8 所示。

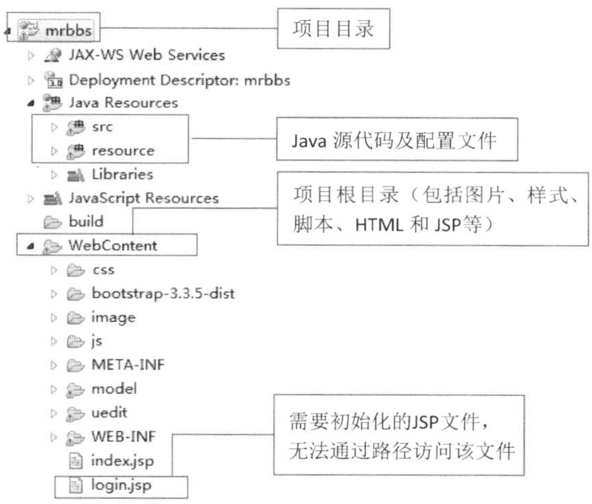

图 13-8 目录结构

13.3.2 创建项目

创建项目

创建项目的具体步骤如下。

打开 Eclipse，在菜单栏中选择 File→New→Dynamic Web Project 命令，在弹出的新建项目窗口中输入项目名称，单击 Finish 按钮，如图 13-9 所示。

创建完成的项目目录如图 13-10 所示。

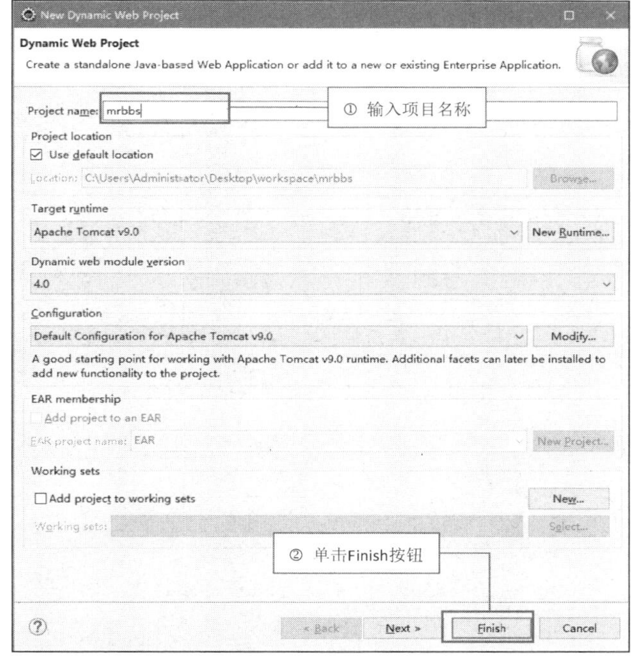

图 13-9 新建项目窗口

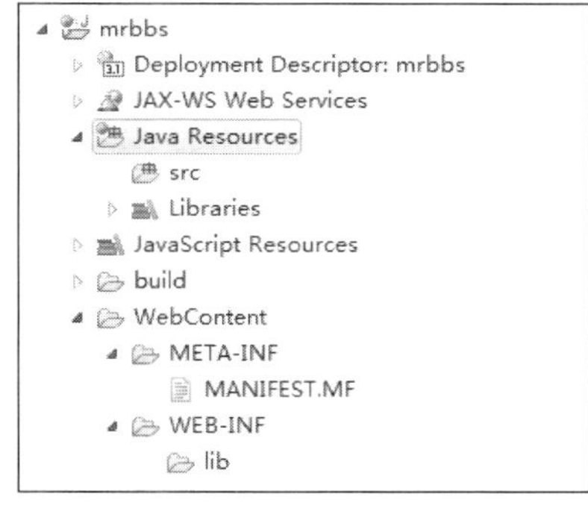

图 13-10 项目目录

13.3.3 前期准备

Java Resources 目录用于放置 Java 资源包。src 就是一个资源包。资源包存在的主要目的是区分业务逻辑（通常项目中的业务逻辑分为普通业务逻辑和系统业务逻辑）。本小节中普通业务逻辑写在src资源包下；再创建一个resource资源包，用于编写系统业务逻辑（如框架整合、配置文件、系统登录与注册等）。一般的项目开发只需要两个资源包，如果以后编写其他项目的时候，在src下写系统业务逻辑，在resource下写普通业务逻辑；或者不创建resource资源包，直接把所有内容都写到src下，具体根据项目的实际情况决定。再创建一个myresource资源包，之后的练习代码全部放在这个资源包下。创建资源包的具体步骤如下。

前期准备

在Java Resources目录上单击鼠标右键，在弹出的快捷菜单中选择New→Source Folder命令，打开新建资源包的界面，单击Browse按钮，弹出浏览界面，选择mrbbs项目，单击OK按钮，输入文件名（即资源包名），单击Finish按钮，如图13-11所示。

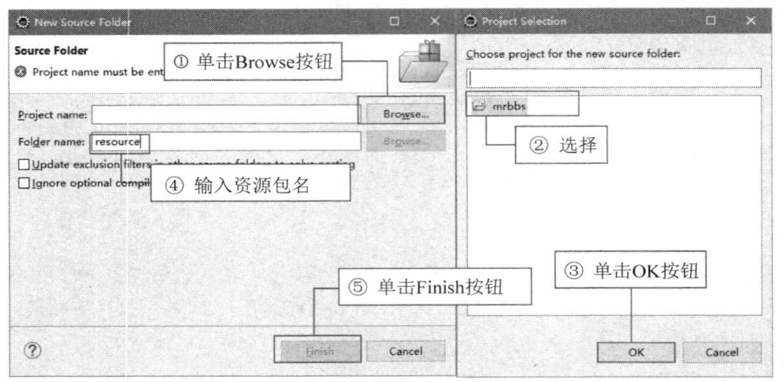

图13-11　新建资源包

新建的resource资源包如图13-12所示。

按照上述步骤再建立一个myresource资源包，最终的Java Resources目录结构如图13-13所示。

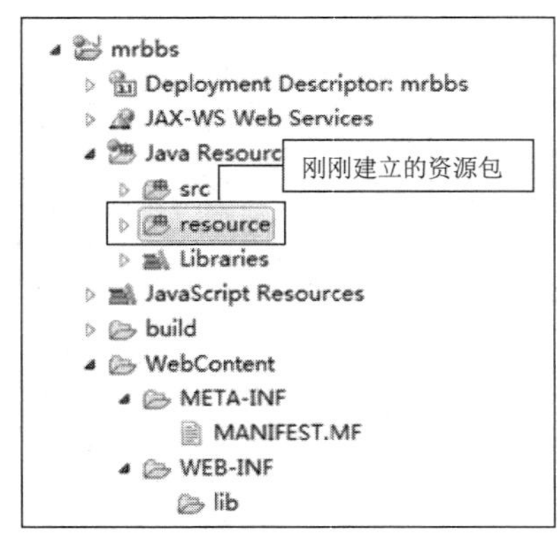

图13-12　新建的resource资源包

图13-13　Java Resources目录结构

13.3.4　修改字符集格式

国际标准字符集格式是UTF-8，所以要把项目字符集格式修改成UTF-8。修改项目所用字符集格式的具体步骤如下。

修改字符集格式

右击项目名称，在弹出的快捷菜单中选择Properties命令，在打开的窗口中选择 Resource 节点，然后在 Other 下拉列表框中选择 UTF-8，如图 13-14 所示。

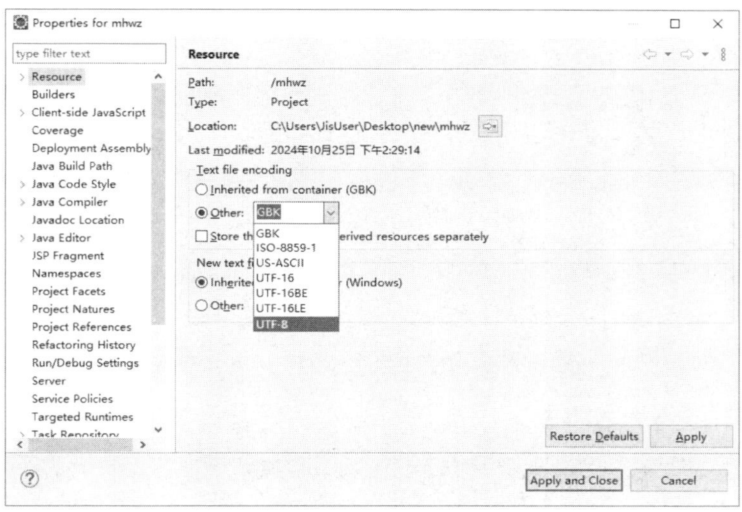

图 13-14　修改字符集格式

单击 Apply and Close 按钮完成修改。

13.3.5　构建项目

构建项目

接下来需要把随书附赠的项目移植到新建的项目中。这样可以更快地进入开发阶段，快速掌握 Web 项目开发的过程。

打开随书附赠的资源文件夹，把 src 文件夹下的内容复制到 mrbbs 目录的 src 资源包中，把 resource 文件夹下的内容复制到 mrbbs 目录的 resource 资源包中，把 WebContent 文件夹复制到 mrbbs 目录下。由于 WebContent 文件夹默认已存在，因此会覆盖 mrbbs 中的 WebContent 文件夹。覆盖后，细心的读者会发现项目中有很多小红叉，这里报错的原因是缺少 jar 包，使用 Eclipse 进行项目开发时还需要加入 Tomcat 的 jar 包，这样项目才不会报错。加入 Tomcat 的 jar 包的步骤如下。

（1）右击项目名称，在弹出的快捷菜单中选择 Build Path→Configure Build Path 命令，在打开的属性面板中选择 Libraries 选项卡，单击 Add Library 按钮，在打开的 Add Library 界面中选择 Server Runtime，单击 Next 按钮，在打开的选择运行时服务器界面中选择要添加的运行时服务器库，单击 Finish 按钮，如图 13-15 所示。

（2）返回属性面板，在 Libraries 选项卡的 Classpath 列表中查看新添加的运行时服务器库，这里为 Tomcat 服务器库，单击 Apply and Close 按钮，如图 13-16 所示。

至此，Eclipse 项目准备完毕。接下来准备数据库，具体步骤如下。

（1）本项目使用的数据库是 MySQL，数据库可视化工具使用的是 Navicat for MySQL。安装好 MySQL 与 Navicat for MySQL 后，打开 Navicat for MySQL，连接数据库。

（2）单击“确定”按钮，返回 Navicat for MySQL，在连接列表中，双击已创建的连接名称以建立数据库连接。再创建一个名称为 mrbbs 的数据库，设置字符集格式为 UTF-8、排序规则为 utf8_general_ci。

（3）mrbbs 数据库中默认没有数据表，执行本书配套资源里的数据库 SQL 文件（资源包\MR\源码\13\数据库\mrbbs.sql）就会生成需要的表和部分数据，如图 13-17 所示。

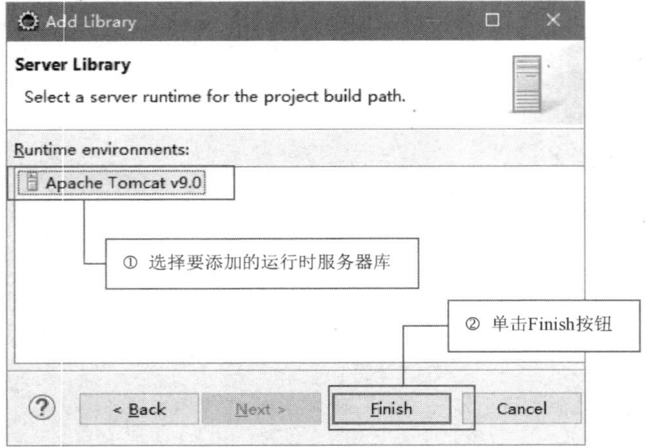

图 13-15　选择运行时服务器库

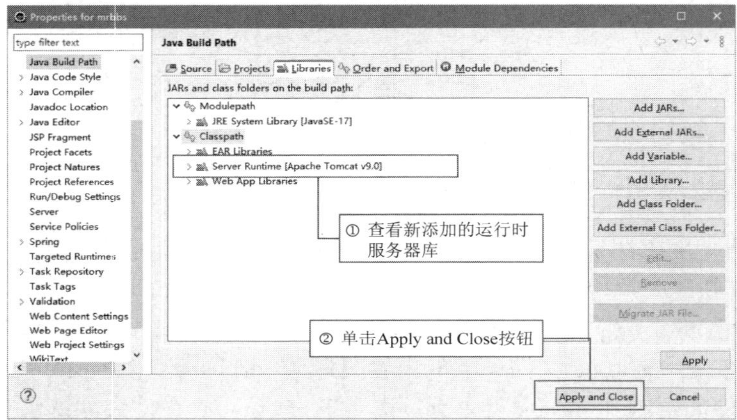

图 13-16　新添加的运行时服务器库

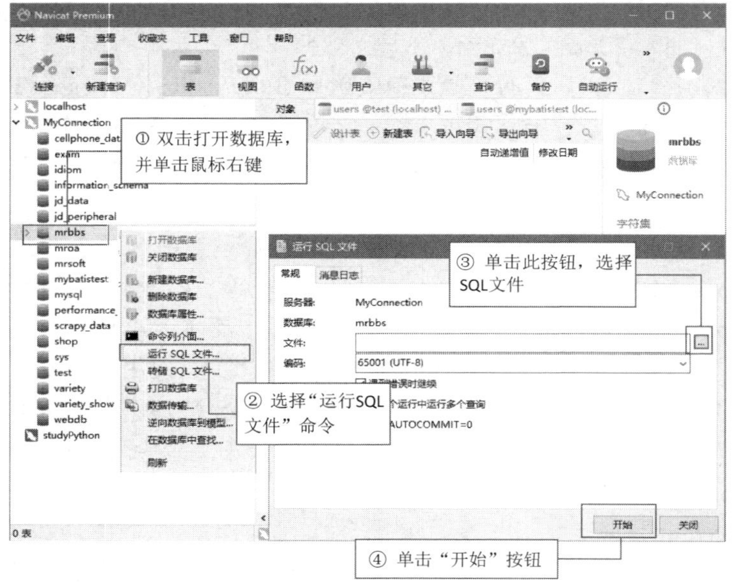

图 13-17　执行 SQL 文件

数据库表创建完成，表结构如图 13-18 所示。

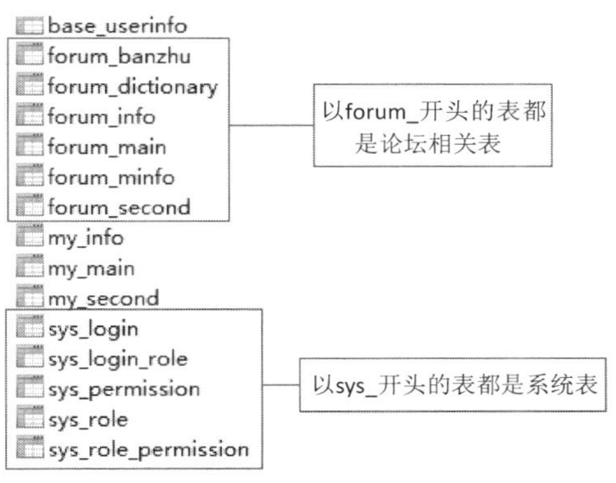

图 13-18　表结构

> **说明：** 如果读者建立的数据库名与书中介绍的有出入，比如设置的数据库密码与本书不一致，可以在 source 资源包下的 jdbc.properties 文件中进行修改，这个文件中定义了数据库驱动、连接地址、用户名和密码等属性。

13.4 富文本 UEditor

富文本 UEditor 概述

13.4.1　富文本 UEditor 概述

论坛最重要的功能就是看帖和发帖，本项目的发帖功能使用百度团队开发的 UEditor 实现，如图 13-19 所示。UEditor 是一个很不错的富文本编辑插件，功能强大，支持图片、视频等文件类型，支持代码格式，还支持排版，很适合开发技术论坛。

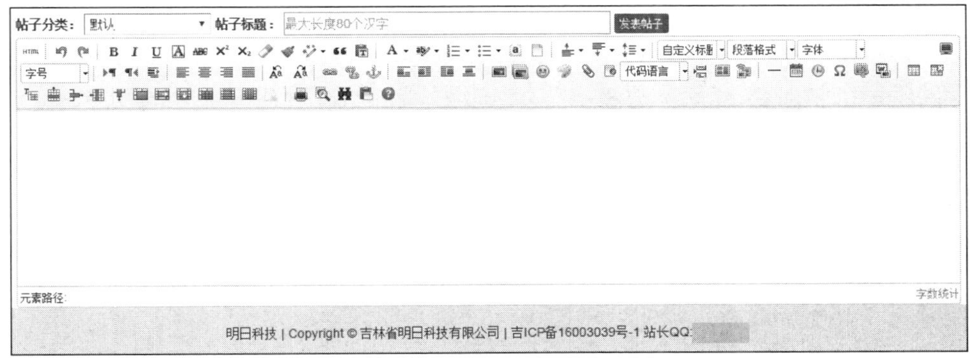

图 13-19　UEditor 展示

13.4.2　使用 UEditor

使用 UEditor

富文本的意义是让不懂 HTML 的人能够通过一个文本框编辑一段格式良好的 HTML 代码，方便用户查阅。在 JSP 文件中使用 UEditor 富文本编辑器的代码如下。

```
<%@page language="java" contentType="text/html; charset=UTF-8" pageEncoding="UTF-8"%>
<!DOCTYPEHTML>
<html>
<head>
<%@include file="/../../../jspHead.jsp"%>
</head>
<body>
<form action="<%=basePath%>saveUeditorContent" method="post">
<!-- 加载编辑器的容器 -->
<div style="padding: 0px;margin: 0px;width: 100%;height: 100%;" >
    <script id="container" name="content" type="text/plain">

    </script>
</div>
</form>

<!-- 配置文件 -->
<script type="text/javascript" src="<%=basePath %>uedit/js/ueditor.config.js"> </script>
<!-- 编辑器源码文件 -->
<script type="text/javascript" src="<%=basePath %>uedit/js/ueditor.all.js"> </script>
<!-- 实例化编辑器 -->
<script type="text/javascript">
        var editor = UE.getEditor('container');
</script>
<!-- 富文本结束 -->
</body>
</html>
```

转发 Servlet 来展示这个页面，查看页面效果。在.java 文件中编写如下代码。

```
package com.mrkj.ygl.controller;

import org.springframework.stereotype.Controller;
import org.springframework.web.bind.annotation.RequestMapping;
import org.springframework.web.servlet.ModelAndView;
//通过@Controller 注解声明该类为 Spring 控制类，继而通过@RequestMapping 注解声明路径映射
//如果不使用@Controller 注解，@RequestMapping 注解也会失效
@Controller
public class Test02Controller {
     //@RequestMapping 注解用来声明路径映射，可以用于类或方法
    //该注解的映射路径为 http://localhost:3306/mrbbs/goTest02
    //在浏览器地址栏中输入路径并按 Enter 键便能够访问这个方法
    @RequestMapping(value="/goTest02")
    public ModelAndView goTest02(){
       //设置视图 myJSP/test02 指向项目路径 WebContent/WEB-INF/view/myJSP/test02.jsp
       //在 com.mrkj.ygl.config.WebConfig.java 文件定义 JSP 视图等
        ModelAndView mav = new ModelAndView("myJSP/test02");
       //返回 ModelAndView 对象会跳转至对应的视图文件，设置的参数会同时传递至视图
        return mav;
    }
}
```

启动 Tomcat，在浏览器地址栏中输入路径并按 Enter 键查看富文本编辑器的效果，如图 13-20 所示。

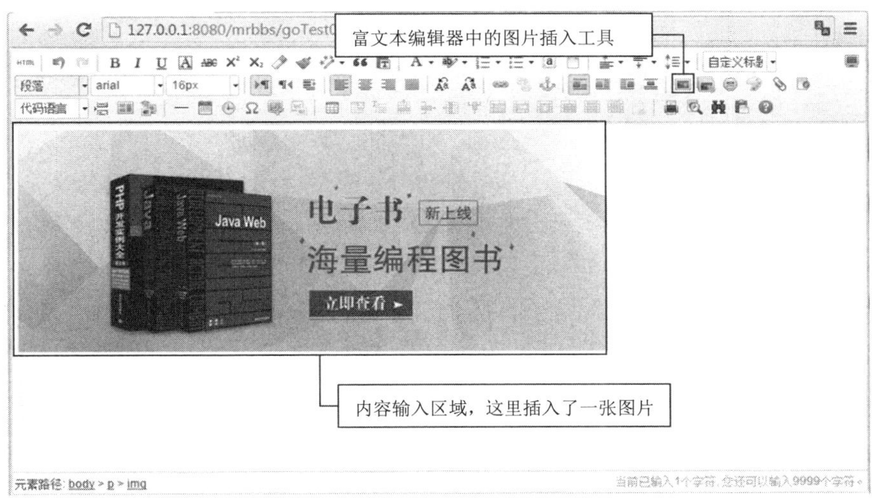

图 13-20　富文本编辑器的效果

⚠ **注意**：如果读者的 UEditor 无法显示或保存，那么很可能是端口与项目名出现了问题。打开 WebContent\uedit\js\jsp 目录下的 config.json 文件，修改 imageUrlPrefix 属性，将其中的端口与项目名修改为自己所用的即可。

13.4.3　展示 UEditor

展示 UEditor

用户发帖是为了让别人看到，所以需要把在 UEditor 中编辑的内容展示出来。

把 UEditor 中的内容以 form 表单的形式提交给后台，后台将获取内容并展示。在 test02.jsp 文件中增加表单提交按钮，代码如下。

```
<form action="<%=basePath%>saveUeditorContent" method="post">
<div style="padding: 0px;margin: 0px;width: 100%;height: 100%;" >
    <script id="container" name="content" type="text/plain">
    </script>
</div>
<button type="submit"> 保存</button>
</form>
```

在 Controller 控制器类中添加如下代码。

```
package com.mrkj.ygl.controller;

import org.springframework.stereotype.Controller;
import org.springframework.web.bind.annotation.RequestMapping;
import org.springframework.web.servlet.ModelAndView;
//通过@Controller 注解声明该类为 Spring 控制类，继而通过@RequestMapping 注解声明路径映射
//如果不使用@Controller 注解，@RequestMapping 注解也会失效
@Controller
public class Test02Controller {
    //@RequestMapping 注解用来声明路径映射，可以用于类或方法
    //该注解映射路径为 http://localhost:3306/mrbbs/saveUeditorContent
    //在浏览器地址栏中输入路径并按 Enter 键便能够访问这个方法
    @RequestMapping(value="/saveUeditorContent")
    public ModelAndView saveUeditor(String content){
        //设置视图 myJSP/test03 指向项目路径 WebContent/WEB-INF/view/myJSP/test03.jsp
        //在 com.mrkj.ygl.config.WebConfig.java 文件定义 JSP 视图等
```

```
        ModelAndView mav = new ModelAndView("myJSP/test03");
        //addObject()方法设置了要传递给视图的对象
        mav.addObject("content", content);
       //返回 ModelAndView 对象会跳转至对应的视图文件，设置的参数会同时传递至视图
        return mav;
    }

    @RequestMapping(value="/goTest02")
    public ModelAndView goTest02(){
        ModelAndView mav = new ModelAndView("myJSP/test02");

        return mav;
    }
}
```

在 Servlet 中，把 content 参数传递给 JSP 文件，在 JSP 文件中使用 EL 表达式${content}把内容输入页面中，代码如下。

```
<%@page language="java" contentType="text/html; charset=UTF-8" pageEncoding="UTF-8"%>
<!DOCTYPEHTML>
<html>
<head>
<%@include file="/../../../jspHead.jsp"%>
</head>
<body>${content }</body>
</html>
```

启动 Tomcat，在浏览器地址栏中输入指定网址，在页面中编辑一些内容，如图 13-21 所示。单击“保存”按钮，在 UEditor 中编辑的内容就会展示出来，如图 13-22 所示。

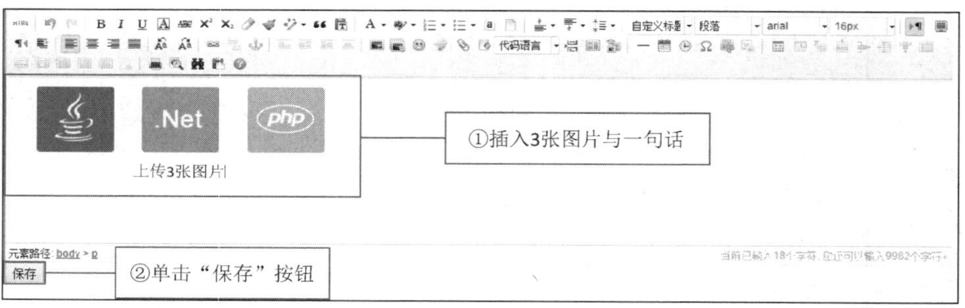

图 13-21　UEditor 编辑界面

上传3张图片

图 13-22　展示在 UEditor 中编辑的内容

13.5 数据库设计

13.5.1 数据与逻辑

数据与逻辑

数据库设计在整个项目开发中非常重要，一个好的数据库设计可以降低项目的开发成本、减少数据冗余，数据库模型直接影响着业务逻辑的走向。

13.5.2　创建数据库表

创建数据库表

在本项目的数据库中，主要有 3 张数据表。其中，发帖与跟帖对应的是 my_main 表与 my_second 表，my_main 表负责存储主帖，my_second 表负责存储跟帖。另外还有一张 my_info 表，用于记录回复人数、查看人数、最后回复人，以及最后回复时间。下面分别介绍这 3 张数据表的结构。

1．my_main 表

my_main 表用于存储主帖，其结构如表 13-1 所示。

表 13-1　my_main 表的结构

字段名	数据类型	是否允许为空值	是否为主键	描述
main_id	varchar(64)	☐	☑	主键
main_title	varchar(80)	☐	☐	帖子标题
main_content	text	☐	☐	帖子内容
main_creatime	datetime	☐	☐	发帖时间
main_creatuser	varchar(64)	☐	☐	发帖用户
main_commend	int	☐	☐	精华帖子

2．my_second 表

my_second 表用于存储跟帖，其结构如表 13-2 所示。

表 13-2　my_second 表的结构

字段名	数据类型	是否允许为空值	是否为主键	描述
sec_id	varchar(64)	☐	☑	主键
main_id	varchar(64)	☐	☐	外键，my_main.main_id
sec_content	text	☐	☐	帖子内容
sec_creatime	datetime	☐	☐	发帖时间
sec_creatuser	varchar(64)	☐	☐	发帖人
sec_sequence	int	☐	☐	序列，用于排序

3．my_info 表

my_info 表用于记录帖子信息，其结构如表 13-3 所示。

表 13-3　my_info 表的结构

字段名	数据类型	是否允许为空值	是否为主键	描述
info_id	int	☐	☑自动递增	主键
main_id	varchar(64)	☐	☐	外键，my_main.main_id
info_reply	int	☐	☐	回复人数
info_see	int	☐	☐	查看人数
info_lastuser	varchar(64)	☐	☐	最后回复人
info_lastime	datetime	☐	☐	最后回复时间

⚠ **注意：** my_main 表是 my_second 与 my_info 的父表。表关系一定要维护好，主外键关系要明确。如果不注重主外键关系，就很容易造成数据冗余，难以维护。

13.6 页面功能设计

13.6.1 设计页面效果

设计页面效果

在进行页面设计之前，要明确功能以什么样的形式展现给用户。当下软件公司讨论的大多数话题都围绕用户体验展开，在技术水平与实力相差不大的情况下，唯有提升服务质量，才能在众多竞争对手中脱颖而出。

本小节按照 HTML 5 标准进行页面开发，其中基础 UI 使用 Bootstrap 3，JavaScript 框架使用 jQuery 1.11.3。这里要制作两个页面，一个是发帖和展示帖子的页面，另一个是查看帖子的页面。首先讲解如何制作发帖页面，一个标准的发帖页面如图 13-23 所示。

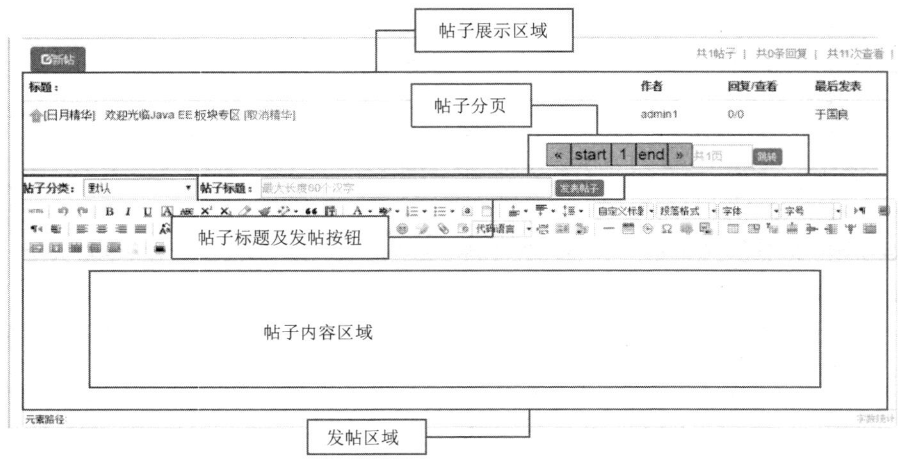

图 13-23　发帖页面

13.6.2 设计发表帖子的页面

复制 myJSP 文件夹中的 test02.jsp 文件，重命名为 mainPage.jsp，如图 13-24 所示。

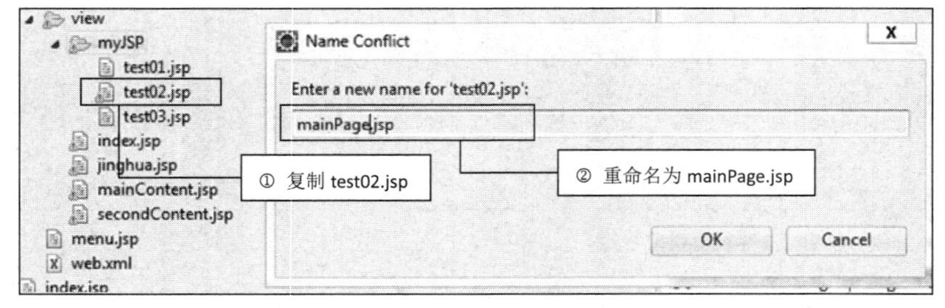

设计发表帖子的页面

图 13-24　复制并重命名 test02.jsp

打开 mainPage.jsp 文件，增加一个帖子标题，代码如下。

```
<%@page language="java" contentType="text/html; charset=UTF-8" pageEncoding="UTF-8"%>
<!DOCTYPE HTML>
<html>
<head>
```

```
<%@include file="/../../../jspHead.jsp"%>
</head>
<body>
    <!--  form 表单, action 属性指向提交路径, method 属性用于设置请求方法  -->
    <form action="<%=basePath %>saveUeditorContent" method="post">
    <!--  label 标签为 input 表单定义标注  -->
    <label for="biaoti"> 帖子标题: </label>
    <!--  input 标签用于收集用户信息  -->
    <input type="text" name="mainTitle" placeholder="最大长度 80 个汉字" style="width: 360px;" >
    <!--  button 标签用于放置一个按钮, type 属性设置为 submit, 用于提交表单  -->
    <button type="submit" class="btn btn-primary btn-xs text-right">
    发表帖子
    </button>
     <!--  富文本编辑器  -->
     <div style="padding: 0px;margin: 0px;width: 100%;height: 100%;" >
        <script id="container" name="content" type="text/plain">

        </script>
     </div>
     </form>

<!-- 配置文件 -->
    …
<!-- end 富文本 -->
</body>
</html>
```

13.6.3 设计展示帖子的页面

设计展示帖子的页面

在 mainPage.jsp 文件中添加帖子展示区域，帖子展示区域使用表格标签<table>实现。目前还没有数据，这里可以使用虚拟数据（可随意编写）；<th> </th>标签内为区域标题，每个标题对应一组<td> </td>标签，代码如下。

```
<%@page language="java" contentType="text/html; charset=UTF-8" pageEncoding="UTF-8"%>
<!DOCTYPEHTML>
<html>
<head>
<%@include file="/../../../jspHead.jsp"%>
</head>
<body>
    <!--  使用 Bootstrap table 样式  -->
    <table class="table table-striped">
        <!--  tr 创建行  -->
        <tr>
            <!--  th 创建表头  -->
            <th width="70%"> <strong> 标题: </strong> </th>
            <th width="10%"> <strong> 作者</strong> </th>
            <th width="10%"> <strong> 回复/查看</strong> </th>
            <th width="10%"> <strong> 最后发表</strong> </th>
        </tr>
        <tr>
            <!--  td 创建单元格  -->
            <td>
                <!--  a 标签指向一个 URL 地址  -->
                <a href="#">
                <!--  img 标签指向图片的 URL 地址  -->
                <img src="image/folder_new.gif"/>
                [最新帖子]  欢迎光临 Java EE 板块专区
```

```
                </a>
            </td>
            <td> admin1</td>
            <td> 0/0</td>
            <td> 于国良</td>
        </tr>
    </table>
    <form action="<%=basePath %>saveUeditorContent" method="post">
        …
    </form>
        …
</body>
</html>
```

13.6.4 添加分页

添加分页

把分页原型添加到 mainPage.jsp 文件中。首先在<head></head>标签中增加样式，然后增加分页，代码如下。

```
<%@page language="java" contentType="text/html; charset=UTF-8" pageEncoding="UTF-8"%>
<!DOCTYPEHTML>
<html>
<head>
<%@include file="/../../../jspHead.jsp"%>
    <!-- 增加分页样式 -->
    <style type="text/css">
    .page{
        display:inline-block;             /* 内联对象 */
        border: 1px solid ;               /* 1 像素的边框 */
        font-size: 20px;                  /* 文字大小为 20 像素 */
        width: 30px;                      /* 宽度为 30 像素 */
        height: 30px;                     /* 高度为 30 像素 */
        background-color: #1faeff;        /* 设置背景色 */
        text-align: center;               /* 居中对齐 */
    }
    a,a:hover{ text-decoration:none; color:#333}
    </style>
</head>
<body>

    <table class="table table-striped">
        …
    </table>
    <!-- 使用 Bootstrap 栅格系统 -->
    <div class="row">
        <!-- 定义单元格，占用 7 列 -->
        <div class="col-xs-7">

        </div>
        <!-- 定义单元格，占用 5 列，分页样式在该单元格书写 -->
        <div class="col-xs-5 text-nowrap">
            <!-- 定义 span 标签，用于放置跳转至前一页的链接 -->
            <span class="page">
            <!-- 定义 a 标签，单击显示前一页数据 -->
            <a href="?page=1&mainType=javaee"> «</a>
            </span>
            <!-- 定义 span 标签，用于放置跳转至第一页的链接 -->
            <span class="page" style="width: 50px !important;">
            <!-- 定义 a 标签按钮，该标签始终指向第一页 -->
```

```
            <a href="?page=1&mainType=javaee"> start</a>
            </span>
            <!--  定义 span 标签，用于显示页码链接，当数据分页时，最多显示 5 个临近页码  -->
            <span class="page">
            <!--  定义 a 标签，指向指定页面  -->
            <a href="?page=1&mainType=javaee"> 1</a>
            </span>
            <!--  定义 span 标签，用于放置跳转至最后一页的链接  -->
            <span class="page" style="width: 40px !important;">
            <!--  定义 a 标签，该标签始终指向最后一页  -->
            <a href="?page=1&mainType=javaee"> end</a>
            </span>
            <!--  定义 span 标签，用于放置跳转至下一页的链接  -->
            <span class="page">
            <!--  定义 a 标签，该标签始终指向下一页  -->
            <a href="?page=1&mainType=javaee"> »</a>
            </span>
        </div>
    </div>

    <form action="<%=basePath %>saveUeditorContent" method="post">
        …
    </form>

</body>
</html>
```

13.6.5　查看页面效果

查看页面效果

在 myresource 资源包的 com.mrkj.ygl.controller 包下新建一个 MainPageController 类，用于查看 mainPage.jsp 文件的内容，代码如下。

```
package com.mrkj.ygl.controller;

import org.springframework.stereotype.Controller;
import org.springframework.web.bind.annotation.RequestMapping;
import org.springframework.web.servlet.ModelAndView;
//通过@Controller 注解声明该类为 Spring 控制类，继而通过@RequestMapping 注解声明路径映射
//如果不使用@Controller 注解，@RequestMapping 注解也会失效
@Controller
public class MainPageController {
    //@RequestMapping 注解用来声明路径映射，可以用于类或方法
    //该注解的映射路径为 http://localhost:3306/mrbbs/goMainPage
    //在浏览器地址栏中输入路径并按 Enter 键便能够访问这个方法
    @RequestMapping("/goMainPage")
    public ModelAndView goMainPage (){
        //设置视图 myJSP/mainPage 指向项目路径
        //WebContent→WEB-INF→view→myJSP→mainPage.jsp 文件
        //在 com.mrkj.ygl.config.WebConfig.java 文件中定义 JSP 视图等
        ModelAndView mav = new ModelAndView("myJSP/mainPage");
        //返回 ModelAndView 对象会跳转至对应的视图文件，设置的参数会同时传递至视图
        return mav;
    }
}
```

重新启动 Tomcat，在浏览器地址栏中输入 http://localhost:3306/mrbbs/goMainPage 并按 Enter 键，查看页面效果，如图 13-25 所示。

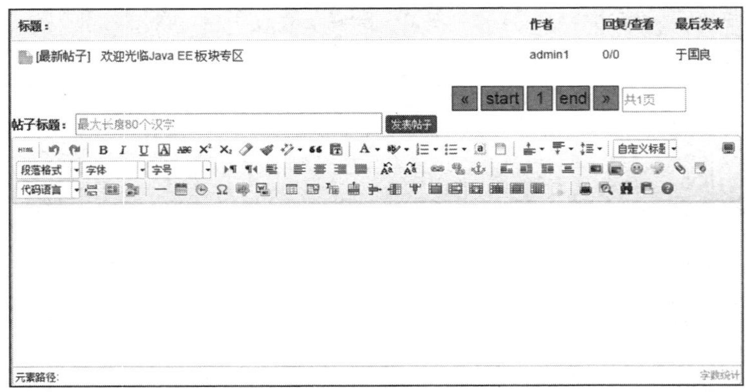

图 13-25　页面效果

13.7 帖子的保存与展示

13.7.1　接收帖子参数

接收帖子参数

实现后台功能，思路如下。

（1）发表帖子：用户编辑好内容后单击“发表帖子”按钮，mainPageController 接收并处理参数，将其存入数据库。

（2）查看帖子：单击帖子标题，查看帖子内容。内容包括主帖与跟帖。

（3）分页列表：每页最多显示 40 条帖子，多出则分页显示，最多显示 5 页。

（4）跟帖：回复主帖，其内容依次排列在主帖下方，每页最多显示 15 条跟帖，多出则分页显示。

实现发帖功能。打开 myresource 资源包下的 test02Controller，之前曾用它来接收在 UEditor 中编辑的内容，现在剪切其 saveUEditor()方法至 MainPageController 中。注意是剪切，不是复制，代码如下。

```
package com.mrkj.ygl.controller;

import org.springframework.stereotype.Controller;
import org.springframework.web.bind.annotation.RequestMapping;
import org.springframework.web.servlet.ModelAndView;
//通过@Controller 注解声明该类为 Spring 控制类，继而通过@RequestMapping 注解声明路径映射
//如果不使用@Controller 注解，@RequestMapping 注解也会失效
@Controller
public class MainPageController {
    //@RequestMapping 注解用来声明路径映射，可以用于类或方法
    //该注解的映射路径为 http://localhost:3306/mrbbs/goMainPage
    //在浏览器地址栏中输入路径并按 Enter 键便能够访问这个方法
    @RequestMapping("/goMainPage")
    public ModelAndView goMainPage (){
        //设置视图 myJSP/mainPage 指向项目路径
        //WebContent→WEB-INF→view→myJSP→mainPage.jsp 文件
        //在 com.mrkj.ygl.config.WebConfig.java 文件中定义 JSP 视图等
        ModelAndView mav = new ModelAndView("myJSP/mainPage");
        //返回 ModelAndView 对象会跳转至对应的视图文件，设置的参数会同时传递至视图
        return mav;
    }
```

```
    //@RequestMapping 注解用来声明路径映射，可以用于类或方法
    //该注解的映射路径为 http://localhost:3306/mrbbs/saveUeditorContent
    //在浏览器地址栏中输入路径并按 Enter 键便能够访问这个方法
    @RequestMapping(value="/saveUeditorContent")
    public ModelAndView saveUeditor(String content){
      //设置视图 myJSP/test03 指向项目路径 WebContent/WEB-INF/view/myJSP/test03.jsp 文件
      //在 com.mrkj.ygl.config.WebConfig.java 文件中定义 JSP 视图等
        ModelAndView mav = new ModelAndView("myJSP/test03");
        return mav;
    }
}
```

处理帖子参数

13.7.2 处理帖子参数

本小节开始写第一个服务层，在 myresource 资源包的 com.mrkj.ygl 包下建立 Service 层，步骤如图 13-26 和图 13-27 所示。

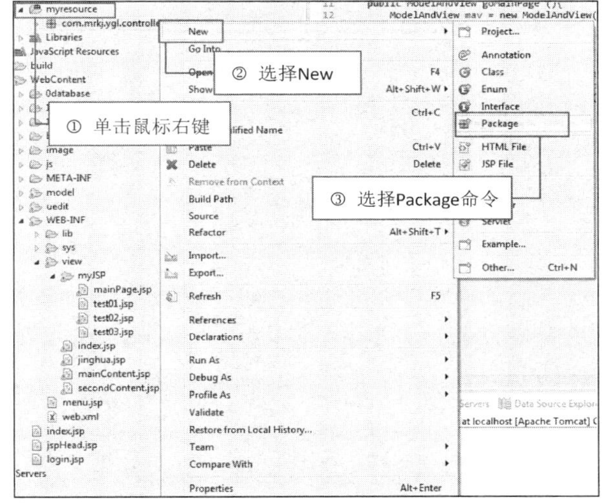

图 13-26 新建包命令

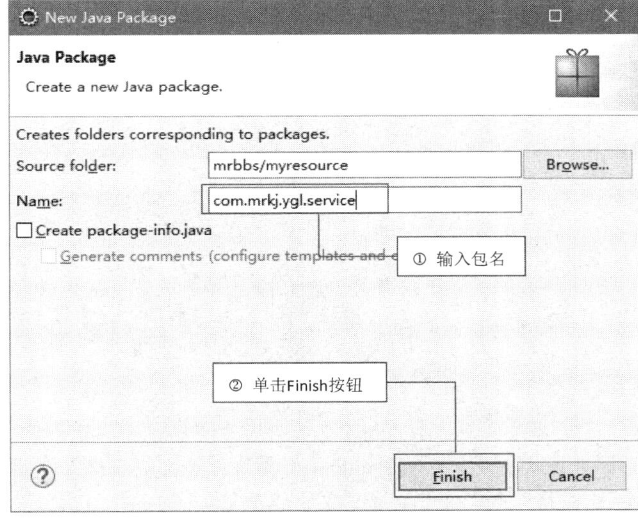

图 13-27 创建 Service 层

在刚刚建立的包下建立 MainPageService 类文件，实现把接收到的帖子参数保存至数据库中，代码如下。

```
package com.mrkj.ygl.service;

import java.text.SimpleDateFormat;
import java.util.Date;
import java.util.UUID;

import javax.annotation.Resource;
import org.springframework.jdbc.core.JdbcTemplate;
import org.springframework.stereotype.Service;

@Service
public class MainPageService {

    //注入 Spring JdbcTemplate
    @Resource
    JdbcTemplate jdbc;
    //注入时间格式化
    @Resource
    SimpleDateFormat sdf;
    /**
     *
     * @param content 帖子内容
     * @param mainTitle 帖子标题
     * @param mainCreatuser 发帖人，这里使用用户 IP 地址作为发帖人
     * @return
     */
    public int saveMainContent(String content,String mainTitle,String mainCreatuser){
        //定义 SQL 语句，这里的 SQL 语句使用的是防注入模式，VALUES 的值使用的是?占位符
        String sql_save_mymain = "INSERT INTO my_main "
        + "(main_id,main_title,main_content,"
        + "main_creatime,main_creatuser,main_commend)"
        + " VALUES (?,?,?,?,?,?)";
        //表 id 使用的是 UUID
        String mainId = UUID.randomUUID().toString();
        //时间格式化，格式要与数据库中的 datatime 相对应，为 yyyy-MM-dd hh:mm:ss
        sdf.applyPattern("yyyy-MM-dd hh:mm:ss");
        //获取当前时间作为创建时间
        String mainCreatime = sdf.format(new Date());
        //精华帖标签，0 为普通帖，1 为精华帖
        Integer mainCommend = 0;
        //执行 update()方法，第一个参数为 SQL 语句，后面可以写任意多个参数
        return jdbc.update(sql_save_mymain,
                mainId,mainTitle,content,mainCreatime,mainCreatuser,mainCommend);
    }

}
```

返回 MainPageController 文件实现 saveUeditor()方法，调用 Service 层把接收到的数据保存至数据库。修改 saveUeditor()方法，其他方法不要修改，代码如下。

```
package com.mrkj.ygl.controller;

import javax.annotation.Resource;
import javax.servlet.http.HttpServletRequest;

import org.springframework.stereotype.Controller;
import org.springframework.web.bind.annotation.RequestMapping;
import org.springframework.web.servlet.3;
```

```
import com.mrkj.ygl.service.MainPageService;

@Controller
public class MainPageController {
    @RequestMapping("/goMainPage")
    public ModelAndView goMainPage (){
        ...    //省略了部分代码
        return mav;
    }
    //@Resource, Javax.annotation.Resource, 该注解并不是Spring注解，但是Spring支持该注解注入
    @Resource
    MainPageService mps;

    //被RequestMapping注解声明的方法，会自动注入
    //request: 该参数由Spring注入
    //content: 该参数由前端传递过来，记录了富文本数据，参数名称要与传递过来的参数名一致
    //mainTitle: 该参数由前端传递过来，记录了帖子标题，参数名称要与传递过来的参数名一致
    @RequestMapping(value="/saveUeditorContent")
    public ModelAndView saveUeditor(HttpServletRequest request
                            ,String content,String mainTitle){
        ModelAndView mav = new ModelAndView();
        //获取客户端IP地址作为发帖人
        String mainCreatuser = request.getRemoteAddr();
        int result = mps.saveMainContent(content, mainTitle, mainCreatuser);
        //根据result结果判断是否向数据库插入了一条数据
        if (result == 1){
            //如果数据插入成功，重新刷新页面数据
            mav.setViewName("redirect:/goMainPage");
        }else{
            //如果数据插入失败，设置视图指向错误页面
            mav.setViewName("myJSP/error");
        }

        return mav;
    }
}
```

重新启动Tomcat服务器，在浏览器地址栏中输入http://localhost:3306mrbbs//goMainPage并按Enter键，效果如图13-28所示。

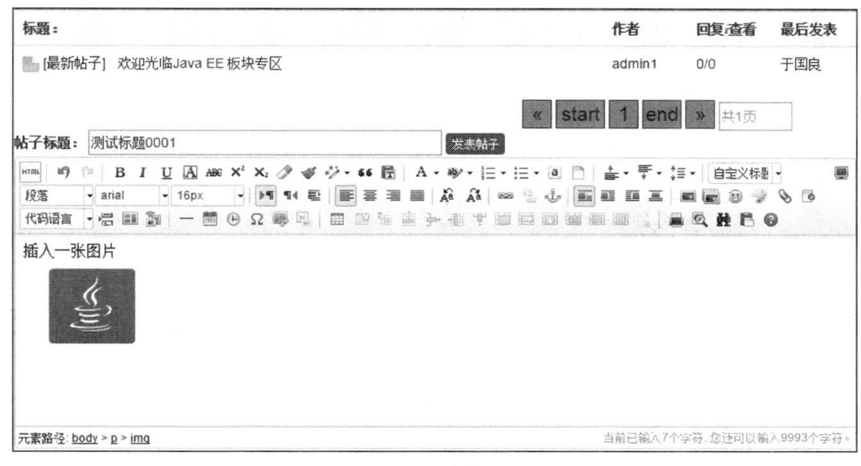

图 13-28　发帖页面

数据库中保存的数据如图 13-29 所示。

main_title	main_content		main_creatime	main_creatuser
简单的Java语句	<p>简单的Java语句</p>	26B	2025-04-10 01:32:41	127.0.0.1
关于JDK的问题	<p>关于JDK的问题</p>	25B	2025-04-10 01:29:13	127.0.0.1

图 13-29　数据库中保存的数据

13.7.3　保存帖子的附加信息

保存帖子的附加信息

在 13.5 节中，设计数据库的时候创建了一张 my_info 表，该表的主要功能是记录帖子的信息，保存发帖的时间也需要在 my_info 表中体现。这里还需要初始化一条与 my_main 表相关联的数据。在 MainPageService 的 saveMainContent()方法中增加如下代码。

```
public int saveMainContent(String content,String mainTitle,String mainCreatuser){
    //定义 SQL 语句，这里的 SQL 语句使用的是防注入模式，VALUES 的值使用的是?占位符
    String sql_save_mymain = "INSERT INTO my_main "
    + "(main_id,main_title,main_content,"
    + "main_creatime,main_creatuser,main_commend)"
    + " VALUES (?,?,?,?,?,?)";
    String sql_save_myinfo = "INSERT INTO my_info "
    + "(main_id,info_reply,info_see,"
    + "info_lastuser,info_lastime) "
    + "VALUES (?,0,0,?,?)";
    //表 id 使用的是 UUID
    String mainId = UUID.randomUUID().toString();
    //时间格式化，格式要与数据库当中的 datatime 相对应，为 yyyy-MM-dd hh:mm:ss
    sdf.applyPattern("yyyy-MM-dd hh:mm:ss");
    //获取当前时间作为创建时间
    String mainCreatime = sdf.format(new Date());
    //精华帖标签，0 为普通帖，1 为精华帖
    Integer mainCommend = 0;
    //初始化 my_info 表的数据，因为 my_info 表的 id 会自增，所以这里并没有设置 info_id 的值
    jdbc.update(sql_save_myinfo, mainId,mainCreatuser,mainCreatime);
    //执行 update()方法，第一个参数为 SQL 语句，后面可以写任意多个参数
    return jdbc.update(sql_save_mymain,
            mainId,mainTitle,content,mainCreatime,mainCreatuser,mainCommend);
}
```

说明： 帖子信息表（my_info）与主帖表（my_main）用 main_id 字段关联，这样在获取主帖的时候就可以很容易地获取帖子信息表。表与表之间一般情况下都是用表的主键关联。

13.7.4　分页展示查询结果

分页展示查询结果

项目开发中，笔者认为最复杂的就是进行数据查询，以及展示查询出的数据。本项目要求分页展示查询结果，每页显示 40 条帖子，单击帖子标题进入帖子详情页面，页面展示的内容有帖子标题、作者、回复人数、查看人数、最后回复人等。帖子优先按照 my_main 表中的 main_commend 字段（精华帖）排序，然后按照 main_creatime 字段（创建时间）排序。由于只查询 my_main 表无法获取所有需要的数据，因此这里连接查询 my_info 表。

首先打开 myresource 资源包下的 MainPageController 类文件，找到 goMainPage() 方法，这个方法用于跳转到帖子展示页面，目前帖子展示页面使用的是虚拟数据。现在要把从数据库中查询出来的数据展示给用户，需要将 goMainPage()方法修改为以下代码。

```
//初始化论坛主页面
@RequestMapping("/goMainPage")
public ModelAndView goMainPage (HttpServletRequest request,
        @RequestParam(name="page",defaultValue="1") Integer page,
        @RequestParam(name="row",defaultValue="40")Integer row){

    ModelAndView mav = new ModelAndView("myJSP/mainPage");
    //获取 main 与 info
    List<Map<String, Object> > mainContents = mps.getMainPage((page-1)*row, row);
    mav.addObject("main", mainContents);
    //获取总共有多少帖子
    Long count = mps.getMainCount();
    //获取分页方法
    String pageHtml = mps.getPage(count, page, row);
    mav.addObject("pageHtml", pageHtml);

    return mav;
}
```

打开 myresource 资源包下的 MainPageService 类文件，添加 getMainPage()方法，用于定义 SQL 查询语句，这里使用左连接查询关键字 left join 连接 my_main 表与 my_info 表，使用关键字 limit 分页，增加的代码如下。

```
public List<Map<String, Object> >  getMainPage(int row,int offset){
    //分页查找，my_main 表左连接(left join)my_info 表，约定每页最多显示 40 条帖子
    String sql_select_mymain = "SELECT main.*,info.info_id,info.info_reply,info.info_see,"
        + "info.info_lastuser,info.info_lastime FROM mrbbs.my_main as main "
        + "left join my_info as info on main.main_id = info.main_id "
        + "order by main.main_commend,main.main_creatime desc limit ?,?";
    return jdbc.queryForList(sql_select_mymain,row,offset);
}
```

说明： 添加上面的代码后，代码中的 List 和 Map 下方将出现红色的波浪线，这里没有导入 java.util 包，而是导入了其中的这两个类。

分页查找的关键是计算总共有多少页。先用总条数除以每页显示的条数，如果余数不等于 0，那么将结果加 1 获得总页数；如果余数等于 0，那么总条数除以每页显示的条数的值就是总页数。

在 myresource 资源包下的 MainPageService 类文件里添加查询总条数的方法，代码如下。

```
public Long getMainCount(){
    //使用 count 关键字查询总条数
    String sql_select_mymain = "select count(main_id) as count from my_main";
    //执行 SQL 语句，返回总条数
    return (Long)jdbc.queryForMap(sql_select_mymain).get("count");
}
```

分页实际就是一个个链接，用户单击链接跳转到相应页面。同样在 myresource 资源包下的 MainPageService 类文件中添加 getPage()方法，用于生成分页导航，代码如下。

```
public String getPage (Long count,Integer currentPage,Integer offset){
    //数据
    Long currentLong = Long.parseLong(currentPage+"");
    Long countPage = 0L;
    //计算总页数
    if(count%offset!=0){
        countPage = count/offset+1;
    }else{
        countPage = count/offset;
    }
    //使用 StringBuffer 拼接字符串
    StringBuffer sb = new StringBuffer();
    //当前页数大于 1 则存在前一页，否则不存在
    if (currentPage> 1){
        sb.append("<span class=\"page\"> <a href=\"?page="+(currentPage-1));
        sb.append("\"> «</a> </span> ");
    }else{
        sb.append("<span class=\"page\"> <a href=\"?page=1");
        sb.append("\"> «</a> </span> ");
    }
    sb.append("<span class=\"page\" style=\"width: 50px !important;\"> ");
    sb.append("<a href=\"?page=1");
    sb.append("\"> start</a> ");
    sb.append("</span> ");

    //中间页数导航，最多显示 5 页
    //1.判断当前页向后是否足够 5 页
    if ((countPage-currentLong+1) >=5){
        //如果足够，显示当前页及之后的 4 页
        for (Long i = currentLong ; i<currentPage+5;i++){
            sb.append("<span class=\"page\"> ");
            sb.append("<a href=\"?page="+i);
            sb.append("\"> "+i+"</a> ");
            sb.append("</span> ");
        }
    //2.如果当前页向后不足 5 页，判断总页数是否足够支撑 5 页
    }else if (countPage-4 >  0){
        //如果总页数足够，显示最后 5 页
        for (long i = countPage-4 ; i<= countPage;i++){
            sb.append("<span class=\"page\"> ");
            sb.append("<a href=\"?page="+i);
            sb.append("\"> "+i+"</a> ");
            sb.append("</span> ");
        }
    //3.如果总页数不足 5 页，显示所有页数
    }else{
        for (longi = 1 ; i<= countPage;i++){
            sb.append("<span class=\"page\"> ");
            sb.append("<a href=\"?page="+i);
            sb.append("\"> "+i+"</a> ");
            sb.append("</span> ");
        }
    }
    //添加最后一页导航
    //如果总页数为 0，则最后一页设为 1
    sb.append("<span class=\"page\" style=\"width: 40px !important;\"> ");
    sb.append("<a href=\"?page="+(countPage==0?1:countPage));
    sb.append("\"> end</a> ");
    sb.append("</span> ");
    //判断是否存在下一页，当前页数小于总页数，那么存在最后一页
    if (currentLong<countPage){
```

```
            sb.append("<span class=\"page\"> ");
            sb.append("<a href=\"?page="+currentLong+1);
            sb.append("\"> »</a> ");
            sb.append("</span> ");
        }
        //输出总页数
        sb.append("<span> ");
        sb.append("共"+countPage+"页");
        sb.append("</span> ");

        return sb.toString();
    }
```

分页功能到这里已经实现。getPage()方法接收 3 个参数：count（数据总条数）、currentPage（当前页数）和 offset（偏移量，用于计算总页数）。参数的传递通过<a>标签的 href="?page=值"实现。这里使用了一个小技巧：href 未写全路径，因此请求路径会基于当前浏览器路径。

分页功能对于新手可能较难理解，下面我们回顾一下实现思路。

分页原型的核心是一个按钮组，各页面包含以下功能。

（1）首页：能够跳转到第一页。

（2）尾页：能够跳转到最后一页。

（3）前一页：如果当前页是第一页，则前一页仍为第一页；否则，前一页为当前页减 1。

（4）后一页：如果当前页是最后一页，则后一页仍为最后一页；否则，后一页为当前页加 1。

（5）中间导航：显示当前页附近的页码，最多显示 5 页。中间导航的实现需要考虑多种情况。

① 如果从当前页向后存在 5 页（即总页数−当前页数+1≥5），则显示当前页及之后的 4 页。例如：总页数为 10，当前页为 3，中间导航显示为 3、4、5、6、7。

② 如果当前页向后不足 5 页，但总页数足够支撑 5 页（即总页数−4>0），则显示最后 5 页。例如：总页数为 10，当前页为 7，中间导航显示为 6、7、8、9、10。

③ 如果总页数不足 5 页，则显示所有页码。例如：总页数为 3，当前页为 2，中间导航显示为 1、2、3。

13.7.5 迭代数据

迭代数据

现在要把获取的数据在页面中展现出来，显示给用户。在 Controller 层中，向 JSP 文件传递了两个参数：第一个参数是 main，用于存放帖子内容，通过 mav.addObject("main", mainContents)方法创建；第二个参数是 pageHtml，用于存放帖子分页，通过 mav.addObject ("pageHtml", pageHtml)方法创建。打开 WebContent 目录下的 WEB-INF/view/myJSP/ mainPage.jsp 文件，首先展示查询出来的帖子，并分页展示，代码如下。

```
<%@page language="java" contentType="text/html; charset=UTF-8" pageEncoding="UTF-8"%>
<!DOCTYPEHTML>
<html>
<head>
    …
```

```
</head>
<body>

    <table class="table table-striped">
        <tr>
            <th width="70%"> <strong> 标题: </strong> </th>
            <th width="10%"> <strong> 作者</strong> </th>
            <th width="10%"> <strong> 回复/查看</strong> </th>
            <th width="10%"> <strong> 最后发表</strong> </th>
        </tr>
        <!--  choose 标签相当于 Java 代码中的 switch case 语句中的 switch -->
        <c:choose>
            <%--  when 标签相当于 Java 中的 switch case 语句中的 case, test 属性用于设置条件 --%>
            <c:when test="${not empty main }">
                <!--  forEach 相当于 Java 代码中的循环  -->
                <!--  items 属性为要迭代的元素  -->
                <!--  item 属性为迭代出来的元素  -->
                <!--  varStatus 属性为迭代状态  -->
                <c:forEach items="${main }" var="item" varStatus="vs">
                    <tr>
                        <td>
                        <!--  该 a 标签指向具体帖子的链接,单击打开  -->
                        <a href="<%=basePath%>secondPageContent?mainId=${item.
                        main_id}">
                        <img src="<%=basePath %>image/pin_1.gif"
                        id="${item.main_id}img" />
                        [日月精华]  
                        <!--  获取标题  -->
                        ${item.main_title }
                        </a>
                        </td>
                        <td>
                        <!--  获取发帖人  -->
                        ${item.main_creatuser }
                        </td>
                        <td>
                        <!--  获取回复人数与查看人数  -->
                        ${item.info_reply }/${item.info_see }
                        </td>
                        <td>
                        <!--  获取最后发帖人  -->
                        ${item.info_lastuser }
                        </td>
                    </tr>
                </c:forEach>
            </c:when>
        </c:choose>
    </table>
    <div class="row">
        <div class="col-xs-7">

        </div>
        <div class="col-xs-5 text-nowrap">
            <!--  获取分页  -->
            ${pageHtml }
        </div>
    </div>

<form action="<%=basePath %>saveUeditorContent" method="post">
    …
</form>

<!-- 配置文件 -->
    …
```

```
<!-- end 富文本 -->
</body>
</html>
```

说明：上述代码中，使用<a>标签指向了一个地址，这个地址是提前设置好的，用于查看对应帖子的详细内容。只要在后台写一个方法处理，不必二次修改，这是日常开发当中的一个非常实用的小技巧。一定要将功能想全面后再去实现代码，避免后续反复修改。

重新启动 Tomcat 服务器，在浏览器地址栏中输入 http://localhost:3306/mrbbs/goMainPage 并按 Enter 键，数据库中的数据显示在页面中，如图 13-30 所示。

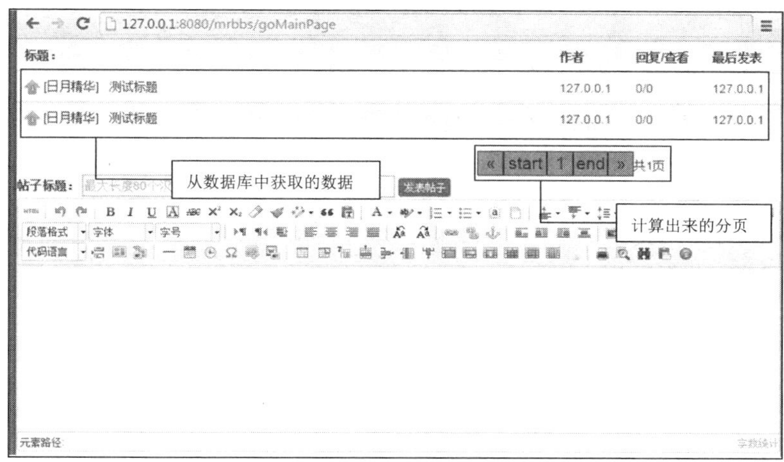

图 13-30　显示数据库中的数据

13.7.6　查看帖子的详细内容

查看帖子的详细内容

在 WebContent 根目录下打开 WEB-INF/view/myJSP 文件夹，新建一个 secondPage.jsp 文件，代码如下。

```
<%@page language="java" contentType="text/html; charset=UTF-8"
pageEncoding="UTF-8"%>
<!DOCTYPEhtml>
<html>
<head>
<%@include file="/../../../jspHead.jsp" %>
    <!-- 分页样式 -->
    <style type="text/css">
    .page{
        display:inline-block;           /* 内联对象 */
        border: 1px solid ;             /* 1 像素的边框 */
        font-size: 20px;                /* 文字大小为 20 像素 */
        width: 30px;                    /* 宽度为 30 像素 */
        height: 30px;                   /* 高度为 30 像素 */
        background-color: #1faeff;      /* 设置背景色 */
        text-align: center;             /* 居中对齐 */
    }
    a,a:hover{ text-decoration:none; color:#333}
    </style>
</head>
```

```
<body>

</body>
</html>
```

打开 myresource 资源包，在 com.mrkj.ygl.controller 包下新建 SecondPageController.java 类文件，先处理跳转文件 secondPage.jsp，这个路径是在 mainPage.jsp 文件初始化参数迭代的时候提前定义好的。

mainPage.jsp 文件初始化时，首先把 mainId 参数传递给后台，用于获取帖子的相关信息，然后根据 mainId 获取 my_main 和 my_second 表中的数据，代码如下。

```
package com.mrkj.ygl.controller;

import java.util.Map;

import javax.annotation.Resource;

import org.springframework.stereotype.Controller;
import org.springframework.web.bind.annotation.RequestMapping;
import org.springframework.web.bind.annotation.RequestParam;
import org.springframework.web.servlet.ModelAndView;

import com.mrkj.ygl.service.SecondPageService;

@Controller
public class SecondPageController {
    //注入 Service
    @Resource
    SecondPageService sps;

    @RequestMapping(value="/secondPageContent")
    public ModelAndView goSecondPage(String mainId,
    @RequestParam(name="page",defaultValue="1") Integer page,
    @RequestParam(name="row",defaultValue="15")Integer row){
        ModelAndView mav = new ModelAndView("myJSP/secondPage");
        //根据传递过来的 mainId 查找 my_main 与 my_second 表
        Map<String, Object> mainAndSecond = sps.getMainAndSeconds(mainId,(page-1)*row, row);
        //将返回值传递给 JSP
        mav.addObjects("mainAndSeconds",mainAndSecond);

        return mav;
    }
}
```

如果把上面的代码放在 Eclipse 中，系统会报“未找到该方法”的错误，这是因为在 Service 层没有增加该方法。在开发的时候，先建立一个控制层 Controller，把方法声明、参数声明、返回值写完以后，开始写 Service 层的处理逻辑，逻辑处理完毕后，再返回去写控制层 Controller，直接调用 Service 层的方法，将返回值传递给 JSP，JSP 接收参数并初始化页面，完成流程。

接下来在 myresource 资源包中的 com.mrkj.ygl.service 包下新建 SecondPageService.java 文件，编写获取主帖和跟帖的方法，代码如下。

```
package com.mrkj.ygl.service;

import java.util.List;
import java.util.Map;
import javax.annotation.Resource;
```

```java
import org.springframework.jdbc.core.JdbcTemplate;
import org.springframework.stereotype.Service;
//通过@Service注解声明通知Spring该层为Service层，如果Service层不使用@Service注解声明
//将导致Controller层无法注入
@Service
public class SecondPageService {

    //注入Spring JdbcTemplate，在resource资源包下
    //在com.mrkj.ygl.config.RootConfig.java文件下配置JdbcTemplate，否则无法注入
    @Resource
    JdbcTemplate jdbc;
    //获取帖子的详细信息，包括主帖与跟帖
    public Map<String,Object> getMainAndSeconds(String mainId,Integer start,Integer offset){
        //定义SQL语句，查询主帖
        String sql_select_mymain = "select main_id,main_title,"
            + "main_content,DATE_FORMAT(main_creatime,'%Y年%m月%d日 %h点%i分%s秒') "
                + "as main_creatime,main_creatuser,"
                + "main_commend from my_main where main_id = ?";
        //定义SQL语句，查询跟帖
        String sql_select_mysecond = "select sec_id,main_id,"
            + "sec_content,DATE_FORMAT(sec_creatime,'%Y年%m月%d日 %h点%i分%s秒') "
                + "as sec_creatime,sec_creatuser,sec_sequence"
                + " from my_second where main_id = ? ORDER BY sec_creatime"
                + " LIMIT ?,?";
        //执行SQL语句，获取主帖信息
        Map<String, Object> mainContent = jdbc.queryForMap(sql_select_mymain,mainId);
        //判断主帖是否存在，如果存在则查找跟帖
        if (mainContent != null){
            List<Map<String, Object> > seconds
            = jdbc.queryForList(sql_select_mysecond,mainId,start,offset);
            mainContent.put("seconds", seconds);
        }
        //返回帖子模型
        return mainContent;
    }

}
```

打开刚刚建立的secondPage.jsp文件，展示帖子的详细信息，包括主帖和跟帖的数据，代码如下。

```jsp
<%@page language="java" contentType="text/html; charset=UTF-8"
 pageEncoding="UTF-8"%>
<!DOCTYPEhtml>
<html>
    …
<body>
<!-- 以下代码使用JSTL迭代出主帖与跟帖 -->
<div class="container-fluid" >
    <table class="table table-bordered">
        <tr>
        <!-- td标签，该单元格定义了发帖人的信息与身份 -->
        <td class="tbl">
        <div style="text-align: center;">
        <p> 楼主</p>
        <a> <img alt="" src="<%=basePath %>image/avatar_002.gif" /> </a>
        </div>
        <!-- table标签，该表格用于展示发帖人信息 -->
        <table class="table" style="background-color:#e5edf2; ">
        <tr>
        <td> 昵称:</td>
        <!-- 使用EL表达式获取发帖人 -->
```

```
<td> ${mainAndSeconds.main_creatuser }</td>
</tr>
<tr>
<td> 性别:</td>
<td> 男</td>
</tr>
<tr>
<td> 年龄:</td>
<td> 18</td>
</tr>
<tr>
<td> 发帖数:</td>
<td> 10</td>
</tr>
<tr>
<td> 回帖数:</td>
<td> 10</td>
</tr>
</table>
</td>
<!--  td 标签，该单元格定义了帖子的详细内容  -->
<td class="tbr">
<div style="height: 65px;padding-left: 20px;padding-top: 1px;">
<h3>
<!--  使用 EL 表达式获取帖子标题  -->
<a style="color: #ifaeff"> ${mainAndSeconds.main_title }</a>
</h3>
</div>
<!-- 画一条横线 -->
<div style="width:98%;height:1px;margin-bottom:10px;
    padding:0px;background-color:#D5D5D5;overflow:hidden;">
</div>
<p class="text-right" style="padding-right: 90px;">
<span style="padding-right: 30px;">
<!--  使用 EL 表达式获取发帖时间  -->
<a style="color: #78BA00;">
发表于:${mainAndSeconds.main_creatime }
</a>
</span>
<span> </span>
</p>
<!-- 画一条横线 -->
<div style="width:98%;height:1px;margin-bottom:10px;
            padding:0px;background-color:#D5D5D5;overflow:hidden;">
</div>
<div style="padding-top: 12px;min-height: 380px;">
<!--  使用 EL 表达式获取帖子内容  -->
${mainAndSeconds.main_content }
</div>
<!-- 画一条横线 -->
<div style="width:98%;height:1px;margin-bottom:10px;
           padding:0px;background-color:#D5D5D5;overflow:hidden;">
</div>
<!--  上下间隙为 90 像素  -->
<div style="padding-right: 90px;">

</div>


</td>
</tr>
<!--  choose 标签相当于 Java 代码中 switch case 语句中的 Switch -->
<c:choose>
```

```
<%-- when 标签相当于 Java 中 switch case 语句中的 case, test 属性用于设置条件 --%>
<c:when test="${not empty mainAndSeconds.seconds }">
<!-- forEach 相当于 Java 代码中的循环 -->
<!-- items 属性为要迭代的元素 -->
<!-- item 属性为迭代出来的元素 -->
<!-- varStatus 属性为迭代状态 -->
<c:forEachitems="${mainAndSeconds.seconds}" var="item" varStatus="vs">
<tr>
<td class="tbl">
<div style="text-align: center;">
<!-- 利用 vs 获取迭代序号, vs 索引值从 0 开始 -->
<p> 第${vs.index+1 }楼</p>
<a>
<img alt="" src="<%=basePath %>image/avatar_002.gif" />
</a>
</div>
<table class="table" style="background-color:#e5edf2; ">
<tr>
<td> 昵称:</td>
<!-- 获取跟帖人 -->
<td> ${item.creatuser }</td>
</tr>
<tr>
<td> 性别:</td>
<td> 男</td>
</tr>
<tr>
<td> 年龄:</td>
<td> 18</td>
</tr>
<tr>
<td> 发帖数:</td>
<td> 10</td>
</tr>
<tr>
<td> 回帖数:</td>
<td> 10</td>
</tr>
</table>
</td>

<td class="tbr">
<span style="padding-right: 30px;">
<!-- 获取跟帖时间 -->
<a style="color: #78BA00;"> 回复于:${item.sec_creatime }
</a>
</span>
<div style="width:98%;height:1px;margin-bottom:10px;
                    padding:0px; background-color:#D5D5D5;overflow:hidden;">
</div>
<div style="padding-top: 12px;min-height: 380px;">
<!-- 获取跟帖内容 -->
${item.sec_content }
</div>
<div style="width:98%;height:1px;margin-bottom:10px;
                    padding:0px; background-color:#D5D5D5;overflow:hidden;">
</div>
<div style="padding-right: 90px;">
</div>
</td>
</tr>
</c:forEach>
```

```
            </c:when>
        </c:choose>
    </table>
    <div style="padding: 10px 5px;text-align: right;"> ${pageHtml }</div>

</div>
</body>
</html>
```

打开浏览器，在地址栏中输入 http://localhost:3306/mrbbs/goMainPage 并按 Enter 键，单击任意帖子的标题，查看帖子内容，效果如图 13-31 所示。

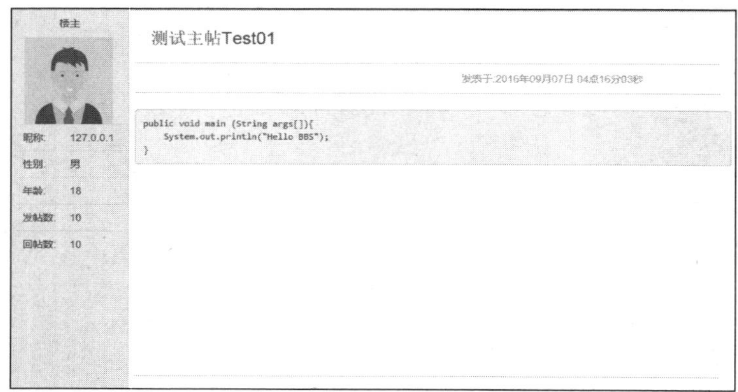

图 13-31　帖子的详细内容

13.8 配置文件

13.8.1　框架配置文件

框架配置文件

Spring 的配置方法有两种：一种是通过 XML 配置，另一种是通过编程方式配置。本项目采用编程方式配置，在 resource 资源包下使用 3 个类配置 Spring，分别是 SpringWebInitializer、WebConfig、RootConfig。

其他配置文件说明如下。

（1）MyBatis 以 XML 的方式配置，在 resource 资源包下的 spring-transaction.xml 文件中配置了相关参数。

（2）Shiro 以 XML 的方式配置，在 resource 资源包下的 spring-pz-shiro.xml 文件中配置了相关参数。

在 RootConfig 中引入了 MyBatis 与 Shiro 的配置文件。

13.8.2　UEditor 富文本配置文件

UEditor 富文本配置文件

UEditor 配置文件如下。

（1）附件上传配置。通过 WebContent/uedit/js/jsp/config.json 文件配置附件的上传路径。

（2）工具栏配置。通过配置 WebContent/uedit/js/ueditor.config.js 文件删除不需要的工具栏。

13.9 AIGC 辅助编程——分析优化项目

在开发 Spring MVC 项目时，可以使用 AIGC 获取开发思路，进而提高开发效率。以下演示如何使用 AIGC 辅助开发本章的程序源论坛，并完善项目。

13.9.1 AIGC 提供项目开发思路

【问题】

想要开发一个程序源论坛，它应该具备哪些功能？

【AIGC 建议】

设计一个程序源论坛（例如，类似于 Stack Overflow 的问答平台）需要实现多种功能，以确保用户能够方便地发布问题、回答问题、评论和投票。以下是使用 Servlet 和 Spring MVC 框架来实现这些功能的一些关键步骤和功能模块。

1. 用户管理

注册/登录：用户可以创建账户并登录。

用户资料：用户可以查看和编辑自己的个人资料。

权限管理：区分普通用户和管理员。

2. 问题管理

发布问题：用户可以发布新的问题。

浏览问题：用户可以浏览所有问题或按类别、标签等筛选问题。

编辑问题：用户可以编辑自己发布的问题。

删除问题：用户可以删除自己发布的问题（需考虑权限）。

3. 回答管理

发布回答：用户可以对某个问题发布回答。

浏览回答：用户可以浏览某个问题的所有回答。

编辑回答：用户可以编辑自己发布的回答。

删除回答：用户可以删除自己发布的回答（需考虑权限）。

4. 评论管理

发布评论：用户可以对问题或回答发布评论。

浏览评论：用户可以浏览某个问题或回答下的所有评论。

编辑评论：用户可以编辑自己发布的评论。

删除评论：用户可以删除自己发布的评论（需考虑权限）。

5. 投票系统

点赞/踩：用户可以对问题、回答和评论进行点赞或踩。

统计投票数：显示每个问题的点赞数、踩数，以及每个回答的点赞数、踩数。

6. 搜索功能

全文搜索：用户可以在论坛中搜索问题、回答和评论。

高级搜索：支持按标签、作者、时间范围等条件进行搜索。

7．通知系统

消息通知：当有新的回复或评论时，通知提问者或其他关注者。

邮件通知：可选功能，通过邮件发送通知。

8．标签和分类

标签管理：用户可以为问题添加标签，便于分类和搜索。

分类管理：管理员可以创建和管理不同的讨论区或分类。

9．安全与权限控制

身份验证：确保只有经过认证的用户才能执行某些操作（如发布问题、回答、评论等）。

权限控制：根据用户角色（普通用户、管理员）限制不同操作的权限。

13.9.2 借助 AIGC 优化项目代码

【问题】

优化以下查看页面原型的代码。

```
package com.mrkj.ygl.controller;

import org.springframework.stereotype.Controller;
import org.springframework.web.bind.annotation.RequestMapping;
import org.springframework.web.servlet.ModelAndView;
//@Controller 注解声明该类为 Spring 控制类，继而通过@requestMapping 注解声明路径映射
//如果不使用@Controller 注解，@requestMapping 注解也会失效
@Controller
public class MainPageController {
     //@RequestMapping 注解用来声明路径映射，可以用于类或方法上
    //该注解映射路径为 http://localhost:3306/mrbbs/goMainPage
    //通过浏览器输入路径并按 Enter 键便能够访问到这个方法
    @RequestMapping("/goMainPage")
    public ModelAndView goMainPage (){
        //设置视图"myJSP/mainPage"，指向项目路径
         //WebContent→WEB-INF→view→myJSP→mainPage.jsp 文件
        //在 com.mrkj.ygl.config.WebConfig.java 文件定义了 jsp 视图等
         ModelAndView mav = new ModelAndView("myJSP/mainPage");
        //返回 ModelAndView 对象会跳转至对应的视图文件，也将设置的参数同时传递至视图
         return mav;
    }
}
```

【AIGC 建议】

优化后的代码如下。

```
package com.mrkj.ygl.controller;

import org.springframework.stereotype.Controller;
import org.springframework.web.bind.annotation.GetMapping;
import org.springframework.web.servlet.ModelAndView;

@Controller
public class MainPageController {

    //使用 @GetMapping 注解代替 @RequestMapping，更加语义化
    @GetMapping("/goMainPage")
    public ModelAndView goMainPage() {
        //设置视图"myJSP/mainPage"，指向项目路径
        //WebContent→WEB-INF→view→myJSP→mainPage.jsp 文件
        //在 com.mrkj.ygl.config.WebConfig.java 文件定义了 jsp 视图等
```

```
        return new ModelAndView("myJSP/mainPage");
    }
}
```

［优化点说明］

使用@GetMapping 注解：@GetMapping 是@RequestMapping(method = RequestMethod.GET)的简写，更加语义化，明确表示这是一个处理 GET 请求的方法。

简化返回语句：直接返回 new ModelAndView("myJSP/mainPage")，减少不必要的中间变量声明。

13.9.3 借助 AIGC 完善项目

【问题】

开发了一个程序源论坛，现在该论坛主要提供以下功能。

（1）未登录的用户可以查看帖子，可以完成登录和注册操作。

（2）已登录的用户可以发新帖、跟帖、设置/取消精华帖、帖子分页、展示精华帖。

后续还需要添加哪些功能使该项目更加完善？

【AIGC 建议】

以下是一些可以使程序源论坛更加完善的功能。

1．用户管理方面

用户资料编辑：允许用户修改个人头像、昵称、个性签名等资料，以更好地展示自己的个性和身份。

用户积分与等级系统：根据用户的发帖、回帖、精华帖贡献等行为给予相应积分，并设置不同的等级，激励用户积极参与论坛互动，同时能体现用户的活跃度和贡献度。

用户私信功能：方便用户之间进行私密的交流和沟通，对于讨论一些不适合公开的话题或者寻求特定帮助时非常有用。

用户关注与粉丝系统：用户可以关注其他自己感兴趣的用户，被关注用户的粉丝列表也能直观展示其受欢迎程度，促进用户之间的互动和交流。

2．帖子管理方面

帖子搜索功能：使用户能够通过关键词快速查找到自己感兴趣的帖子，提高信息获取的效率。

帖子举报与审核机制：当发现违规或不良内容时，用户可以进行举报，管理员可以对举报内容进行审核和处理，维护论坛的良好秩序和环境。

帖子分类标签：为每个帖子添加相关的分类标签，便于用户根据标签快速筛选和找到特定主题的帖子，也有助于论坛内容的分类管理和组织。

帖子置顶与推荐：除了精华帖，还可以将一些重要或热门的帖子进行置顶或推荐，使其更容易被用户看到，提高帖子的曝光度和关注度。

3．评论管理方面

评论点赞与踩：用户可以对其他用户的评论进行点赞或踩，表达对评论的认可或不认可，增加评论的互动性和趣味性。

评论回复提醒：当有用户回复评论时，及时给予提醒，方便用户继续参与讨论，避免错过重要的交流信息。

4．界面与交互方面

响应式设计：确保论坛在不同设备上（如计算机、平板电脑、手机等）都能有良好的显示效果和用户体验，适应移动互联时代的用户需求。

夜间模式：为用户提供夜间模式选项。

富文本编辑：在发帖和回帖时，支持富文本编辑功能，如插入图片、视频、代码块、链接等，丰富帖子的内容和表现形式，增强用户的表达力和吸引力。

5．数据统计与分析方面

论坛数据统计：展示论坛的总帖子数、总用户数、总访问量等统计数据，让管理员和用户对论坛的整体规模和发展情况有一个直观的了解。

用户行为数据分析：分析用户的活跃时间、发帖频率、浏览偏好等行为数据，为论坛的运营和优化提供数据支持，例如根据用户的活跃时间来合理安排推送通知等。

6．安全与隐私方面

密码加密与找回：对用户密码进行加密存储，确保用户账号的安全，并提供密码找回功能，防止用户因忘记密码而无法登录。

隐私设置：让用户能够自主设置个人信息的可见范围和隐私级别，保护用户的个人隐私不被泄露。

本章小结

本章采用了当下流行的SSM框架整合技术，以及富文本编辑器UEditor等完成程序源论坛的设计，这些内容在实际项目开发中经常用到。在开发程序的过程中使用开发框架，会使程序开发变得简单，安全性也比较高。读者通过学习本章内容，能够领会以上知识，并做到学以致用。